1. ケンタッキー蒸留業者協会の代表エリック・グレゴリーは、バーボン・ウィメンの創設者ペギー・ノエ・スティーヴンスに同組織の創設を記念して、特製の樽の鏡板を進呈した。本書はバーボン・ウィメンの初会合にヒントをえている。写真は筆者撮影。

2. ケンタッキー州知事公邸で開かれたバーボン・ウィメンの初会合において、ジェーン・ベッシャー州知事夫人は、女性たちがバーボンの歴史に果たした重要な役割を説明した。ベッシャーは州が誇る遺産のよき保護人として知られている。彼女はまた、ケンタッキー州の乳がん啓発運動「ホース・アンド・ホープ」を主導し、女性の厩舎係に癌検診を奨励した。写真は筆者撮影。

3. （上）1800年代後半か1900年代はじめにラブロット&グラハム蒸留所で撮影されたこの写真は、当蒸留所でいかに女性たちが重要な役割を果たしていたかを物語る。写真家の焦点は、明らかに女性たちに向けられている。ラブロット&グラハム蒸留所は、現在のウッドフォードリザーヴ蒸留所である。写真はOscar Getz Museum of Whisky History所蔵。
4. （下）1800年代後半まで、蒸留家はみなウイスキーを樽で販売した。かれらは1800年代後半まで自家製のウイスキーを瓶詰めしなかった。当時、瓶詰めの作業は手さばきが軽妙で不器用な人が少なかった女性たちが担った。この写真は1800年代後半に撮影のもの。どこの蒸留所かは不明。写真はOscar Getz Museum of Whisky History所蔵。

5.　1897年のボトルド・イン・ボンド法の可決後、アメリカの蒸留所はボトル詰めの作業を担う職人として女性たちを雇った。この傾向は今日まで続いている。この写真は1900年代はじめ、オールド・クロウ蒸留所で撮影された。写真はOscar Getz Museum of Whiskey History所蔵。

6. ウイスキーのボトルとともに写真に収まる南北戦争の従軍兵たち。戦争中、酒は両軍にとって重要で、かつ有害でもあった。医者や看護師は傷の清浄にウイスキーを用い、兵士は酔って喧嘩した。写真はLibrary of Congress所蔵。

7. エリザベス・カミングは、ジョニーウォーカーのブレンド・ウイスキーにとって、もっとも重要な蒸留所を設立した。鋭い経営感覚の持ち主であるカミングは、カードゥ蒸留所の生産性を向上させて、同蒸留所の発展に尽力した。1893年、同蒸留所をジョニーウォーカー社に売却するとき、この愛情深い女性は一族の伝統を背負う息子のために、役員の席を設けるよう話をつけた。写真はDiageo Archive所蔵。

8. 1874年の『フランク・レスリー』紙に掲載された挿絵のように、19世紀の禁酒運動では、女性たちは酒場の外に立ち、祈りを捧げた。キャリー・ネイションが手斧を引っさげて登場すると、禁酒運動の様相は一変した。写真はLibrary of Congress所蔵。

9. キャリー・ネイションは女性キリスト教禁酒同盟の顔になった。ネイションと手斧を携えた淑女の一行は、禁酒の推進のために酒樽、酒場、酒瓶を叩き壊した。写真はKansas Historical Society所蔵。

10. （上）1900年代はじめ、写真にあるように女性たちは製材所や樽屋で働いた。彼女たちは板材を積み上げ、ウイスキーを寝かせるための樽を作った。写真はIndependent Stave Company所蔵。
11. （左頁上）ボルステッド法の施行後、ウイスキーは路傍に流されて、国税庁は違法な蒸留業者を捜査するために密偵人を雇った。だが犯罪組織は、男性は女性の身辺捜査ができないと定めている州に法律の抜け道を見出した。それゆえ、女性の密売人は男性とくらべて、いとも簡単に酒を秘密裏に運搬できた。写真はLibrary of Congress所蔵。
12. （左頁下）禁酒法が可決される直前、メアリー・ダウリン一族は、ケンタッキー州のウォーターフィル＆フレージア蒸留所を畳み、メキシコのシウダーフアレスへと引っ越した。1927年には、テキサス州境の新聞に同社の広告が掲載されている。アル・カポネもシウダーフアレスで製造されたウイスキーを購入したと言われている。禁酒後、ケンタッキーのバーボン蒸留所は、ダウリンのウイスキーがアメリカへと持ち込まれるのを阻止するため、法的な策を講じた。1964年、連邦議会は、バーボンは「アメリカのスピリット」であると宣言した。これにより、バーボンという言葉に地理的な制限がかけられ、メキシコ産のバーボンは違法とされた。

PLAY SAFE!!
DEMAND
"WATERFILL and FRAZIER"
WHISKEY
WHEREVER YOU GO IN MEXICO
NO BETTER WHISKEY DISTILLED ANYWHERE
Get a sealed bottle on your way down at POWERS for your trip and another on your return.
This advertisement is not intended to offer liquor for sale or delivery in any part of the United States wherein its use is unlawful.
"WATERFILL and FRAZIER"
FAMOUS WHISKEY
DESTILADO Y EMBOTELLADO POR
D.W. DISTILLERY CO.S.A.
C.JUAREZ CHIHUAHUA
KENTUCKY 1810 — CHIHUAHUA 1927
BOURBON
"WATERFILL and FRAZIER"
FAMOUS WHISKEY
DESTILADO Y EMBOTELLADO POR
D.W. DISTILLERY CO.S.A.
C.JUAREZ CHIHUAHUA
KENTUCKY 1810 — CHIHUAHUA 1927

13. 酒の密輸の女王として知られたガートルード・クレオ・リスゴー。彼女はバハマでの合法的に造られた酒の卸売業から身を立てたが、すぐに金脈は密輸にあることに気づいた。リスゴーの評判は世界的に高まり、新聞記者は彼女についての記事と、彼女に求婚する男たちの記事を書き立てた。法廷でのひと騒動のあと、彼女は1926年に引退したが、資産は数百万ドルあった模様。写真はFlat Hammock Press所蔵。

14. ポーリン・セービンは禁酒を支持していたが、のちに女性の禁酒論者たちを禁酒法廃止論へと導いた。彼女は州の権限について議論し、禁酒法は酒の密輸人に利すると主張した。数多くの政治家たちが、彼女の廃止論を支持した。写真はOscar Getz Museum of Whiskey History所蔵。

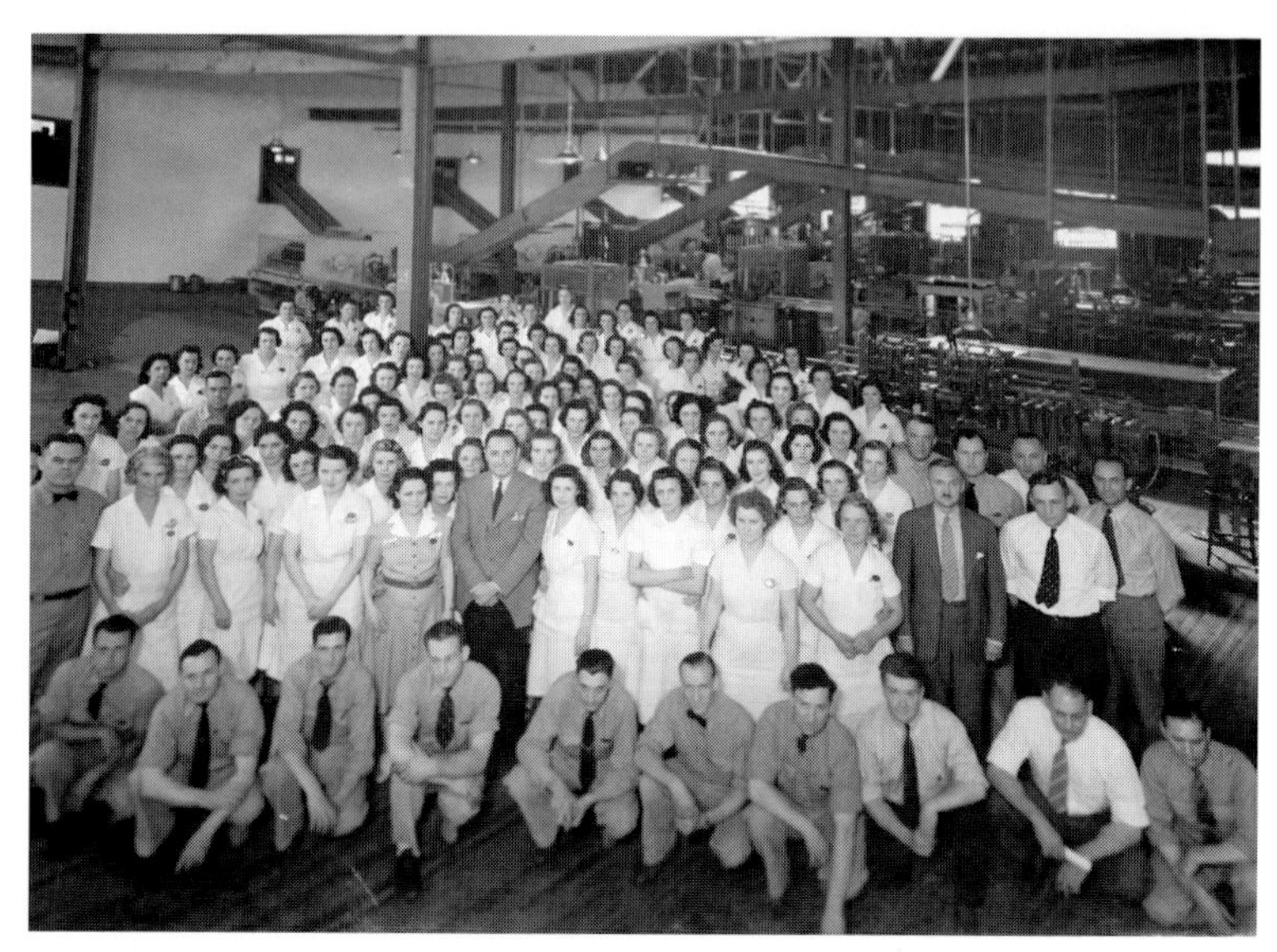

15. 20世紀なかばのケンタッキー州ルイビルのアーリータイムス蒸留所。女性従業員が男性よりも5対1の割合で多い。写真はOscar Getz Museum of Whiskey History所蔵。

16. ベシー・ウイリアムソンが1934年、ラフロイグ社の秘書となったときには、自分がのちにスコッチ・ウイスキーの世界にどれほど大きな影響をおよぼすことになるのか、知るよしもなかったであろう。彼女はラフロイグ蒸留所を軍の接収から守ったばかりか、ブレンドからシングルモルトへと、スコッチに対するアメリカ人の需要を改めることにも貢献した。彼女はスコッチのファースト・レディとして尊敬を集めている。写真はLaphroaig所蔵。

17. （上）21ブランド蒸留会社は、禁酒法が廃止されたあとの、ケンタッキー州における重要な蒸留所であった。同社で女性たちは瓶詰めの工程に従事し、エズラ・ブルックスを含む21ブランドの人気を支えた。写真はOscar Getz Museum of Whiskey History所蔵。

18. （右）アイリッシュ・ウイスキーのロック社は、同社に残る記録によれば、過去に二度、女性が経営を担った。現代の香りづけされたウイスキーがブームになる100年近くも前に、同社はすでにリキュールを市場に出していた。

19. 1950年代に、新たに手に入れた蒸留所の前に立つマージとビル・サミュエルス・シニア。マージはメーカーズマークの瓶を創作したとき、封の仕様も改めて、同ブランドが大成功を収めることになる赤い蝋封を考案した。彼女がメーカーズマークの瓶を手作り風にするようこだわらなかったら、夫はもっと費用の安い封の仕方を検討していたはずである。写真はMaker's Mark所蔵。

20. メーカーズマーク蒸留所の製造副責任者、ヴィクトリア・マックリー・サミュエルス。彼女はバーボンの製造、穀物の選別、蒸留と樽詰めの管理を担当する。写真はMaker's Mark所蔵。

21. リン・トリーはジャック・ダニエルの甥の孫娘にあたる。彼女はシングルバレルやジェントルマン・ジャックといった、ジャックダニエルの高級銘柄のテイスティングを担当する。写真はJack Daniel's Tennessee Whiskey所蔵。

23. ヘブン・ヒル蒸留所のマーケティング部の副責任者を務めるケイト・シャピラ・ラッツ。同蒸留所はエヴァン・ウイリアムズ、ラーセニー、エライジャ・グレイグといったバーボンを製造する。彼女のチームはラーセニーを担当し、ブランディング、包装とマーケティングの向上に努めている。60年前、女性がウイスキー業界で担ったのは瓶詰めの作業であった。今日、女性たちはあらゆる職種で活躍している。写真は筆者撮影。

22. ヘザー・グリーンは音楽アルバムを3枚リリースし、ヨーロッパ演奏ツアーも行なう成功した音楽家であったが、ウイスキーに魅了された。グリーンはウイスキーを出すバーテンダーの職につくが、のちにウイリアム・グラント社のアンバサダーとなり、そこでグレンフィディックの販売促進を担当した。現在はニューヨークに構えるフラットアイアン・ルームでウイスキー・ソムリエを務める。写真は筆者撮影。

25.「バーボンの悪女」として知られるジョイ・ペリンは、ブームが訪れる前からウイスキーのカクテルを作っていた。写真は筆者撮影。

24. ブッシュミルズ蒸留所のマスター・ブレンダーを務めるヘレン・マルホランド。同社の品質検査は女性たちだけで担当し、マルホランドも自身の後任には女性を抜擢すると語った。写真は筆者撮影。

26. アリソン・パテルは2012年、ブレンネ・フレンチ・ウイスキーを設立した。彼女は新しいウイスキー・ブランドを立ち上げた女性の1人であった。パテルは小規模の輸入スピリット販売店、ローカル・インフュージョンズLLCの代表も務める。写真はSebastian Yao撮影、Fix It in Post Photographyより。アリソン・パテルの許可をえて掲載。

27. 受賞歴のあるシェフで、バーボン・ウィメンの会員でもあるオウイタ・ミッシェルは、ウッドフォードリザーヴ招聘シェフである。ミッシェルは豚肉との相性にほれ込んで以来、バーボンを使い続けてきた。彼女は料理にバーボンを用いる流行の先端を行くシェフの1人である。写真は筆者撮影。

28. ケンタッキー州ルイヴィルにあるバー、シルヴァー・ダラーで、リード・バーテンダーを務めるスージー・ホイットは、州内でも評判高いバーボン・プログラムを運営する1人である。2013年、『GQ』誌は、シルヴァー・ダラーを国内でもっとも素晴らしいウイスキー・バーと評した。半世紀前、女性たちはケンタッキーのバーで酒を提供することは禁じられていた。写真は筆者撮影。

29. ボウモア、マクレランズ、グレンギリー、オーヘントッシャンのマスターブレンダーを務めるレイチェル・バリー。バリーはこの職につく前、グレンモーレンジとアードベッグのマスターブレンダーであった。1995年に採用された彼女は、現代の女性ブレンダーの先駆けであった。以来、バリーは蒸留業界で、後継の若い女性たちのために道を切り開いてきた。写真はMorrison Bowmore Distillers所蔵。

30. ビーム社のグローバルR&D部門長を務めるメアリーケイ・スクライペック・ボレス。ビーム社に向けて新製品を考案する彼女は、ウイスキー業界にチャンスを求めて他の業界から移ってくる、ウイスキー業界で活躍する新しいタイプの女性役員を代表する1人である。前職はゲータレード社で役員を務めていた。写真は筆者撮影。

ウイスキー・ウーマン

バーボン、スコッチ、アイリッシュ・ウイスキーと女性たちの知られざる歴史

フレッド・ミニック

浜本隆三／藤原 崇＝訳

WHISKEY WOMEN

The Untold Story of How Women Saved Bourbon, Scotch, and Irish Whiskey

明石書店

Whiskey women: the untold story of how women saved bourbon, Scotch, and Irish whiskey
by Fred Minnick

Japanese translation rights arranged with
the Board of Regents of the University of Nebraska
c/o JLS Literary Agency, North Carolina,
through Tuttle-Mori Agency Inc., Tokyo

はじめに

少し寒い日の暮れ方。ケンタッキー州知事公邸の敷地に咲き誇るチューリップや青々とした芝に、夕陽がふり注いでいた。4月の雨がやさしく、すべての植物に息吹を吹き込んでいた。ダービーの日に合わせて最上の装いに身を包んだ女性たちが、装飾の施された敷地内を散策し、南部式の太い円柱の下にある邸宅の階段へとたどり着いた。2人の女性が扉の前に立ち、公邸の庭を眺めながら2011年4月14日というこの日がもつ意味を理解し、その瞬間を噛みしめていた。彼女たちは、知事公邸で世間へのお披露目を待つ、アメリカで初の女性によるドリンキング・クラブの創立者であった。この新しい組織、バーボン・ウィメンは、いまは失われてしまったがかつては手にしていたもの、すなわちウイスキーの歴史における女性たちの正しい地位を取り戻そうとするものであった。そして、彼女たちはケンタッキー州知事夫人のジェーン・ベッシャーとともに、カクテルのマンハッタンやロックのウイスキーを飲みながら、この活動を実践した。

「わたしたち女性は、自分たちのバーボンを愛しています。そして、ウイスキーが男性だけの飲み物ではないことを示すために、ここに集ったのです」。こう語ったのは、クラブの創立者で、蒸留酒会社ブラウンフォーマン社の熟練テイスターであるペギー・ノエ・スティーヴンスだった。女性のウイスキー・クラブは、非公式のものであれば世界中に存在する。だが、このクラブは国家的な目的を負った世界初の組織であった。政治家や蒸留酒メーカーの重役、作家、ジェームズ・ビアード賞にノミネートされたシェフたちがこの夜会に集い、なにを差し置いてもまずはこの質問を、という様子で、我先にとベッシャー夫人に尋ねた。「州知事夫人が発起人となって知事公邸内に立ち上げる飲酒クラブとは、いったいどのような組織なのでしょう?」

ベッシャーは語った。「女性はバーボン産業において、これまでつねになにかしらの役割を担ってきました。それはいま、ケンタッキー州の経済の大きな部分を占めています」。トウモロコシが主原料のアメリカのウイスキー、バーボンは、その95パーセントがケンタッキー州で製造されている。したがって、この女性クラブの背後には、州規模の強大な政治資本が控えているわけである。だが、女性とウイスキーとの関係についての認識は、小さな州での出来事にとどまらない。いまやフランスからニューヨークまで、酒造メーカーの経営者たちが、これまで男性中心であった製品をいかに女性にアピールするか、重役会議室で議論を重ねている真っ最中である。ウイスキーはアイルランドとアメリカでは〝Whiskey〟と綴られるが、スコットランドとカナダでは〝Whisky〟となる。そのどちらもが、これまで女性にはそれほど関心を払ってこなかった。２０１２年のシモンズ・マーケット・リサーチ社の報告によると、ウイスキーを飲む人の30パーセントが女性であり、大手販売業者はこの女性の需要をさらに伸ばしたいと考えている。

ボトルとラベルは女性的で優雅なものになり、香りつきのウォッカと同様、香りのついたウイスキーが女性向けに発売されるようになった。蒸留されたモルトと女性との関係を発展させた最大の功労者は、ひょっとしたらグレンフィディック社のジャネット・シード・ロバーツ・リザーヴという、創業者の孫娘の名を冠した55年もののシングルモルトのスコッチが、2012年のオークションにおいて9万4000ドルの値で落札されたという出来事であったといえるのかもしれない。グレンフィデックのほかの銘柄の売上総額はこれより大きいが、きわめて限られた（たった11樽しか造られていない）この銘柄は、史上最高販売額のウイスキーの一つである。この銘柄（リザーヴ）は、名前の由来となったシード・ロバーツが110歳で亡くなるちょうど2週間前に売りに出された。

ウイスキーはかつて、女性たちのあいだで客人向けに出される飲み物の定番であった。1700年代から1800年代にかけて、スコットランドやアメリカの女性は、ウイスキーをお茶や砂糖とともにパンチ・ボウルで混ぜて飲んでいた。アイルランド系の女性たちは、ポティン、すなわちアイリッシュ・ムーンシャイン〔密造酒〕によって家族の健康を守った。禁酒法の時代も、1950年代の末でも、女性はウイスキーを楽しみ続けた。だが本書の目的は、ウイスキーをたしなんでいた女性たちの歴史をたどることにあるわけではない。筆者の関心を引いたのは、スティーヴンスがバーボン・ウィメンの設立集会で語った、「女性たちは最初の蒸留者だったのです」という言葉だった。

州知事夫人ベッシャーは、女性の貢献についてこう説明した。「女性たちは、それはそれは長い年月、バーボンに関わってきました。歴史を振り返れば、瓶詰めの現場から役員室にいたるまで、バーボン産業のあらゆる側面に女性の姿を認めることになるでしょう」。もし、女性がウイスキーにとって不可欠な存在であり続けていたのなら、いったいなぜ、いまになって女性についての話をするのであろうか？過去50年間、ウイスキーを扱ったどの雑誌を開いても、目にするのは女性よりはるかに多くの男性の姿であったといえよう。ウイスキーの宣伝に女性が起用される場合には、潜在的に男性客を釣り上げる性的な目的が重ねられ、その格好はといえば短いスカートに長い脚、そして胸元が強調されたものだった。

さらにウイスキーの銘柄は、そのほとんどに男性の名前が冠してある。

ウイスキー産業の伝統と歴史に足を踏み入れると、ウイスキーはその片割れをまったく忘れてしまっていることに気づかされる。女性はつねにウイスキーの歴史の一部であり続けたが、しかるべき敬意を受けてはこなかった。わたしはウイスキー産業における女性の役割を調べるうちに、アルコールの発展に女性たちが果たしてきた多大な貢献と出会った。

ウイスキーがはじめて蒸留された時代に約４０００年も先立ち、シュメールの女性はビールを発明した。エジプトの女性は紀元前3世紀頃にアレンビック（蒸留器）を考案し、それが今日、密造酒業者が使っている蒸留器の原型となった。中世ヨーロッパの女性たちは、薬部屋に詰めて、薔薇の香水からじゃがいもまで、あらゆるものを蒸留した。初期の蒸留物は、アクアヴィタエ（ラテン語）、あるいは〝Usque-Beatha〟(アスキ・バーハ)、〝Uisce-Beatha〟(イシュケ・バーハ)、〝Uisge-Beatha〟(イスゲ・バーハ)（ゲーリック語）と呼ばれた。これらはいずれも命の水という意味をもつ。ウイスキーという語は、１５００年代には使われていたが、１８００年代まではそれほど一般的な言葉ではなかった。19世紀なかばのアメリカの取引明細を見ても、ラム酒やテキーラ、ブランデーはしばしば、ウイスキーと取り違えられている。この分類上の混乱は、最初期の女性蒸留家たちがなぜウイスキーの歴史から忘れ去られてしまったのか、その理由を物語るかもしれない。彼女たちは、ウイスキーという言葉が一般的になる前から、あらゆるものを手当たり次第に蒸留にかけていた。その貢献を見落とすべきではないだろう。本書では、なぜ１６００年代のスコットランドのアクアヴィタエ業者が魔法使いだと告訴され、なぜアイルランドの徴税人が女性のウイスキー業者を目の敵にしたのか、考えてみたい。

女性たちが時の政府に目をつけられたために、あるいは社会が割り当てた役割に女性たちが収まったために、蒸留業が巨大産業へと成長を遂げたときには、女性のリキュール業者の数はごく限られていた。通例、女性が蒸留所を所有するのは、夫を亡くして引き継ぐ場合だけであった。アイルランドやスコットランドでは、30人を超える女性たちが、税金を支払う合法の蒸留所を所有していた。会社を潰す者もいれば、やがて世界的なウイスキー企業へと成長する蒸留所の種を蒔く者もいた。1700年代から1950年代の蒸留所業界では、そのような女性経営者たちが業界の有力者に名を連ねた。ラフロイグ、ダルモア、ブッシュミルズ、それにジョニーウォーカーは、それぞれの歴史に登場する女性経営者なしに現代の姿はなかったのである。

今日、女性はウイスキーを扱う数々の蒸留酒会社でCEOに就任し、経営を巡って男性と競っている。広告では女性の性を強調したイメージが多用される一方、ウイスキー業界は女性の労働上の地位向上にもっとも貢献している。まずはよいウイスキーを造り販売することが第一であり、性別は二のつぎ、というわけである。

本書は、いまわたしたちが楽しんでいるウイスキーの製法を完成させ、数十億ドルの価値がある象徴的なブランドを育て上げた、ウイスキーの歴史の一翼を担った女性たちに捧げられる。その女性たちの名前を冠するウイスキーは存在しないが、ウイスキー業界が彼女たちへの恩義を忘れることは決してない。

ウイスキー・ウーマン——目次

1　ウイスキー以前

　ウイスキーと聞けば、人はしばしばシングルモルトのスコッチのような落ちついた藻色からバーボンの深い朽葉色まで、その蠱惑（こわく）の色彩に想いを巡らす。ウイスキーの色の豊かさは、オーク材のキャスク〔酒樽〕のなかで熟成することによって生み出されるが、その香りは原液の時点から変わらない。ビールあるいは麦汁と呼ばれる原液は、熱湯に浸し発酵させた穀物をすり潰したものから抽出される。(1) 発酵した穀物は蒸留されて、瓶に詰められるまで樽のなかで歳月を重ねる。この過程には地域差があるものの、ほぼすべての段階が200年のあいだ変わっていない。三段階蒸留法や蒸気機関が登場するはるか以前、シュメールの女性たちはウイスキーを生み出す第一段階を発明していた。彼女たちはビールを造っていたのである。

　女性たちがビールを造っていたことを示すもっとも古い証拠は紀元前4000年の、メソポタミアの楔形文字が刻まれた書字板に存在する。(2) 文化人類学者の多くは、当時の女性たちはパンではなくビールを造るために大麦を栽培していたものと考えている。高名なアッシリア学者のA・レオ・オッペンハイムは1950年、ニューヨークのメトロポリタン美術館が所蔵する書字板について、ビールの製造に関わる160の単語が確認できると発表した。「醸造は女神の庇護を受けて、女神によって社会的な承認が与えられていたメソポタミアだけに見られる仕事であった。このことは神殿にある二つの女像、ニンカシとシリスより明らかである」とオッペンハイムは書いている。[3]

シュメール人はビールを宗教的な儀式、薬、それに普段の飲み物に利用した。かれらは長いストローを用いて、壺から直接ビールを飲んだ。紀元前2550年から2400年のものと考えられる復元された石板には、女性たちが葬式の最中に悲しみながらビールをする姿、また性交を楽しみながらビールをすする姿が描かれている。[4] 神や女神もビールを楽しんだ。宴会で神々は、ビールの入ったジョッキを前にして腰を下ろした。ビールの飲み方を知らないことは、文明化されていないことでもあった。智慧の神、エンキはしばしば酩酊し、その娘のニンカシはあらゆるビールの製造をつかさどった。[5]

シュメールの女性たちはニンカシに歌を捧げて、ニンカシの「対の御手が携えるいと甘きウォート」を讃える詩を書いた。[6] 彼女たちがニンカシを崇めたのは、飲み物としてビールが安全であったからのようである。誰もニンカシの像を拝むことがなくなったいまでも、ニンカシは魅惑的なビールをつかさどる像であり続けている。1989年、サンフランシスコの伝説的な小規模醸造家、アンカー・ブリューイングは、「ニンカシを讃える歌」〔本章末に収載〕に記された製法に従って、4000年前のビールを再現した。バッピア〔二度焼きしたパン〕、モルト、蜂蜜、それにナツメヤシを使い、シュメール時代のビールを再現したのである。アルコール度数は3・5パーセントで、ホップやほかの苦味成分は含まれていなかった。批評家たちはビールを再現するアンカーの試みに拍手を送り、現代のビールとくらべてはるかに甘いが、訴求効果はあると評した。

エジプトの女性たちもビールを造った。エジプトの女神ハトホルは「醸造の発明家」であり、「酩酊する女神」でもあった。デンデラにあるハトホルの神殿は酩酊の場として知られていた。ハトホルの力はエジプト人に広く知られていたものの、エールは市中にはびこる酔っぱらいの原因だと非難され、紀元前2000年にはビールの販売店は締め付けの対象にされた。「このような不安に駆られたエジプトの連中はビールの店に怒りをぶつけたが、我らの野蛮な祖先たちは、どうも天然の蜂蜜から作ったミードやクラブツリーから作ったサイダーといった飲み物に満足していたようである」と、ジョン・ビッカーダイクは1886年に出版された『エールとビールの研究』の冒頭で書いている。

エジプトの政治家がビールの小売店を閉鎖するためになにか規制をかけることがあっても、その対象はビールを販売する小売店に限られ、醸造を行なう女性たちが対象になることはなかった。中流階級や上流階級の女性たちは、穀物、ハーブ、スパイスをあれこれと混ぜ合わせて、いろいろな種類のビールを造った。穀物はまる1日水に浸し、大麦は押し麦にした。それを乾燥させて再び水分を含ませ、スープ状の液体になると布を使って漉し、熟成させるために寝かせた。穀物がないときには、エジプト人は硬くなったパンをすり潰して壺に入れ、水に浸して発酵するまで放っておいた。

シュメールではモルトを空気で乾燥させて作り、エジプト人はモルトを砕いてケーキ状に仕立てた。H・S・コレンは1975年刊行の『醸造の歴史』で、エジプト人がビールのケーキからどのようにウォートを作ったのかは謎だと記している。大麦を水に浸し、発芽を見極めるモルトの製法は、のちに「モルト職人」が担う特別な工程となった。古代の製法に関して、エジプト人とシュメール人はどちらも、おもに大麦を原料にビールを造っていたと考えられてきた。だが近年の研究では、シュメールのビールがアルコールを含まない一方で、エジプト人は液状化した穀物の糖分を栄養分とする常在菌のイースト菌を使ってアルコールを造り出していた可能性が、古いヒエログリフの記述により明らかになった。このような製法は以後、数世紀にわたりさまざまな文化圏の女性たちによって用いられるが、ギリシアとローマでは事情が異なった。

ギリシア人とローマ人は、女性がワインを造ったりアルコールを摂取したりすることを禁じていた。ギリシア人は、ワインを飲むことをもっとも高貴な身分の者にのみ許される文化的なたしなみと考え、女性には認めなかった。とはいえ、ギリシア人が女性の飲酒を禁じる圧力は、ローマ人のそれにはおよばなかった。ローマの大カトーは、もし妻の飲酒を見つけたら妻を罰すると公言していた。(7) アウルス・ゲッリウスが著した2世紀の本『アッティカの夜』には、「酒を飲んだ女性は姦通の罪と同様に裁かれ罰せられるべき」とある。(8)

ローマの法では、女性が姦通を犯した場合、夫が妻を殺しても罰せられることはなかった。さらに、女性がアルコールの近くにいたとの理由で死刑を宣告されたこともあった。ある婦人の縁戚者たちは、ワインセラーの鍵の入った箱の封を破ったという理由で、その婦人を餓死に追い込んだ。皮肉にも、ローマ帝国は領土の一部をゲルマン人によって征服されたが、かのゲルマン人たちは女性が飲酒することを認め、あまつさえビールを造らせもした。ヴァイキングや北欧の女性たちは飲酒を認められていたが、どの程度まで飲むことを許されていたかははっきりしていない。(9)

古代ペルーのセラ・バールでは、西暦600年から1000年頃に栄えたワリ帝国の女性たちが、チチャというトウモロコシを発酵させて造る酒を製造していた。(10) ワリの上流階級に属する女性たちは、発芽したトウモロコシの実を石臼で挽き、150リットルほどの容量の容器に詰めて蒸し上げた。すり潰されたトウモロコシは発酵所へと移され、3日から5日ほど寝かされる。いまでもチチャは、ペルーで祝いごとの際に飲まれる酒である。

古代文明によっては、ビールは宗教儀式に欠かせないものであり、同時に薬として、あるいは歓待にも用いられた。古代人たちは遺体とともに何瓶かのビールを埋葬し、ビールの重要性について書き記した。シュメール人、エジプト人、ペルー人たちはみな、人に活力を与えるこの液体の製造を女性に託した。

中世でも、女性の醸造家は社会にとって重要な存在であった。オランダでは女性たちが、男性よりも優れた醸造家だと考えられていた。「1300年、醸造は特別な技術や設備をほとんど必要としない、ありふれたものであった。……したがって、女性が行なうこともできた」。そして1400年代中頃のロンドンでは、醸造ギルドの30パーセントを女性が占めていた。[11] ビールを造る女性たちはエール・ワイフやブリュースターと呼ばれることもあったが、一般にはブリュースターと呼ばれた。このような女性の醸造家たちは、1200年から1400年代後半にかけて、数千年前の女性たちと同じ理由でビールとエールを造った。その理由とは、ビールはもっとも安全かつ造るのが簡単な飲み物である、というものであった。またビールは、もっとも優れた解毒剤の一つでもあった。

猛毒をもつ蜘蛛に噛まれたとき、ある内科医はエールのなかに卵を割って落とし、それを混ぜて傷に擦り付けるよう勧めた。[12] 兵士が戦場で傷ついた場合には、一般的な治療法としてウミヘビの脂肪とビールを混ぜたものが用いられた。ウミヘビの脂肪はつねに不足していた。

女性たちは自分たちの醸造所を構えたが、大規模な醸造所に雇われることもよくあった。醸造所の男性所有者が亡くなると、醸造所はしばしば妻か娘、あるいは女性従業員に遺贈された。ロンドンのスティーヴン・デ・バーナードは1306年、死去に際して遺言で妻アグネスにすべてのタンク付木製醸造器を遺した。[13] 1333年と1334年には、クレア伯爵夫人のエリザベス・デ・バーフがロンドンに大規模な蒸留所を構え、毎週60ガロンのエールを造っていた。[14]

エールを造る場合、女性醸造家は一般に、桶のなかに独自に選んだ穀物を放り込み、その上からひしゃくを使って水をかけて穀物を浸す。続いて麦芽を粗い目に粉挽きする。挽き機は巨大な洗濯桶のような形をした大樽のなかに据え付けられており、沸騰した湯で満たされている。彼女たちはハーブとイースト、さらにほかの原材料をすり潰したものを加えて、独自の味を完成させた。ある女性は、甘口のビールを造るために砂糖、マツ科の常緑針葉樹であるトウヒの葉、生イーストを加えた。

女性にも男性と同様の法律が適用された。妻殺しで悪名高いヘンリー8世の治世下では、男性と女性どちらの醸造家も、自前で樽を作ることを禁じられていた。王の法には、ビール醸造家が過去に樽職人のギルドに損害を与えたと記されている。課税のほか、ビールの熟成過程については都市ごとに定めがあった。地方政府は使用する穀物の種類を法で定め、販売に先立って資格をもった検査官による味の確認も課していた。こうした法律には、安全でない商品が市場に入ることを防ぎつつ政府が税収を確保できるようにする目的があり、これはアルコールの歴史では繰り返し導入された。

規則に従わない場合、女性醸造家は裁判に訴えられたり刑法上の問題を抱えたりした。15世紀後半には、裁判にもつれ込んだ例として、ヨハン・ウィンディがラムゼイのマーガレット・クラークを相手に、クラークの醸造所での賃金の未払いを訴えた一件がある。ウィンディはクラークの醸造所で6年間、見習いとして働いていた。裁判官はクラークに有利な判決を下した。[15] 違法なビールを造ったかどで有罪になると、女性たちにはむち打ちを含む身体への刑罰が下された。

ウェストヨークシャー州ウェイクフィールドにあった裁判所の記録によれば、1348年から1350年のあいだに、醸造法に違反した女性は185人を数えた。[16] ある女性は、販売前に検査官にビールを送ることを忘れたために召喚された。軽微な違反では、悪名高い「醸造魔女」や「エール魔女」の名には値しなかった。このような縁起でもない名前が差し向けられたのは、つぎのような魔術師に対してであった。

アリス・ハントリーは15世紀後半、魔術を使ったとして告訴された。1475年から1485年にかけて大法官の任にあったロールズによると、ハントリーは教会や国王の定めた法に反して妖術と魔術を使ったという。違法なビールがこの訴訟のおもな原因かどうかは判然としないが、多くの女性醸造家のように、アリスは魔術を理由に訴えられた。教戒師のジョン・ナイトが、アリスが酒を隠していたと非難したのである。酒の秘匿は、魔女裁判でしばしば魔女の証拠とされた。彼女の家を捜査した担当官は、「ほかのものと一緒に地面の下に埋められ、奥深くに隠された状態の、魔術や妖術に用いる」道具を発見した。[17] この報告書に記されているように、アリスがヘビの穴に恐ろしい悪魔的な液体を隠していたと解釈することもできようが、より可能性の高い話としては、アリスは単にビールを涼しい場所に保管していただけ、というのが実情であろう。醸造家たちが樽を洞窟のなかで保存することはよく知られていた。このような道具が見つかったものの、アリス・ハントリーが逮捕されることはなかった。かわりに逮捕されたのは、アリスを訴えた教戒師ジョン・ナイトであった。おそらく虚偽の告訴による嫌がらせが明らかになったものと考えられる。

ナイトがハントリーを訴えた一件は、女性醸造家に対する考え方に変化が生じていたことを物語る。魔術が重大な関心事になり始めると、標的にされたのは女性の醸造家たちであった。1566年から1589年にかけてエセックスで開かれた魔女裁判の記録によると、訴えの多い上位5件の裁判には、女性がビールをだめにした、というものが入っていた。[18] 魔女はビールを便で汚し、ビールに「魔法をかける」と言われており、これが女性醸造家の造るビールに対する世間の不寛容へとつながった。シリアル・フォーキンガム博士はエールを麻疹(はしか)の薬として処方した人物であるが、かれは1623年、女性は醸造という仕事におけるくわせ者だと書いている。[19]

多くの女性醸造家たちは、質の悪い酒を醸造していたとか販売していたことを理由に、魔女だという評判を立てられたのかもしれない。女性の醸造家は、香りをつけ味を安定させるために当時広く用いられていたホップを、通常は使用しなかった。ホップはウイスキーの原料には用いないが、ビールの香りを大きく改善するものであった。だがトマス・タイロンが記すように、17世紀、「ホップを加えて沸騰させたビール」は痛風や肺病を引き起こすとされた。タイロンの1690年の著書『ビールとエールと酒の新しい醸造技術』には、「ビールにホップを入れて2時間、3時間、4時間と煮込むと、口のなかでしぶとく残る、強烈な風味で後味の悪い物質ができ上がる。それは胃のなかに長時間とどまり、ひどい臭気を引き起こす」とある。おそらく女性醸造家たちは、ホップの強烈な味が身体に悪影響をおよぼすと考えたわけではないだろう。だが、たとえば彼女たちが腐りかけた燕麦(えんばく)からビールを造り、客がホップの入ったビールを飲んだあとでそのビールを口にしていたら、燕麦入りのビールの味はひどいものであったはずである。さらにつけ加えると、女性醸造家のなかには客を騙したり、1パイントのビールと一緒に性的なサービスを提供するなど乱脈な商売を行なったりする者も多かった。このような賢明とはいいがたい営業作戦は、女性醸造家の立場を着実に蝕んでいった。

17世紀、ロンドンの醸造ギルドのうち、女性が占めていたのはたった7パーセントであった。18世紀に入っても女性たちがこの仕事から離れる傾向は続き、男性醸造家が数で女性を圧倒した。19世紀までに、女性醸造家を指すブリュースターという語はほぼ忘れ去られていた。

ビール造りにおける女性醸造家たちの地位は、いくつかの学術的な文献によってよみがえった。[20] 近年では、ビールと研究はある種の同義性をもつようにも思える。カリフォルニア大学ロサンゼルス校からシカゴ大学まで、古代文明におけるビールの重要性について、考古学と農学の両方の学問分野から研究が始まっている。ベルリンのマックスプランク研究所で歴史科学を研究するピーター・ダメロウは、「農業の発生が収穫後の穀物の処理方法と密接に結びついており、ビール醸造がすぐさま穀物の保存と消費の基本的な技術の一つとなったことは疑いない」と書いている。[21] 考古学者のアレクセイ・ブラニックは『スミソニアン・マガジン』誌上で、当時の人びとを理解する上では軍隊よりもビールの方が重要であると語った。[22]

醸造を巡る、いまだに答えの出ていない謎の一つに、ビールの発明がウイスキーにどう影響をおよぼしたのか、というものがある。アメリカのアルコール・たばこ税貿易管理局によると、ウイスキーは「すり潰した穀物を発酵させ、それを蒸留したもの」と定められている。ジャックダニエル、ジムビーム、ジョニーウォーカー、その他あらゆるウイスキーが穀物畑から始まっていることを見落としてはいけない。農家はトウモロコシ、大麦、ライ麦、それに小麦を収穫し、蒸留業者に出荷する。蒸留業者は穀物を熱湯と混ぜて発酵させる。多少の地域差はあるが、この穀物を発酵させるという点はウイスキー製造の原則であり共通している。

シュメールの女性たちが大麦を発酵させなかったとしたら、果たして現代のウイスキーは存在していただろうか？　シュメールの女性たちは小麦も栽培していた。もし彼女たちが大麦のかわりに小麦を発酵させていたら、小麦がビールやウイスキーの主原料になっていたのだろうか？　答えることなど不可能な問いである。だがいずれ研究者たちは、シュメールの女性たちによるビール造りについての証拠を、あるいはほかの文明でもビールを造っていたのだという証拠を、それぞれ発見することであろう。[23] 一ついえることは、ウイスキーのもとになる発酵がシュメールとエジプトの女性によってもたらされたということを否定する証拠は存在しない、という点である。

一方で、シュメールとエジプトから遠く離れた地では、別の女性たちがウイスキー造りのつぎのステップとなる蒸留を試みていた。多くの研究者が、最初の化学者はメソポタミアに住んでいた2人の女性、タピュティ・ベラテカリムと［――］・ニヌ（――の部分は名前が未詳）であると考えている。[24] 化学実験装置の大半が調理器具に起源をもつことを思い起こせば、最初の化学者が女性であったことも理にかなっていると思われる。この2人のメソポタミア女性は、紀元前1200年頃に植物から抽出した成分を蒸留し、香水を作り出した。[25] タピュティは宮廷の女性監督官で、メソポタミアの文化においてとても重要な、香水を製造する責任者であった。死んだ王には埋葬に備えて油と香水が塗られ、高位の女性は皮膚を滑らかにするために肌に油を塗っていた。

ほかの文明では数千年後でも女性の自由ははく奪されていたが、メソポタミア人は相当な敬意をもって女性たちを遇した。事実、女性科学者たちは何世紀もかけて蒸留技術を完成させていったのである。タピュティと［――］・ニヌの試みを継いで、エジプト人女性のマリア・ヘブラエが、今日でも使われる蒸留技術を発明することになる。[26]

ニンカシを讃える歌

ミゲル・シビル訳

流れる水より生まれしものよ
ニンフルサグがやさしく育むもの
流れる水より生まれしものよ
ニンフルサグがやさしく育むもの

聖なるうみのほとりに街をたて
壁をめぐらし給う
ニンカシよ、聖なるうみのほとりに街をたて
壁をめぐらし給う

あなたの父は、創造の主、エンキ
あなたの母は、聖なるうみの女王、ニンティ
ニンカシよ、あなたの父は創造の主、エンキ
あなたの母は聖なるうみの女王、ニンティ

あなたはパン生地を手に取って、
大きなシャベルを腕にして
甘い香りのバッピアを穴のなかでかき混ぜる
ニンカシよ、あなたはパン生地を手に取って、

大きなシャベルを腕にして
甘い香りのバッピアと蜂蜜を、穴のなかでかき混ぜる

あなたはバッピアを焼き上げる
大きな竈のなかで焼き上げる
きれいに積み上げた殻を外した大麦を
ニンカシよ、あなたはバッピアを焼き上げる
大きな竈のなかで焼き上げる
きれいに積み上げた殻を外した大麦を

あなたはモルトに水をまく
地面に敷いたモルトに水をまく
気高い犬が君主でさえも遠ざける
ニンカシよ、あなたはモルトに水をまく
地面に敷いたモルトに水をまく
気高い犬が君主でさえも遠ざける

あなたは壺の中のモルトを水につける
波が起こり、波は静まる

ニンカシよ、あなたは壺の中のモルトを水につける
波が起こり、波は静まる

あなたはすり潰された大麦を
大きな葦のマットの上にぶちまける
冷たさがそれを支配する
ニンカシよ、あなたはすり潰された大麦を
大きな葦のマットの上にぶちまける
冷たさがそれを支配する

あなたは両手につかまれる
素晴らしい、甘いウォートを
蜂蜜とワインとともにそれを発酵させて
（あなたは器へ注がれる甘いウォート）
ニンカシよ、
（あなたは器へ注がれる甘いウォート）

濾し器は
心地のよい音をたて

あなたはウォートの集まる大きな器の
もっとも上に座られる

ニンカシよ、濾し器は
心地のよい音をたて
あなたはウォートの集まる大きな器の
もっとも上に座られる

あなたが濾された器のビールを注ぐとき
それはまるでティグリスとユーフラテスの
激流のようだ
ニンカシよ、あなたが濾された器のビールを注ぐとき
それはまるでティグリスとユーフラテスの
激流のようだ

2　最初の蒸留

発酵した穀物に熱を加えて沸騰させると、アルコールと水が分離する。そのアルコールを冷やして濃縮すると、スピリットの澄んだ雫となる。この蒸留の過程で、名の知れたウイスキーの醸造所は、特許取得済の蒸留器など、それぞれ独自の製造技術を用いる。だが、バーボン業者がタワー式の蒸留器を導入したり、あるいはアイリッシュ・ウイスキー愛好家が単純なポット式の蒸留器の着想をえたりするはるか前、1世紀から3世紀にかけて、アレキサンドリアのエジプト人女性たちは錬金術を用いていた。それがやがて、蒸留酒を造り出す蒸留器の製造へとつながった。[1] ドイツの学者アダム・マウリツィオは、1930年代に著した著書『発酵飲料の歴史』のなかで、初期の蒸留はミード（蜂蜜と水を発酵させたもの）やビールなどを含む、多種多様な飲み物を作るのに用いられたとの推論を発表した。[2] この説が正しいとすると、女性たちはキリストが死んで間もない頃に、ウイスキーの初期の形態を作り出していたといえるかもしれない。しかし、マウリツィオの説を支持する人はほとんどいなかった。学者たちはみな、エジプトの蒸留技術は香水を作り、硫黄、水銀、ヒ素硫化物を溶解するために用いられたと考えていた。

アレキサンドリアの化学者のなかでもっとも重要な人物は、別名ユダヤのマリアとして知られるマリア・ヘブラエである。[3] 錬金術師であったマリアの著作は現存しないが、彼女の影響は後世の錬金術師たちに受け継がれた。4世紀の伝説的な錬金術師ゾシモス・パノポリスは、マリアが金属、粘土、それにガラスからできた新しい加熱型の蒸留器具を考案したと記しており、このことはよく知られている。[4] マリアは、「マリアの浴槽」という、二層式の水槽を考案した。外側の容器は水で満たされており、内側の容器は適温になるまで熱を加えられる状態になっていた。[5] マリアは金を作り出すために、銅を硫黄とともに熱した最初の人物だった。これは3世紀、実際に行なわれていたようである。またマリアは、すべてのものは一つだという理論を打ち立てた。ゾシモスによれば、マリアは「一つは二つになり、二つは三つになり、三つにせよ四つにせよ、結局は一つのまとまりを成す。すなわち二つのものは一つにすぎない」と信じていたようである。

マリアは管でつながれた二つのひょうたん型の容器からなる蒸留器を発明した。マリアの蒸留器のもっとも重要な点は、のちの蒸留器で一般化することになるのだが、受け皿となる容器と濾過機が管でつながれているところにあった。液体がボイラーに注ぎ込まれ下から火で熱せられると、蒸気が管を通り、受け皿となる容器に流れ込む。[6] ウェストヴァージニア州やケンタッキー州の山奥で密造酒を造る人びとは、いまでも昔ながらのマリアの発明品を使っており、ブランデー業者は少量生産の場合、フランス製のアンティークの管つき蒸留器を使用している。

マリアが考案した蒸留器には、着色用の混成物と蝋を熱するために使用する、半球状の覆いのついたシリンダー型のケロタキスや、3本の腕のついた構造のトリビキコスもある。トリビキコスで蒸留する場合、液体はまず陶製の容器のなかで熱せられ、蒸気は濃縮されてから冷却される。内側のへりが濃縮した蒸気を集め、それを3本の管が運んだ。

マリアの発明は錬金術にとどまらず、ウイスキー造りを含む幅広い分野に影響をおよぼす可能性があった。彼女が行なった錬金術という科学と化学とを組み合わせる試みは、未来の蒸留業者に重要な道具をもたらした。のちのアレキサンドリアの女性錬金術師たちも、数学と蒸留に大きく貢献した。そのうちの1人にはクレオパトラもいた。だが、エジプトにおける女性錬金術師の活躍は415年に終わりを迎える。著述家テオンの娘ヒパティアが、キリスト教徒によって八つ裂きにされたことがきっかけであった。エジプトの歴史学者たちは、はっきりとものを言う彼女の性格が災いしたと考えている。

中世の暗黒時代、女性は宗教儀礼から締め出され、ラテン語を読んだり科学の文献に目を通して学んだりする機会を失った。例外は中国の錬金術師たちで、彼女たちは稼業を堂々と継続し、文化の進歩に影響をおよぼし続けた。これを除くと、女性たちは暗黒時代、人目を避けながら蒸留を行なう必要があった。しかしながら14世紀から15世紀にかけて、蒸留して作った薬への需要が高まると、医者は女性たちに薬剤師の役割を求めるようになる。

中世では、女性たちが表立って医療の進歩に貢献することはなかった。ヴァッサーブレネリネン、あるいはアクアヴィットの女として知られた女性たちは、薬局でアルコールを主原料とした薬を製造した。彼女たちはエールや薔薇水、芋など、手に入るものならなんでも蒸留した。[7] そして「硬い水」やアクアヴィタエ、あるいはゲール語でイスゲ・バーハ、スカンジナビア語でアクヴァヴィット、フランス語でオードゥヴィと呼ばれた、蒸留したスピリットを造った。15世紀から17世紀にかけて、アクアヴィタエといえば、蒸留したワイン、ビール、芋、その他あらゆる強烈なスピリットを指した。この言葉の定義のあいまいさが、シェイクスピア学者のあいだで論争を引き起こしている。アクアヴィタエはシェイクスピアの劇中に6回登場するが、吟遊詩人が口にしたこの液体がウイスキーなのかブランデーなのかははっきりしていないのである。議論はウイスキー優勢に傾きつつあるようだ。『ウィンザーの陽気な女房たち』には、フォードがアクアヴィタエを持ったアイルランド人について話す場面がある。実際、アイルランド人がブランデーを造るためにぶどうを育てることはめったになかったが、ウイスキーは11世紀から製造していた。

この酒を巡って、シェイクスピア学者たちが論争するのはもっともなことであった。というのも、アクアヴィタエを製造する方法はまだ定まっていなかったのである。13世紀イタリアの医学部教授であったタッデオ・アルデロッティは、アクアヴィタエはワインだけで造ると書いた。[8] かれは「アクアヴィタエの風邪に対する効用は素晴らしい」と報告している。ラテン語で書かれた14世紀アイルランドのある教区の記録簿『オソリの紳士録』には、最良のアクアヴィタエは4度の蒸留を要し、熱や虚弱、風邪、息切れ、腫れ、それに白髪にも効き目があるとある。[9] アルデロッティの記録と同じく、この本でもアクアヴィタエの主原料はワインだとされている。だが、当時のほかのレシピには、レモンとオレンジの皮、薔薇水、リュウキンカ、ビール、タマネギが材料として記されている。ハーブが加えられたり、動物の肉や血が用いられたりすることもあった。女性の蒸留人は、レシピをたくさん知っていることを求められた。16世紀の作家、ジャーバス・マークハムは『イギリスの主婦』のなかで、「女性蒸留人は家族の健康のためにあらゆる水を蒸留する」と非難がましく書いている。[10]

レシピの種類は数あれど、アクアヴィタエはなにより中世のアスピリンであった。産婆たちは出産の最中、女性がアクアヴィタエを飲むと痛みが和らぐと考えていた。1663年、ニューキャッスル伯爵夫人は普段の痛み止めとして、カシア、サフラン、ホウ砂を「焦がした白ワイン」に入れて飲むよう処方された。[11] アクアヴィタエは気管支炎、水銀中毒、痛風の薬としても処方された。アクアヴィタエは心に安らぎをもたらし、精神を奮い立たせ、卒倒も防いだ。キャサリン・セドレイ夫人は、彼女の「受け取り帳」にアクアヴィタエはペストの唯一の治療薬だと記した。セドレイ夫人のレシピには、リムベック（ユダヤのマリア式蒸留器の別名）を使うものがあった。「1ガロンのガスコーインワインを入れ、つぎに生姜、ガランガル、オガルカヤ、シナミント、コリアンダー、ナツメグ、クローブ、アニスの実をそれぞれ1ドラム（重さの単位）、さらにセージ、ミント、レッドローズ、北アフリカのタイム、カペイラクサ、ローズマリー、野草のマヨラナ、ペニーロイヤルミント、タイム、ラベンダー、大根草……。この液体の効能はつぎの通り。精神を高揚させ、男の若さを大いに保つ。つぎに風邪から生じる内部疾患を癒す。しびれからくる痙攣を防ぎ、難産の女性の陣痛を癒す。体内の寄生虫を殺し、急な痛風を鎮め、歯痛も和らげる。胃を穏やかにする効果も大」[12]。

アクアヴィタエの需要が高まると、それを造る女性も必要とされた。ロンドンで薬局を経営していたトマス・フォックスは、1618年、アグネス・ミラーを使用人として雇った。トマスはアグネスを選んだ理由として、彼女の商品を販売する才能と醸造を手伝う能力に「大きな信頼」を置いていたことを挙げた[13]。ただ、ヨーロッパでも国を違えると事情は異なった。

16世紀ドイツのニュルンベルク市の当局は、女性が蒸留酒を造ることを禁じるために、家庭内でのアクアヴィタエの製造を禁止する法令を可決した[14]。この動きはヨーロッパ中に広がった。医師たちは女性が造ったアクアヴィタエを扱わなくなり、女性の造ったアクアヴィタエは粗悪品の横行を招きかねないと警告した。女性が酒を造ることに反対する人びとが女性の醸造家たちを魔女呼ばわりして排斥し始めたのと時を重ねて、アクアヴィタエを造る女性たちも魔女と結びつけられた。告発者たちは、アクアヴィタエは人間を悪魔にすると訴えた。

ジーン・ボディンは著書『魔女の悪魔狂いについて』で、「毒や呪文を所持した状態で捕まるか、部屋や戸棚のなかからそのようなものが見つかるかした場合、あるいは馬小屋の戸口に穴を掘った跡があり、そこに毒が隠されていた場合、また家畜が死んだ場合には、これらは魔女であることを明白に示すゆるぎない事実といえる」と書いた。[15] 当時の権力者たちは、医者の処方なしにアクアヴィタエの小瓶を所持していることは魔女の証拠であるとみなした。

1418年、イングランド王ヘンリー4世の2番目の妻、ナバラのジョアンは、義理の息子にあたるヘンリー5世を魔術で毒殺しようとした疑いで4年間投獄された。[16] 訴えの証拠には、アクアヴィタエの小瓶も挙げられていた。同じく、グローチェスター公爵の妻エレノア・コーハムは、1441年にヘンリー6世暗殺の疑いで訴えられた。当局が彼女の所持品のなかにアクアヴィタエを発見すると、エレノアは魔術ならびに錬金術を行なっていたと自白した。このコーハムの裁判などの、いわゆる魔女裁判の記述に続けて、『イングランド年代記』は、閉経期と魔術とを関連づけるような書き方で、女性は子供を産まなくなるともっとも破壊的になると断言している。[17] この魔女に対する反感は16世紀に、魔女の大量処刑と結びつく。

1515年にはスイスのジュネーブで、魔女として訴えられた500人が火刑に処せられた。さらにイタリアのコモでは1000人が殺された。[18] 1500年から1660年にかけてヨーロッパでは、歴史家が見積もるところ5万人から8万人が魔女の疑いで殺された。このうちの8割が女性で、その多くがアクアヴィタエの所持を理由に捕まった。ところがアイルランドとイングランドでは、処刑率は最低を記録していた。これは魔女を処刑する法的な枠組みがなかったことによる。[19] また、アイルランド人は法の権威に重きを置かず、イングランドの抑圧者に対して団結して逆らう傾向にあった。そのため、めったに隣人を魔女だと訴えることはなかった。一方スコットランドでは、ジェームズ6世が魔女の根絶を最重要の課題に据えていた。1590年代、ジェームズ6世はデンマークのアン女王と結婚する行き帰りでひどい時化に遭遇した。船長が嵐を魔女のせいだと言い、デンマーク人の女たちが北海の高波を作り出したと自白したことで、この恐怖は王の心に深く刻まれることとなった。この一件のあと、ジェームズは『悪魔学』を著し、そのなかでスコットランドで4000人が殺害されることになる魔女狩りを擁護した。[20]

このような魔女狩り旋風が吹き荒れるなかでも、女性たちは酔うために、また市場で売るために、アクアヴィタエを造り続けていた。ウイスキーを蒸留する女性が隣人から魔女だと訴えられることもあったが、アクアヴィタエの製造・所持に係る魔女裁判の大半は、民間療法で用いる薬を調合した女性に対するものであった。1623年、スコットランドのパースで、ジャネット・ロスは熱が出た患者に卵と少量のアクアヴィタエと胡椒を処方したことで処刑された。パースのある編集者は、魔女だとの訴えは「たいてい重い病気の治療や、その治癒の試みに関わるものであった」と書いている。[21]

魔女のレッテルを貼られることを恐れて、アクアヴィタエを造る女性たちは秘密裏に製造するようになった。たとえ王室と関わりがあったとしても、魔女だとの訴えから女性を守ることはできなかったようである。デンマークとノルウェーの王女にしてザクセン選帝侯（1532～85）であったアンは、壁と塀で守られた蒸留所を築いた。彼女の蒸留所に侵入するためには軍隊の動員が必要かと思われた。中世の美の模範と呼ぶにふさわしいすらりとした身体をしたアンは、極上の蒸留方法を模索して、信頼できる人脈や高名な医者を探し求めた。アンは医学に関心を寄せ、痛みをともなう病気に苦しむ夫を看病した。アンはまた、若い女性たちにハーブ療法を教育し、亡命者や身重の女性、老人たちを世話するために教会を建てた。1869年、ドレスデンのローベルト・ヘンツェが建てた記念碑（いまでも残っている）には、デンマークに多くをもたらした親切な王女への賛辞が刻まれている。だが、もしアンが魔女というレッテルを貼られることを恐れずに、医学への関心を積極的に示していたらどうなっていたことだろうか。女性を教育の平等から排除する動きは、医学の進歩に大きな後れをもたらしたのである。

アクアヴィタエを造る女性たちは、人目を忍びながら、薬として認められた治療用の蒸留酒を細々と造り続けた。1617年から1669年にかけて、64人の女性がロンドンに薬局を構えて医療目的で蒸留酒を造っていた[22]。彼女たちは頻繁にビールを蒸留していたことから、相当な確率で知らず知らずのうちに熟成されていないウイスキーを造っていたはずである。

3　不屈のアイルランド女性

1172年、イングランドの兵士たちがアイルランドに侵攻したとき、かれらはゲール語で「命の水」を意味する、ウキスゲ・ベアサと呼ばれるアイルランドのアルコール飲料を発見した。大麦は湿度の高いアイルランドの気候でも育つので、12世紀の記録に残るこのウキスゲ・ベアサとは、ほぼ間違いなくウイスキーのことであろう。アイルランド人がどうやってこれほど早くからウイスキーを蒸留していたのかはわからない。伝説によると、5世紀前後に聖パトリックがアイルランドに蒸留技術を持ち込んだとされている。医師のアンドリュー・ウレが1858年に唱えた説では、北方のヨーロッパ人、すなわち「野蛮人」がアイルランドを襲ったときに蒸留が伝わったとしている。[1] ムーア人が「犯人」だとする別の説もあるが、アイルランド年代記に登場するウイスキーについての最初の言及は1405年のものである。いわく、「モインティィレオラスの首長、リチャード・マグラネルが、クリスマスにアクアヴィタエの飲みすぎがもとで死んだ」とある。[2] 歴史的な議論はさまざまあるが、アイリッシュ・ウイスキーの起源は依然として謎に包まれたままである。

それでも、蒸留の技術は確かにこのエメラルドの島へやって来た。そして女性たちはその技術を用いて、液体を濃縮するためのハードルと呼ばれる虫のようなパイプ状の真鍮の器具とポットを使って、家のなかでウキスゲ・ベアサを造っていた。この蒸留は、20クォート〔1クォート＝約1リットル〕ほどのかなり強いビールないしはエールを原料として始まる。ビールあるいはエールを蒸留し、今日の基準でいえば95から120プルーフ（47・5〜60％）の、14クォートほどの強いウイスキーにする。ある1671年のレシピによれば、アイルランドの蒸留業者は蒸留に先立ち、リコリスや、ときにはサフランやアニスの種をすり潰したものを加えたようである。[3] 初期のアイリッシュ・ウイスキーの製法はたいてい、最低2回の蒸留を行なった。今日の標準的なアイリッシュ・ウイスキーの製法では、3回の蒸留を行なう。蒸留されたスピリットができ上がると、女性たちは砂糖とミント、ときにはバターを加えて、アルコールによる強烈な喉の焼けつきを和らげた。1760年にファーマナを旅したある執事が書いた手紙には、アイルランド人は酩酊するためにウイスキーを飲み、「飲んでも身体の調子を崩すことはない」とある。[4]

アイルランド人は、イングランドでは「Poteen」として知られた、Poitín（ポティン）と呼ばれる熟成させないスピリットも造っていた。[5] 人びとはポティンを山の雫と呼んだ。というのも、ポティンは山中で造られたからである。徴税人はこれを違法ウイスキーと呼んでいた。だが、ポティンは徴税の対象となる正規のウイスキーとは製法がまったく異なるものであった。あるポティンはじゃがいもとからす麦を原料としていたが、伝統的なウイスキーはたいてい大麦とトウモロコシを原料としていた。

女たちは山中でポティンを造り、それを結婚式や葬式、通夜や祭りでこっそりと楽しんだ。彼女らはポティンに山羊の乳とミントの葉を混ぜたカクテルを創り出した。バターと蜂蜜も加えた。このような一見、魅力的には思えない混合物は、現代ではそうそう目にすることはなさそうであるが、ポティンをベースにしたカクテルは、この酒が村々の社交において果たした重要な役割を物語る。

文化的により進んでいたイングランド人たちは、最上級のアイリッシュ・ウイスキーの味を知っていた。ウォルター・ラレー卿は、このスピリットのもっとも重要な支持者であった。初代コーク伯がラレー卿に、自身がたしなんでいたウイスキーの樽を一つ与えると、ラレー卿はそれをエリザベス女王とともに楽しんだ。ラレー卿はこのコーク伯から受けた32ガロンのウイスキー樽を「最高の贈り物」と呼んだ。アイルランドの貴族たちは郷里のウイスキーを好み、しばしば樽を贈り物としてイングランドに送っていた。1585年にウォーターフォード市長は、バーレイ卿から「多量のアクアヴィタエ」を贈られた(6)。控訴院の裁判官であったコークが1622年、娘をダラム・ハウスでキャプテン・プリンスに会わせるためにロンドンにやって来たとき、コークは娘の花婿候補への手土産としてハープとウイスキーを持たせた上でこう言い添えた。「このアイルランド産のイスケバッハを少量飲めば、体液の排出を助ける効能をえられ、気分が高揚し、その日一日、身体がなかなか温まる。それに胃を痛めることもない(7)」。

17世紀はイングランド人がアイリッシュ・ウイスキーに熱狂した時代であった。だが、イングランドでアイルランドのスピリットに対する需要が膨れ上がり、家庭内で製造して地元で販売するという小規模な生産は、規模の拡大に専心するビジネスへと駆り立てられた。アイルランド産の「ウスキバーフ」の広告が、早くも1720年代にまずはロンドンで、のちにニューヨークで新聞に現れ始める(8)。ボウデンのウスキバーフについての広告が1750年2月8日付の『ホワイトホール・イヴニング・ポスト』に登場し、痛風とリウマチの特効薬だとうたった。広告では、偽物を造る業者に騙されないよう注意を呼びかけている。「偽物からみなさんを守るために、ボトルにはすべてBOWDEN'S USQUEBAUGH（ボーデンのウスキバーフ）というラベルがコルクの上に貼ってあります」。

アイリッシュ・ウイスキーを渇望する声が高まると、生産規模にも変化が生じ、さらにイングランド人はイスケ・バハという名前にも影響をおよぼすようになった。音声学的には「イスケバハ」と発音されるが、これがウイスキーになった。というのも、イングランド人はこのゲール語の単語が発音できなかったのである。この新しい単語「ウイスキー」は、スコッチ・ウイスキーにも用いられるようになり、ウイスキーはロンドンの新聞の社会面に頻繁に現れるようになる。スコットランド産であれアイルランド産であれ、ウイスキーは滋養と強壮のための飲み物となった。1737年には、68歳で妊娠したロンドンの女性が、その歳で妊娠したのは夫のウイスキーを飲む習慣のせいだと大っぴらに非難した。[9] 別のイングランド人女性は、1738年にこう書いている。「もし貧しくてもわたしたちに知恵があれば、ウイスキーこそ飲むべきものでしょう」[10]。

ウイスキーへの関心は、イングランドの貧困層から女王にいたるまであらゆる階層に広まり、このスピリットの名前を改めたばかりか、幅広い影響力をもたらした。アイルランドとイギリスの両政府において、議員たちはウイスキーに対する多大な税額を失っていることに気がついた。1661年のクリスマス、アイルランド政府は1ガロンにつき4ペンスという最初のウイスキー税を課した。この税は実質的にポティンを非合法なものにし、蒸留を一度きりしかできない女性たちを廃業か非合法のウイスキー販売業のいずれかに追いやった。しかし、このアイルランドでの課税の影響はブリテン島でのそれにくらべると物の数ではなかった。

非合法の女性蒸留家と徴税人

1530年代、ヘンリー8世はアイルランドを支配するために争いを本格化させた。この島からの実入りはごくわずかであったものの、ヘンリー8世はダブリンに近い四つの郡からなるペイルから、同地域の支配を認める勅許状を取りつけた。イングランド国教信仰を広めようとするヘンリー8世の目には、アイルランドは強固なカトリック信仰に染まった、征服するに値する国に見えた。キルデア伯のフィッツジェラルド家はアイルランドでもっとも有力な家門であった。ヘンリー8世はこの敵と戦を交えることとなった。たくさんの血が流れた戦いの結果、反抗的であったアイルランド人はイングランドに屈し、残りのアイルランドの豪族たちもヘンリーを支持するにいたった。1541年、アイルランド議会はヘンリーをアイルランド王と宣言した。ヘンリーはカトリック修道院に解散を迫り、アイルランドに深く根ざしたローマとの結びつきに楔（くさび）を打ち込んだ。そして16世紀、カトリック、イングランド人とアイルランドの反乱派との争いが始まるのである。

イングランドはアイルランドの支配を強め、アイルランドの産業が生み出す収益を確保した。ところが、ウイスキーは当初の200年のあいだ、イングランド人の視界の外にあった。田舎の蒸留家たちはイングランドの徴税人の網の外にいたのである。1780年代までには、アイリッシュ・ウイスキーはイングランドにとって見逃すわけにはいかないほど儲かるものになっていた。1661年の4ペンスから始まったウイスキー税の増額が決まると、大規模な蒸留業者に有利な状況が生じ、他方、小規模蒸留家の市場競争力は大きく制限されることとなった。たとえば1782年、ドネガルには39軒の合法的な小規模の税を納める蒸留家があった。[11] だが15年後には、その蒸留所は1軒も残っていなかった。歳入法は免許料を定めたばかりか、日没後に蒸留することも禁じた。このような規定は、通常の樽の大きさの蒸留器しか持たない女性の家内工業的な蒸留業者にとって不利なものであった。

イングランドは、アイルランドの蒸留業者の上がりに課税しようと試みたわけであるが、かれらはアイルランドの蒸留業者たちの貧しさを理解していなかった。クロンチャのエドワード・チチェスター牧師はつぎのように記している。「アイルランドの貧弱な資本が認識されることなく、小規模な蒸留業者は突然、操業を禁じられてしまった。一方で、認可をえたのはもっとも大きな蒸留業者であった。このような急激な変化は、とくにスピリットに対する税負担が極度に重くなったあと、そうやすやすと受け入れられるはずもなかった。アイルランドは燃料も豊富で地形にも恵まれ、違法な蒸留には最適の土地であったのだ。」[12] 小規模な蒸留業者は、税金を払えるだけの量のウイスキーを造ることができなかった。1768年に5ポンドの罰金を払ったマーガレット・エリオットは、結果として蒸留業を廃業に追い込まれた。[13] ただエリオットは、イングランドが全面的にアイリッシュ・ウイスキー業者の儲けに狙いを定める前の犠牲者であった。

1800年にアイルランドが大英帝国の支配下に置かれると、アイルランドにもイングランドと同じ徴税制度がもたらされた。その上、イングランドからは厳酷な徴税人が送り込まれた。税を払わない蒸留業者には軍が出動することもあった。検査係、蒸留器ハンター、ドッチルスタバー、のちには徴税警察といった異名で知られた徴税人は、大麦の販売記録を調べ、蒸留に利用可能な水源地の調査も行なった。蒸留器に似たものやウイスキーの製造を疑わせるものを発見した場合、それが手桶1杯分のモルトであっても、かれらは地主を逮捕したり罰金額に相当する資産を差し押さえたりした。

カーロウ郡に住むある密告者は、とある女性の家で黒い鍋で「火にかけられた芋」を見たと告発した。[14] ただじゃがいものスープを作っていただけであったのかもしれないが、これはその女性が違法蒸留をしていた十分な証拠とみなされた。密告者は、煮たじゃがいもは蒸留されるはずだと申し立てた。徴税人は、ホップを発見できないときには違法なビールではなく違法なポティンを造っているのではないかと疑った。どんなに証拠に乏しくても、徴税人はすべての蒸留に関する器具を差し押さえ、罰金を科し、さらには蒸留に関係のない資産まで差し押さえた。政府の後ろ盾をえた徴税警察は、ゲシュタポにも似た権力を誇示した。

徴税人はアイルランドの教区で、蒸留にも使用できる器具を所有していたという理由で罰金60ポンドを徴収した[15]。また教区に対しては、かぶと、回転式蒸留装置、シングリング（一度蒸留したもので、今日ではローワインとして知られている）あるいはウォート（ビール）が少しでもあれば、ほかに証拠がなくても、理由を問うことなしに罰金を科した。1813年にロスコモン郡で六つの違法な蒸留器が見つかったとき、判事は六つの教区に等しく罰金を科した。これは州の判事が郡に対して、指名手配の麻薬販売人の罰金を払うよう判決を下したようなものであった。

徴税人は、いつでも家屋への立ち入りが認められており、違法なウイスキーを捜査するために部屋を隅から隅までかき回してもよかった。ポティンの捜査にともなう損害について責任を負う必要もなかった。財産の持ち主が徴税人について当局に不服を申し立てても、判事と目撃者は徴税人の肩をもつのがつねだった。ある皮肉屋が、違法蒸留業者が訴えられた事件で、判事についてこう書き留めている。「判事は1人につき1分で片付けてしまった」[16]。

徴税人は、なにが違法なのかを判断する強大な裁量権をもっていた。もし捜査でラベルのないウイスキーの入った缶が見つかれば、徴税人は液体の匂いを嗅いで違法なポティンかどうかを判断した。ただ問題は、ポティンの入った缶は、市場で買った合法の熟成されていないウイスキーと匂いが同じであったことである。いまであっても、警察が密造酒とウォッカの匂いを嗅いだとして、その違いがわかるかどうかは疑わしい。この主観的で場当たり的な判断は、警察の権限を強めただけであった。

1814年には徴税人は300人からなる軍団を組んで、アイルランドでもっとも貧しい区域のイニショウエンへ強制捜査に入り、そこで奪えるものすべてを奪い尽くして持ち帰った。[17] このような大がかりで組織的な行ないは、すべての女性たちに目を向けさせた。ある判事は、もし人びとが、男性に科されているような重罰を女性は逃れてよいと信じているのであれば、ポティンの害悪は根絶できないと語った。[18] また別のアイルランド人の判事は、「わたしの経験から……女は男よりも邪悪なものだ」と言ってのけた。[19] 徴税人が女性を目の敵にしたのは、おそらく為政者に女性のポティン製造者を恐れる姿勢が染みついていたからであろう。

かの軍団は、夫に先立たれた80歳のイニショウエンの女性、ブランホール夫人の住まいにも現れて、その家の家具を持ち去った。ベッドには病気の娘が臥していたが、男たちによって床へと追いやられた。夫人が罰金を支払うまで、家財や娘のベッドは返却されなかった。娘の命を想って、夫人は当局に協力的であったが、法的な申し立てを行なっているあいだに娘は亡くなってしまった。[20]

徴税人に命を委ねるくらいならばと、反撃に出る者もいた。マーガレット・マレンニーは、飼っていたたった1頭の牝牛の喉を切り裂き、徴税人が連れ去るのを阻止した。[21] 徴税人は牛を罰金に充当するよりも、市場で売り払って自分たちのふところに入れてしまう可能性の方が高かったのである。徴税人はつねにより多くを欲しがった。

また、夫に先立たれた年配の夫人が違法蒸留に対する罰金を支払えなかったとき、徴税人は彼女が飼っている牛を連れていき、さらに押収したよろよろの牛では罰金額には足らないと言い張ったこともあった。徴税人の心証によれば、蒸留器の近くにいる者は誰であれ違法蒸留者を匿っているために有罪であった。蒸留業者が罰金を払えない場合には、徴税人は隣近所から奪った。さきの徴税人は、ご夫人の隣りに住む年頃の娘たちの最上級のドレスをはぎ取った。あわれな貧しい娘たちの一張羅が取り上げられたのである。果たしてこのような行為は、大英帝国のウイスキー税の徴収を助けることになったというのであろうか？[22]

通りや農家をうろつき回る徴税人たちの行きすぎたふるまいに怒り心頭に発した町の住人たちは、反撃に打って出た。かれらはもう、黙って立ちすくむことなく、わが子が辱めを受けるのを黙認することもなかった。イングランド人への敵意も相まって、北部アイルランド人たちは、徴税人を撃ち殺し、焼き殺し、切り殺した。1810年から1815年に発生した衝突では、人数において劣勢と見た場合、徴税人が退却することもあった。徴税人と蒸留業者との暴力的な争いについて、税の監督官で徴税警察の長官代理でもあったエーニアス・コーフェイは、下院でつぎのように証言している。「以前、ただいま問題になっております場所で押収を試みて失敗したことがありました（密輸業者に対して行なう押収は、密輸業者がもつ治外法権条項を考慮して取りやめになる場合があった）。その際に、徴税警察に対して企てられた攻撃から判断して、より規模を増して軍隊を送り込む必要があると考えます。徴税警察に攻撃が加えられるときにはつねにそうすべきです。目的を達成するためには、大きな困難が存在するのです」。コーフェイが見積もるところ、衝突では50から60の蒸留業者が、200発の銃弾を徴税警察に向けて発射したとのことである。[23]

この流血にも大英帝国はひるまなかった。だが、アイルランドのポティン業者を支配するためには、軍隊が付きそう小規模な徴税警察では不十分だと悟ることとなった。1819年、歳入警察は徴税局の正式な武力組織となった。少数の取立人と密偵人を雇うかわりに、大英帝国はアイルランドの「違法蒸留を封じ込める意志」を示す、強力な警察権力をもつにいたった。政府の立場としては、税金を集めることがすべてであった。歳入警察の予算を更新するにあたり、1834年に徴税局は4万ポンドの出費を認めた。いまや警察権力は、従来の仕事や罰金の徴収の目的を大きく超えていた[24]。この予算の見直しのなかで触れられていないことといえば、歳入警察が法を超えた神聖な責務を担う存在であると自認していたことである。かれらはマスケット銃を携行し、蒸留器を破壊する道具として、たとえばドッチルスタブと呼ばれた先の尖った5フィート長の鉄棒を携えていた。逆らう蒸留業者がいれば拘束し、殴打し、殺すこともあった。

歳入を監視する警察とのアイリッシュ・ウイスキーを巡る戦いは、この島で生じていたより大きな争いにくらべればささいなものであった。だが、生活のためにウイスキーを造る女性たちにとっては、スピリットがすべてであった。

1835年に違法酒を商っていたメイヨー州の女性がアイルランドの貧困について聴聞会で語ったところによると、ウイスキーは彼女にとって唯一のよすがであった。「近所でお金を借りて、それを元手にポティンを買い、転売する以外に家で子供を養っていく手立てはありませんでした」と彼女は証言している[25]。

このとき、アイルランドではじゃがいも疫病菌、フィトフソラ・インフェスタンスが広範囲におよぶ飢饉を引き起こし、80万人が死に、200万人が国外へ逃れていた[26]。1847年、アメリカへと向かう乗客の搭乗を待っていたアメリカのジェームズタウン号の船長フォーブスは、コーク港に停泊していたときの様子を日誌にこう記している。「米やトウモロコシの粉を煮る巨大な鍋があり、数百にのぼる餓鬼さながらの人びとが戸外に立っている。確信を込めて記すが、かれらはアメリカのよく肥えた豚であれば見向きもしないような大鍋のスープを乞うているのである。通り一面、青白く痩せ衰えた生き物であふれかえり、衰弱した人びとが、さらに衰弱した人たちの手を引き支えている。女たちは痩せ衰えた赤ん坊を突き出しては、ひたすら施しを訴えている」[27]。

この恐ろしい時代に、アイルランドでもっとも有名なポティン蒸留業者ケイト・カーニーは、慈悲に満ちた姿を見せた。美貌で知られたケイトは、ダンロー峠のふもとにある古風なコテージに住んでいた[28]。ケイトは穀物とハーブの混ぜ物を蒸留し、じゃがいも飢饉のときには人を選ばずに分け与えた。旅人のエドワード・ニューマンは1840年、ケイトから山羊の乳を混ぜたポティンのカップを受け取ったが、その味について「えも言われぬ配合」だったと書いている[29]。彼女の違法な密造酒は、法による差し押さえを喰らうことがなかった。おそらくケイト・カーニーは、彼女を逮捕しようとした男たちを籠絡したのであろう。ケイトの美貌とポティンは伝説となり、彼女の死から20年が経過したあとも、旅人たちがその味を求めてこの地を訪れた。1872年の『バプテスト・マガジン』にこうある。「ケイト・カーニーは、ロマンチシズムを名にし負う、半神半人のなかば神話的な人物である。かような人物が実在するならば、彼女こそが忘れられざるその人だと断言できる」[30]。ケイトはじゃがいも飢饉をへて、善きものは違法なウイスキーを通じてやってくる、という発想の象徴となった。ケイト・カーニーのように、貧者を助け、痛みを和らげるために病に苦しむ人に手作りの酒を与えた人はたくさんいたはずである。だが情け知らずの徴税警察が、飢饉の最中に心温まる歴史を残すことはなかった。この国難に際しても、徴税警察は蒸留業者を取り締まり続けていたのである。

1853年に徴税警察は、カーロウ郡のネース村で違法な麦芽を突き止めた。責任者であった警部と巡査部長が違法な麦芽を確認しに来たとき、部下たちは2人を村の道に立って出迎えた。すると、ある住民が徴税人めがけて投石した。警官は上司の指示を待つまでもなくマスケット銃を構えて、家々に向けて発砲し、炉端でじゃがいもを調理していた女性が犠牲になった。ブレトン大佐は1854年、下院で「わたしはかの一件を冷血な殺人であると言いました」と証言した。大佐の言い分では、徴税警察と密造業者との戦闘は、誤解から生じたものであった。「おそらく、ほとんどのケースで衝突の原因は二つに絞られます。一つは、武器の使用に関する知識を欠き、集団に規律が欠けている場合。二つ目は、危険を見極める力と、細心の注意を払って危険を避ける力を欠いている場合です」。この件の直後、2人の徴税人がエレン・メイソンの家を訪ねて、酒を飲ませろと要求した。彼女が断ると、怒った警官は銃剣を抜き、彼女の外套と束ねた後ろ髪に突き刺した。エレンが助けを求めて戸外へ逃げると、警官は正当な理由もなしに彼女の部屋を片っ端から破壊した。こうした出来事は長くは続かなかった。アイルランドはもはや徴税警察が女性を標的にすることができないほど、多くの問題を抱えていた。ささいな事件がとんでもない問題を引き起こしかねない状況にあった。敵対的な雰囲気が街角を覆い、爆発寸前だった[31]。

徴税警察は1857年に解散した。だがその後、数十年をへても、女性たちは徴税警察を恐れ続けた。そして徴税警察はブーギーマン〔悪魔〕になり変わった。幼い娘は家に1人でいることを恐れるようになった。というのも、徴税警察が入ってくるかもしれないからであった。『親愛なるアイルランド女子』(1899)の著者、キャサリン・タイナンは同書で、「わたしの貧しい母は、遠く沖合から徴税人がやって来るのがわかるように、家の上の方にあった小窓に灯りを灯していました」と書いている。女性たちは徴税警察の死を渇望していた。

この恐怖は当然のことであった。アイルランドの官憲が、1819年から1857年のあいだ徴税警察がもっていたような力をもつことはなかった。だが、徴税人と違法業者の争いは1940年代まで続き、女性たちはまさにその中心にいたのである。1923年、ダブリンで3人の女性がオリエル・ハウス・ホテルの外にライフル銃を持ち出した。情報機関の人間が彼女たちを発見し、諜報員がホテルの部屋に踏み込むと、爆弾20個、リボルバー12丁、ライフル6丁、45ミリ銃の銃弾100包、捜査課の偽造バッジ50個、それにポティン30ガロンを発見した。[32] このような活動を通して、女性たちはポティンを売りさばいて金を稼ぎ、革命のような企ての資金としたのである。

ポティンを売れば売るほど、彼女たちの存在感は強まり、悪名はより高まった。アイルランドのモナハン郡にあったスコッツタウン村では、当局がいつも「スコッツタウンのポティンの女王」と呼ばれた女性を探していた。この人物は、1900年代初頭に金で買える最上級の違法ウイスキーをこの地域に供給していたようである。ある酔っぱらいが、アルコールの匂いをさせながら、警察官におれはポティンの女王から酒を買ったと垂れ込んだ。巡査部長はメアリー・マッカリーの家に目ぼしをつけると、2ガロンのエールと新しい土が盛られた怪しい竈（かまど）を発見した。[33] マッカリー夫人は逮捕されたが、家から発見されたジャーや大きな蒸留器を加熱した跡と思われる竈についてはなにも知らないと言い張った。警官が決定的な証拠を発見できずにいたのは確かであるが、1930年代であれば十分に有罪を引き出せる物証であった。判事が夫人にスコッツタウンのポティンの女王なのかと尋ねると、夫人はただ「違う」とだけ答えた。この裁判は審理なしに散会となり、誰もポティンの女王の正体を突き止めるにはいたらなかった。ポティンの女王がこの散会に影響力をおよぼしたというのはありうる話である。

ポティンの女王とケイト・カーニーについての話は、いまではほとんど残っていないが、謎に包まれたウイスキーを造る女性たちは、愛するウイスキーを守るために法を破った。ウイスキー、山の雫、ポティン、呼び方はどうあれ、アイルランドの女性たちがパイオニアであったことに違いはない。彼女たちは徴税警察に目の敵にされながら、顧客網を張り巡らせて、家族を食わせるために酒を売った。1830年代に流行したバラードがそのすべてを物語っている。「家にいると、わたしは嬉しくて元気／お父さんは豚を飼い、お母さんはウイスキーを売る」[34]。

アイルランドでは、違法ウイスキーに女性が影響力をもっていたのと同様かあるいはそれ以上に、合法のウイスキーについても女性は重要な役割を果たした。1800年代、女性たちは現在でも商品棚に並んでいるブランドの立ち上げに貢献したのである。

女性が育て上げたアイリッシュ・ウイスキー

1608年、ジェームズ1世は、地主で支配者でもあったサー・トマス・フィリップスにアイルランドのアトリムで蒸留を行なう権利を与えた。これがのちのブッシュミルズに結びつく。130年以上が経過してから違法蒸留業者がアトリムで蒸留を始め、アイルランド全土に出回る密輸用のウイスキーを造り出した。ブッシュミルズはその違法酒として始まった歴史を自慢しさえした。1889年の『コロニーズ・アンド・インディア』紙に掲載された広告には、こうあった。「ある一点において、一切変わらないものがある。それは、1743年に大胆不敵な密輸業者によって作り出された抜群の品質である」。ヒュー・アンダーソンは1784年、オールド・ブッシュミルズ蒸留所を公式に登録した。密輸ウイスキーの土地が、合法的に税金を納めるウイスキーを造り始めたのである。

以来、ブッシュミルズ・アイリッシュ・ウイスキーは、「アイルランズ・プロテスタント・ウイスキー」として知られるようになった。アイルランド北部で造られたことは、会社の宗教的な性格にも増して称賛をえた。ウイスキーを造るあらゆる地域のなかでも、オールド・ブッシュミルズ蒸留所は最高の場所の一つとされた。土地は肥沃で、豊かな水源にも恵まれていたのである。かつて蒸留所の周辺では、早くも11世紀頃には大麦が栽培されていた。[35] ブッシュミルズの水源をたどると、ブッシュ川に流れ込むセント・コランブス・リルへと行きつくが、湧き出る水は玄武岩によって濾過された。恵沢麗しい環境によって、ブッシュミルズは瞬く間に世界でもっとも優れた蒸留業者の仲間入りを果たした。1860年、シェリダン・マスプラート医師はブッシュミルズについて、世界でもっとも傑出した蒸留業者に並び、オランダのジンの製造業者にも間違いなく勝っていると記した。[36]

マスプラート医師のような批評家が魅了されたように、ブッシュミルズ蒸留所は、当時としてはきわめて珍しく男女平等を気風に掲げていた。この蒸留所は女性を雇用し、夫に先立たれた女性から大麦を仕入れた。1865年1月、オーナーのパトリック・コリガンはみずからの死に際して、迷うことなくブッシュミルズを「愛する」妻のエレン・ジェーンに譲った。エレンはやがて、アイリッシュ・ウイスキーをさらなる高みへと引き上げることになる。

パトリック・コリガンの死後、通常、ビジネス文書にはE・J・コリガンと記されている残された夫人のエレン・ジェーンは、なかなかの才能を発揮した。彼女は蒸留職人のジェームズ・マコルガンとともに会社を経営していたが、商売上のことはほとんどエレンが決済し、ジェームズはウイスキー造りに専念していた。エレン・ジェーンは1874年に交わした賃貸契約書で、ブッシュミルズ蒸留所の地所は生涯にわたって証書に書かれた通りのままであると保証した。「モルトハウス。……120フィートの古い田舎道に沿ってまっすぐな境界線。……両幅は蒸留所の裏へ北に向かってそれぞれ30フィート、そして真ん中は40フィートがだいたいのところ」[37]。エレンはさらに、ブッシュミルズの水を誰にも使わせないことにした。ブッシュミルズが独占的に水を使用することを定めたのである。

エレン・ジェーンがブッシュミルズを引き継いだとき、同蒸留所は年間8万ガロンのウイスキーを生産し、ほかに類を見ない成功を収めていた。1830年にある少将は、もはや「北アイルランドでもっとも優れた政府御用達のウイスキー」で通っていると語った。また『フィッシング・ガゼッタ』紙の編集者は、「小紙は自信をもって、オールド・ブッシュミルズは我われが味わったなかでもっとも優れたアイリッシュ・ウイスキーであったと断言しましょう」と記した[38]。エレン・ジェーンは、成功を果たしたこの蒸留所を有限会社に改め、北アイルランドの一蒸留所から、年間10万ガロンを生産する文字通りの世界的企業へと生まれ変わらせた。エレンは蒸留所に電気を引きいれ、伝統的な手法に固執する古老陣と戦った。

当時、蒸留業者は熟成前のウイスキーを樽詰めし、ブレンド業者やウイスキーが品薄な地域の蒸留業者に売っていた。この透明な液体には、ブッシュミルズの樽で熟成させたウイスキーがもつ木の風味と甘味が欠けていた。ブッシュミルズのウイスキーは、当地の樽で熟成されるなかでひと雫ごとに樽の芳醇な香りと色をまとっていく。熟成前のウイスキーを売る動きは、ブレンドを生業とする業者の台頭と時を重ねて、アイリッシュ・ウイスキーの行く末を握り始めていた。だが、エレンは当座の金を求めて安い製品を売りさばくことを避け、ブッシュミルズの品質に安定をもたらした。

1880年、エレンはオールド・ブッシュミルズを3000ポンドで売却するにあたり、新会社の役員人事についても口を挟んだ。女性に指導的な地位や会社役員の椅子を差し出すことなどまずないアイルランドで、エレンに与えられた椅子には男性役員たちが彼女に向ける敬意が表れていた。エレン・

ジェーンがオーナー兼役員として在任した期間、ブッシュミルズはさながら１２００ガロンのポットのなかで発酵するかのごとくに成長し、コーク、リバプール、そしてパリで賞をとるほどであった。エレン・ジェーンによって、ブッシュミルズは今日の世界的なウイスキー会社へといたる一歩を踏み出した。彼女は蒸留職人ではなく、今日の会社でいうところのＣＥＯに相当する地位にあった。ブッシュミルズにかけた彼女の生涯は、遺書と経営上の文書に見出される。エレンが創り上げた経営上の仕組みが、同社の礎となった。ただ、会社を離れて１人の女性としてのエレン・ジェーン・コリガンについては、その生涯はほとんど知られていない。

今日、ブッシュミルズは世界最大の蒸留会社であるディアジオ社が所有し、アイリッシュ・ウイスキーの頂点に立つブレンド業者の地位はヘレン・マルホランド社に譲っている。それでもブッシュミルズのウイスキーは、女性にもっともたしなまれているものの一つである。

今日のウイスキー市場で重要なもう一つのアイリッシュ・ウイスキーに、タラモア・デューがある。１８００年代の後半、そのオーナーはメアリー・アン・ダリーであった。会社の実質的な操業は、息子のバーナード・ダリー大佐が担っていた。メアリーは経営者であった時代、「すべての男たちにデューを」という売り文句をひねり出し、タラモアはオファリー郡で人気の蒸留所となった。ただ、メアリー・アンの貢献について記すものは多くない。

タラモア・デューのほかにも、アイルランドのベニスとして知られるモナスタレヴィンのキャシーディ蒸留所に女性オーナーがいた。同蒸留所は18世紀後半とアメリカで禁酒法が敷かれる直前、２人の女性が所有していた。ただ、これらの記録は失われており、あるいは誰も関心を示さなかったせいかもしれないが、アイルランドの女性経営者について体系的に知る手立てはない。アイルランドの蒸留所に関する資料のなかで、女性に関するもっとも重要なものでは、ロック家とそこの女性がオーナーを務めていた著名なキルベガン蒸留所、別名ロック・ブルースナ蒸留所に保管されている。

1757年設立のロック家の蒸留所はブロスナ川の畔に立ち、古い水車を動力源としていた。ブッシュミルズと同様ロックも積極的に女性を登用し、1874年10月には40名の女性従業員を抱え、1901年には取引相手の顧客40名のうち15名が女性であった。ロック蒸留所の女性を起用する姿勢は、1868年にジョン・ロックが妻のメアリー・アンに事業を遺贈してから始まったものである。

メアリー・アンは、蒸留と技術的な問題は職人連中に任せつつ、みずからは優れた「経営の才覚」を示した。[39]彼女はいわゆる数字のわかる女性で、生産量の拡大を目指した。蒸留には時季があり、アイルランドでは10月から翌年の5月にかけて行なわれた。夏の暑さはモルティングと発酵を台無しにした。夏に発酵を試みると、雑菌の繁殖でバッチ全体がだめになった。したがって、生産量を増やすには、蒸留の回数を増やすしかなかった。このために、繁忙期に労働者を増員し、常時マッシュの見張りを行ない、ほぼ毎週ポットスティルを稼働させることになった。過剰な稼働によって古い蒸留器は爆発寸前であったが、メアリー・アンは果敢にもこのリスクに挑んだ。

メアリー・アンの経営下、ロック蒸留所の生産量は1860年代の後半には年間6万ガロンだったものが、1870年代には7万8000ガロン、そして1886年には15万7000ガロンにいたった。そろばん勘定に長じたメアリー・アンは、できる限り収入を増やしつつ課税を回避した。彼女は在庫の数を減らすために樽を家に隠したとも伝えられている。これに勘付いた徴税人が彼女の家に踏み込んだが、巧みに隠された樽が見つかることは決してなかった。

メアリー・アンがロック・ウイスキーに果たしたもっとも偉大な貢献は、ベルファストやアイルランドのブレンド業者との取引を確立させた点にある。１９００年代初頭、彼女が蒸留所の経営を２人の息子、ジョン・エドワードとジェームズ・ハーベイに譲ったとき、ロックの社名は今日のジムビーム社に匹敵するほどの名声をえていた。ロック社のウイスキーは口当たりがよく芳醇で、品質にまったくぶれがなかった。口当たりと芳醇、それにぶれのない品質は、ウイスキーの愛飲者がつねに求めるものであった。メアリー・アンはロック・ウイスキーの黄金時代を築いた。

１９２０年にジョン・エドワードが亡くなり、その7年後にはジェームズが亡くなった。蒸留所はメアリー・アンの孫娘、フローレンス・エックレスとメアリー・ホープ・ジョンストンに引き継がれた。なに不自由なく育った2人の相続人は、蒸留業界の事情には疎かった。彼女たちは厳しい時代に会社を引き継ぐこととなった。

１９２０年代から30年代にかけて、ロック社の経営には、アメリカの禁酒法、アイルランドの独立戦争、それに大英帝国との貿易戦争が立ちはだかった。アメリカではロック社を騙る粗悪な偽者のウイスキーが登場し、ブランドの評判を損ねた。他方、アイリッシュ・ウイスキーの各社は新しい戦略をひねり出し、アメリカに密輸を行なってまで帳尻を合わせた。フローレンスとメアリー・ホープは、これ以上ないほど悪い時期に蒸留所のオーナーとなり、最悪の結末を迎えた。20年にわたりロック社の経営に携わったあと、姉妹は家業の継続を断念したのである。役員会は１９４６年、身売りを決めた。

この時代、一儲けをたくらむ外国人が経営難のアイリッシュ・ウイスキーの蒸留業者を買い取って、イングランドのブローカーに売ることが流行した。ロンドンのブローカーを相手にしたウイスキー会社の任意整理は、アイルランドの製造業者の持ち株の51パーセントはアイルランド人が占めなくてはならないという、１９３０年代にできた製造業者の支配に関する法にともなって現れた。かりに蒸留業者が財政難に直面してブローカーに身売りをしたとしても、会社の支配権は失わないことになる。その一方で、ロック社にとっては、支配権をアイルランド人が押さえたことで、買い手の間口は絞られることとなった。

ロック社が商業紙に入札を募集する広告を出したとき、製造業者の支配に関する法律をものともせず、この件はニューヨークからスイスまで、買収に関心を寄せる人びとに広く知れ渡った。従業員の1人が、蒸留所を買ってくれるという良心的な投資家を紹介しようとしたのだが、秘書のジョセフ・クーニーはスイスの富豪の投資グループからもたらされた30万5000ポンドの申し出の誘惑に抗しきれなかった。51パーセント条項を満たすために、スイス人たちは上流階級に属す上院議員ウイリアム・カークとパートナー契約を結んだ(40)。

メアリー・ホープ・ジョンストンはこの提案を受け入れたが、結局、蒸留所は手付金を受け取ることができなかった。というのも、スイス人の代表者の1人が「手付金はトラブルのもとになる」と言ったからであった。だがこの件では、手付金のない取引がトラブルを招くことになった。ある業者がイングランドの闇市場に6万ガロンのウイスキーを1ガロンあたり11ポンドで売ろうとしているのを司法省が発見したとき、調べが進むなかで、犯人はロック社の買収を目論むスイス人グループの1人であることが明らかになったのである。このことはつまり、連中がロック社を買収したあと、大量のウイスキーをイングランド市場に税金を払うことなく持ち込もうとしていることを示唆していた。さらに司法省は、スイス人のなかにロシア人が紛れ込み、偽造パスポートを所持していることも突き止めた。また、グループにはイングランドで罪を犯したお尋ね者まで含まれていることが明らかとなった。当然ながら、このような事実は1931年に当選を果たして以来院内総務や野党党首を務めてきたカーク上院議員に目を向けさせる。カーク自身、競売会社を所有しており、そこがロック社の買収を進める「スイスの一味」の話に一枚噛んでいた。カークには手数料2万2000ポンドとは別に、スイス人の胴元から見事な金時計が贈られていた。またカークは、取引を順調に進めるために職権を乱用したのではないかとの疑いを招きかねないような目付け役まで送り込んでいた。

これらの不適切な事柄について、ロック蒸留所の売買で政府の役人が不正に影響をおよぼしたか否かの審議が、2週間にわたり法廷で行なわれた。カークの敵陣は、カークの確かな証拠を押さえたと自信を覗かせていた。アイルランド政府は、大御所の政治家の関与に加えて、長年働いてきた従業員たちの失業と、税金が失われることを懸念した。さらに審議会の議長は、「ウイスキーがブレンドされて品質が劣る懸念もある」と発言した。

この一件は蒸留に携わる人をすっかり当惑させたものの、高等裁判所の審議会は、誰かを投獄するに足る証拠を見つけるまでにはいたらなかった。法廷はカークに対する疑惑についても、有罪にはできないと結論づけた。さらにこの審議では、捜査の責任者であった副長官の証言に矛盾があったため、検察の評判は著しく損なわれた。判事は捜査について、「たび重なる不注意のために、まったくの無責任だと言い切れる」と断じた。

政府の役人たちの嫌疑は晴れたかもしれないが、しかしロック蒸留所を巡る疑惑「ロック・スキャンダル」については、1947年から始まるアイルランド政府の凋落を引き起こした事件と見る人もいた。ロック・スキャンダルはアイルランドの面目を潰したが、同蒸留所は日々、会社の腐敗というネガティブな評判に耐えていた。人びとは、ロック社の役員が買い手について詳しく調査を行なっていれば、壊滅的な状況を招く疑惑は避けられたのではないかと考えた。

明らかになったのは、かりに契約が成立していたとしても、スイスの共同購入者の狙いはロック社の熟成された在庫にあり、これをイングランドの闇市場で売りさばいたあとは、蒸留所を売却していたであろう、ということであった。ロンドンでの窓口を担当したのは、チャペル夫人として知られる女性であった。彼女は取引が潰れてしまう前に、すでに販路を整えていた。もし、ロック社の買収が成功していたら、チャペル夫人とスイスの仲間のものには、66万ポンドが入る見込みであった。ロック社の歴史に汚点を残したこの事件は、かのジョンストン夫人が他の申し込みを真剣に検討していれば避けられたものであった。

同蒸留所は交渉に際して、入札情報を部外秘にするという取り決めがあるにもかかわらず、「マーフィー氏」から22万5000ポンドの申し入れを受けていたことが、カーク議員が口を滑らせた証言から明らかになった。このマーフィーとは誰なのか、その正体を確かめた人はいないが、おそらく1975年までコーク郡でミドルトン蒸留所を経営していたマーフィーと同一人物と思われる。社内でも秘密裏に話が持ち込まれていた。なぜ取締役会はロック社のブランドをアイルランド人の手に、あるいは自社の従業員の手に残すために、たとえ金額が少なくても、そのような売却先を選ぼうとしなかったのであろうか。ロック社のブランドが一族の遺産であることを経営者姉妹が自覚していれば、スイスからの誘惑など歯牙にもかけなかったであろう。

結局、ロック社の運命を決したのは金であった。「我われはつぎのような結論に達しました。……わが社を2社のうち高い金額を示したものに売却することにしたのです」とジョンストン夫人は審議会で語った。

審議会の最中も、蒸留所では従業員らが、従来の顧客と一緒に別のブランドへと移行するあいだも、辺獄にとどまるかのような状況で仕事に励んでいた。「実現するかどうかについて保証はできません」とパトリック・クーニーは語った。悪評、ひどい経営体制、資本不足、さらに顧客離れが重なり、1953年、ロック社は滅びた。今日、ロックのブランドはジムビーム社が所有し、2007年からキルベッガン蒸留所で蒸留を行なっている。

ロック社の建物は1980年代、かつての特徴を守りながら復元され、いまはロック社の歴史を物語る博物館になっている。ジムビーム社は、ロック・ブランドを冠した8年もののアイリッシュ・ウイスキーを継続して生産する計画を立てている。ジムビーム社アイリッシュ・ウイスキー部門のグローバル・マーケティング部長であるスティーヴン・ティーリングは、キルベッガンのアイリッシュ・ウイスキーこそが、ロック社がニッチな需要を満たし続ける原動力だと語った。ロック社にとって、建物はただの博物館ではなく、ロック社の在りし日の姿を、またこうあるはずだった姿を垣間見せてくれる場所でもあった[41]。

4 黎明期のスコッチ・ウイスキーと女性たち

アイルランドの場合と同様、スコットランドのウイスキーの歴史も国の伝統を象徴している。スコットランドで証拠がはっきりしているもっとも古いウイスキーの歴史は、15世紀の後半にさかのぼる。財務省の帳簿によると、1494年、王命によって修道士ジョン・コーがアクアヴィタエを造るためにモルト8ボール〔当時の重量単位〕を受領した。[1] 1495年から1512年にかけての財務省の帳簿と大蔵卿の会計記録には、アクアヴィタエへの言及が19カ所あり、さらに国としてのウイスキー製造方針が仔細に記されている。大蔵卿の会計記録には、ジェームズ4世がダンディーの理容師に、アクアヴィタエの代金を2度支払ったという記録が2点認められる。[2] 初期の帳簿記録に記されている三つの名前は、いずれも外科手術を行なう理容師のものであった。スコットランド王は、アクアヴィタエの製造を信頼のおけるジェントルマン階級に限定し、1506年にはエディンバラの理容師ギルドがアクアヴィタエの製造と販売を独占することを認め、こう記した。「許可をえたギルドの親方と、同じく許可をえたギルドの自由民を除き、……エディンバラに住む人は誰であれ、アクアヴィタエを造ることも売ることもしてはならない」。[3]

同様の制度がスコットランドのほかの自由都市にも敷かれた。女性たちは立場の強い理容師ではなかったため、これらの法のせいでアクアヴィタエの製造については違法者に追いやられた。スコットランドの官憲は、アクアヴィタエを所有することは魔女の所業であるとして、「民間の薬」を作る女性を摘発し、「酩酊をもたらす」アクアヴィタエを造る女性を違法な蒸留酒製造と販売の罪で罰した。

１５５６年、エディンバラの行政府はベシー・キャンベルに対して、市場の開場日以外にアクアヴィタエの販売を止めるよう命じた。これは１５０６年の独占免状が根拠になっていた。[4] 同年の３月20日、市当局は「ベシー・キャンベルは特許に違反したままだと苦情を申し立てられているが、……ウイスキー製造の禁止については完全に認められるものの、販売の禁止については、市場が開く日に限り目こぼしする」とした。[5] 市当局は、外科手術を行なう理容師たちに認めた独占について、ほかの商人たちが市の外で「町の外に住む連中」に提供することまでは禁じるものではないとの判断を示した。この判断は、女性たちがエディンバラ市内では蒸留酒を製造してはならないが、売ることならできるという解釈をもたらした。

スコットランドの医療史家は、外科手術を行なう理容師たちがアクアヴィタエを外部から調達するようになったことで独占は徐々に終わり、結果的に１５５６年にはリキュールの販売規制が重要項目から外れたものと考えている。[6] では、禁制を気にとめる人がいなかったとすれば、ベシーはなぜ、模造品のウイスキーで逮捕された最初の女性となったのであろうか？

外科手術を行なう理容師たちは、蒸留酒を造る教会と手を組んでいたが、おそらくベシーは修道士たちの顧客を横取りして、それが問題視されたものと思われる。だが、その後の彼女の身に起こったことは、スコットランド政府のウイスキーを造る女性に対する態度をはっきりと示すものであった。１５７９

年に国会で成立した法では、伯爵、その爵位継承者、男爵、そして紳士階級、これら以外の者は、アクアヴィタエを製造・販売してはならないと定めている。[7] しかし、前述の独占と同様、この法も実効力には乏しかった。

スコットランド議会は、1644年にモルトに対する税を導入したあと、1707年にイングランドと合併し連合王国となった。ウイスキーにかかる税金として、1790年代のイングランドでは1ガロンあたり0・09ポンドが課された。1814年の時点でも、高地地方では依然、生産量が500ガロンに満たない業者の営業は禁じられていた。これらの法は、多くの蒸留業者を地下に潜らせ、スコットランド全土に敵となる存在、徴税人をもたらした。スコットランドの詩人アラン・カニンガムは、1840年にこう記している。「徴税人は……スコットランドでは心の底から嫌われている。かれらを欺くことは、もっとも重要視される責務である」[8]。

この違法蒸留業者と徴税人のいたちごっこは、違法業者が逮捕されるたびに新聞の一面を飾った。警察が違法業者を逮捕すると、たとえば1816年1月23日付の『エディンバラ・アドバタイザー』では、「違法蒸留者逮捕――うち1人はかなり大規模に操業。蒸留器（すべて銅製）は60ガロン規模で、ほかの器具も同様に大がかりであった。かれらは相当量の発酵液と原液を無駄にすることになった」と報じた。

だが、このような逮捕は珍しかった。1820年の内国歳入報告書では、違法蒸留業者はスコットランドで消費される蒸留酒の半分以上を製造していると報告されている。[9] スコットランドは徴税に労力を注ぐかわりに、大英帝国がアイルランドに対して行なったのと同様、1824年に税金を4分の1ほど安くした。違法アルコールを抑え込み、密輸業者に正規の免許を取得するよう促す狙いがあった。これは功を奏し、1823年には1万4000件ほどあったスコットランドでの違法蒸留とモルティングに対する訴訟が、1856年には48件にまで激減した。[10] この対応が、ウイスキーの歴史上もっとも偉大な女性の1人にある扉を開くことになる。

ジョニーウォーカーの前身、カードゥ

ジョニーウォーカーは、世界でもっとも売れているブレンディッド・ウイスキーで、ほとんどすべてのレストラン・チェーンで供されている。何にでも合う赤ラベルからその偉大さを幾層もの熱烈な表現で語りたくなる黒ラベルまで、それぞれに言葉を添えたくなる。だが、ジョニーウォーカーが今日のように広く知られるブランドとして確立するまで、ジョニーウォーカーのもっとも重要な蒸留所であるカードゥの操業を担っていたのは女性たちであった。

1800年代の初頭、蒸留業者（農民でもあった）は、違法ウイスキーを徴税人から隠すために協働していた。ノッカンドゥでは、ヘレン・カミングがカードゥにあった自分の農場へ徴税人を招き寄せて、食べ物と寝床を提供した。宿がなかったために、徴税人たちはヘレンの申し出を受けることにした。一行が彼女のパンを食べているあいだ、ヘレンは納屋の上に赤い旗を掲げて、ほかの蒸留業者たちに徴税人が来ていることを警告した。不幸にも、徴税人らはこの合図に気づき、ヘレンの夫ジョンを三度にわたって逮捕した。1816年のことであった。科された罰金は200ポンドから300ポンドだったが、判事はごく少額の酒税を払うことを条件にジョンを釈放した。スコットランド当局も違法蒸留を止める方法はないことを悟り、酒税法を緩めたため、ジョン・カミングは1824年に「本物のモルト・ウイスキーの蒸留業者」となった。だがこれは、政府がこの人物に信用を寄せたことを意味するもので

はなかった。徴税人の1人が、ヘレンに宿代として週8シリングを支払い、カードゥに住み着くこととなった。この徴税人はカミングの操業に目を光らせて、一滴分たりとも漏らすことなく税金を搾り取ろうとした。これにはお手上げということで、カードゥは合法的に操業し、税金をきっちり納めるウイスキー製造所となったのである。そして、地域でもっとも重要な雇用主となり、同時に慈善活動を行なう会社となった[11]。

ルイス・カミングは1832年に父親のあとを継いだが、ヘレンは引き続き「スコットランドでもっとも小さい蒸留所」であるカードゥに貢献した。1854年、カードゥに2人の従業員が迎え入れられた。醸造家とモルト係で、それぞれに30ポンドと15ポンド2シリングの報酬が与えられた。1860年には、カードゥは週200ガロンのウイスキーを製造し、年間で50ポンドの利益を上げた。ヘレンは、「グラニー・カミング」の異名をもち、台所の窓から、ウイスキーを1本1シリングで売った。ルイスが1872年に亡くなったときヘレンは95歳になっていたが、義理の娘エリザベスに仕事を引き継ぐよう勧めた。

エリザベスは夫のルイスよりも24歳若く、ルイスと5歳の娘が3日とおかずに続けて亡くなったとき、2人の小さな息子とお腹にもう1人を抱えていた。ただでさえ女性たちが農場で働きながらウイスキーの稼業を続けて家族を養うのは大変な時代であった。遺言書によると、蒸留所は1836ポンド18シリング8と2分の1ペンスの価値と評価され、蒸留設備だけでも593ポンド7シリング2分の1ペンスと評価された。エリザベスには、この設備と在庫のウイスキーを売り払い、快適に暮らすという手もあった。しかし、ノッカンドウの農家の娘が選んだのは、より困難をともなう道の方であった。カードゥの農場と蒸留所の新しい主人となったエリザベスは、単なる女性実業家の枠にはとどまらなかった。

すなわち、この地域の道徳の先導者とでも呼ぶべき存在となったのである。伝承では、ある夫婦の喧嘩の最中にエリザベスが登場し、彼女は双方の言い分を聞くと、男に歩み寄りその横顔を叩いてよき夫であるようたしなめたという。その夫婦は二度と人前で口喧嘩をすることはなかったそうである。エリザベスは「貧しき者の真の友」で、無利子で金を貸した。エリザベスは、優れた女性実業家でもあった。

ルイスの指示により、カードゥの蒸留所は1870年にちょっとした改修を行なった。だが、アルフレッド・バーナードが1880年代に記すところによれば、建物のでき栄えは「まとまりを欠いた貧相」な状態であった。ただバーナードは、ウイスキーは建物からは想像もできないほど「重厚で味わい深く、称賛に値するほどブレンドにもってこい」だと書いている。[12] ブレンド・ウイスキーはますます人気に拍車がかかったが、エリザベスは自社の品質のよいブレンド・ウイスキーが市場でシェアを失っていく様子をただ見ているよりほかなかった。というのも、彼女の蒸留所は設備の不足のために、高まる需要に十分に応えられなかったのである。

1884年、エリザベスは古い建物から300ヤード以内のところに、4エーカーの土地を手に入れた。翌年には巨大な石壁とスレート葺の屋根を備えた新しい蒸留所を建てた。この新しい施設は、モルトバー、大麦の干場、モルト窯、モルトハウス、粉挽き小屋、六つの発酵槽を備えたマッシュハウス兼酒桶室、ポット型の蒸留器を2器備えた蒸留所であった。そこでは18フィートの水車を動力源にして、重たい挽き機を動かしていた。エリザベスは旧カードゥ蒸留所を1886年、ウイリアムグラントに120ポンドで売却した。

旧カードゥ蒸留所の生産能力は年間2万ガロン。対する新しい蒸留所の生産能力は年間6万ガロンに達した。生産量の増分は、エリザベスが懇意にしていた取引先、なかでもチャールズ・マッキンレイ&

カンパニーに送られた。同社はこのあと5年内に有力な販売会社をつぎつぎと買収した。

長年にわたりブレンド用ウイスキーの顧客であったエディンバラ蒸留有限会社はさらに多くのウイスキーを求めたが、エリザベスはかれらの需要に応えることを断り、1886年の1月4日、手紙でこう書き送った。「旧蒸留所の処分に関して、貴殿の意見については留意しております。ただ、わたくしとしては、そのような考えには同意しかねます。というのも、わたしには3人の養わなければならない息子がいるのです。週に600から700ガロンのウイスキーを貴社に供給できるだけでも幸せに思っております。弊社のウイスキーを購入したいという申し出はいくつも頂いておりますが、わたしの考え方としましては、家族にとって好ましい申し出ではないと判断しております」[13]。

同じ1886年末、エリザベスは仕事のほとんどを医学生であった息子のジョン・フリートウッド・カミングに譲った。彼女自身は会社の所有者としてご意見番の椅子にとどまったが、次第に身を引き始める。ただ、ジョンはいきなり困難に直面することとなった。マッキンレイズ社との価格引き下げに合意せざるをえず、またロンドンの販売業者とのあいだでも、一気に値下げを余儀なくされた。ブレンド・ウイスキーの需要は高止まりしたままであった。1892年には、ジョンは注文のすべてに応じきることができなくなった。「みなを喜ばすことは無理だ」と、かれはマッキンレイに手紙で書いている[14]。一方で、ブレンド業者は成長を続け、ブレンド・ウイスキーの価格が跳ね上がるなかで、蒸留業者の買収にも乗り出していた。ブレンド業者のうち、とある会社がとくに大きな力をもつようになり始めていた。

のちにジョニーウォーカーを名乗る、ジョン・ウォーカー&サンズ・リミテッド社は、業界紙に掲載した広告で「蒸留業者、仲買人、ブレンド業者、そして輸出業者」と看板を掲げていた。同社は189

3年、カードゥ蒸留所の買収交渉に入る。交渉での合意にあたり、エリザベスは長年にわたり勤めてくれた従業員の雇用継続を確実にするために、建築中の4番目の倉庫とともに、従業員の宿舎の完成を条件に盛り込んだ。エリザベスは自分のために働いてくれた人が職を失うことを望まなかった。またエリザベスは、息子のジョンにしかるべき比率で株を保有させて、ウォーカー社の役員に加えることに成功した。不動産や社屋、ウイスキーの在庫を合わせ、ジョニーウォーカー社は1893年9月、見積額2万500ポンドでカードゥ蒸留所を買収した。この買収によって同社は、蒸留業者、ブレンド業者、販売代理店を省き、中間業者を効率的に取り除いた、今日にいたる一大帝国へと発展する第一歩を踏み出した。

エリザベス・カミングは1894年の5月19日、彼女が蒸留所を売却して1年もたたないうちに死去したが、遺言書にはジョンがカードゥ農場を所有し続けることを望む、と記されていた。この件は、ジョニーウォーカー社の役員会に諮られた。役員会が下した結論は、「あらゆる手段を講じて、可能な限りエリザベス・カミングの希望を尊重する」というものであった。ジョンはいとこのリジー・キャメロンを農場の管理人に任命し、リジーは家賃なしで農場に住むことになった。未婚のリジーは住むところを必要としていたため、エリザベスもこの計らいに満足したはずである。

エリザベスの死の悲しみは教区全体に広まったが、家族は悲しみに暮れているばかりではなかった。類縁のなかにはジョニーウォーカー社の役員にとどまる者もおり、エリザベスの孫であるロナルド・カミング卿は、ジョニーウォーカー社の会長となり、のちにはディスティラーズ社の会長職にも就いた。同社の展開するブランドは1965年には世界のスコッチ・ウイスキーの売り上げの53パーセントを占めるにいたり、かれはいわばリキュール業界のビル・ゲイツとでも呼ぶべき存在となって業界内で絶大な権力を誇り、かつ巨大な影響力をおよぼした。カミング卿が君臨するあいだ、かれほどの規模と手腕で蒸留酒ブランドを運営した者は誰もいなかった。カミング卿にとって幸運であったのは、曽祖母とは違い、かれは納屋の上に赤旗を掲げる必要がなかったという点である。

エリザベスは1700年から1890年のなかでもっとも輝いていた女性であったが、蒸留所を引き継いだ著名な女性はエリザベスだけではなかった。スコットランドの遺言書および古文書記録館には、30人を超える女性が合法的な蒸留所を経営していたという記録がある。そのうちの3人が、ダルモア、グレンモーレンジ、アードベッグである。

女性が守った蒸留所

世界各地のウイスキーの産地に負けず劣らず、スコットランドの土壌と哲学はウイスキーに独特の香りと深みを与え、ほかにはない際立った個性をもたらした。この地域で時を越えて繰り返し用いられてきた、朽ち果てた植物の養分をエネルギーに、ピートは独特の香りを引き立たせる。ピートはおおむね、1000年前に枯れた植物に由来し、スコットランドではバーベキューやウイスキー造りに使われている。ピートは地面から掘り起こし、積み重ねて乾燥させたのち、炭に似たレンガ状にされる。ウイスキー業者は窯のなかでピートの火で大麦を乾燥させた。この工程で、スコッチ・ウイスキーに独特のスモークと強烈な匂いがつく。だが、地域によってピートの使い方は異なり、さらにアイラロウランド、アイランド、ハイランドといった地域の、それぞれの成分が調整されていない水が、地域独自の特許とも呼べるフレーバーを醸し出す。これらの主要な産地には、それぞれウイスキーの始まりとともに女性の存在があった。

ロウランドは、スコットランドの南端、100マイルほどにおよぶ地域である。その軽いウイスキーには、ハーブを調合したような香りがある。ここは最初期から女性がウイスキー造りに携わった地域でもあった。1795年から1799年にかけて、ホワイトヘッド夫人は、スターリングから南東に4マイル下ったところにあるコーウィー蒸留所を操業していた。また、エリザベス・ハーベイとソマービル夫人は、それぞれギャロウヒルとリンリスゴーで1798年と1799年に操業していた。そして、ロウランドでもっとも重要なウイスキーを造っていたであろう女性はジャン・マグレガーで、リトルミルを14年間経営していた。1825年から1839年にかけて、マグレガーによってロウランドの三層式蒸留にはさらに改良が加えられた。

大半の女性たちは、夫を亡くしたあと合法的に蒸留所を引き継ぎ、経営者となった。1777年8月12日、マーガレット・ワットは、エディンバラの小さな地区であるカノンゲートにある、夫が経営していたロウランドの蒸留所を相続した。マーガレットがウイスキー界に与えた影響は大きなものではなかったが、彼女の名前は蒸留業者との競合のなかで登場する。マーガレットは、ある醸造職人の妹を酷使して、かれを自殺に追い込んだ罪に問われて告訴される。マーガレットは訴状の事由に関しては無罪放免となったが、彼女の蒸留所は廃業を余儀なくされた。

男性が経営していた蒸留所を女性が引き継いだ場合、従来の状況を維持するか、あるいは発展させるのがつねであった。ハイランド地方は、砂岩が隆起した北部から西部のふもとまでの地域だが、そこでは1800年代、複数の女性たちが遺贈を受けて蒸留所を経営していた。ダルモア、グレンタレット、オード、それにストロムネスといった蒸留所は1800年代、すべて女性によって操業されていた。

1858年、アレクサンダー・コナカーがイースタン・ハイランズ・ブレア・アトール蒸留所を妻のエリザベスに遺贈することになったとき、テイの森とタメル川で区切られた美しい田舎町のピットラシュリーでは、30社もの同業者が競合していた。エリザベスは外部からの出資を受け入れたが、共同経営者の座にはとどまり、ブレア・アトール蒸留所を操業し続けた。コナカーはサー・ウォルター・スコットの小説『美しきパースの娘』に登場するキャサリン・グローバーの序盤でのお相手、若き騎士コナカーの末裔と考えられていたが、コナカーという名前は、ピットラシュリーの人びとにとって、町に所縁あるものに思われた。

エリザベスは農民兼蒸留業者として、日々の操業の責任を負い、蒸留所に付属する130エーカーもの農園を管理し、3人の少年と3人の男を雇っていた。このうちの1人、デイヴィッドは彼女の息子で、蒸留所の管理人を務めていた。また彼女の娘マーガレットは、やはり蒸留業者としての登録があり、銅の蒸留器と鉄のすり潰し器を扱う工程を監督した。

1882年にエリザベスが死去すると、蒸留所はピーター・マッケンジーに売却された。エリザベスがウイスキーの造り方を改めてはいないはずだが、彼女はブレア・アトール蒸留所を、長期にわたって興味をそそる蒸留所として存続させた。マッケンジーはほかにも蒸留所を買収していたが、かれは週1500ガロンを生産できるまでに同蒸留所を発展させたのである。この蒸留所は1933年、アーサー・ベルによって買収されて、ベルズ・ブレア・アトールとして生まれ変わった。

エリザベス・コナカーと同様、みずからの蒸留所に大きな影響をおよぼしながら、その仕事の功績がほとんど記録に残されていない女性はほかにもいる。マーガレットとフローラのマクドゥーガル姉妹は、1853年にアードベッグ蒸留所を兄から引き継いだ。フローラは1857年に亡くなったが、

1861年の国勢調査によればマーガレットは健在で、アードベッグ蒸留所では15人の男を雇っていた。しかし4年後にはマーガレットもこの世を去る。現在アードベッグ蒸留所は、これまた1800年代に女性が経営者を務めていたグレンモーレンジの所有下にある。

1862年、ウイリアム・マチソンが亡くなると、かれは蒸留所を妻のアンと息子のジョンに譲った。母と息子はともによく働き、家業の蒸留を続けるために、ジョン・マチソン・アンド・カンパニーという新しい会社を設けた。ところが、ジョンの関心は農業へと移り、会社は1875年に解散することになる。ジョンが去ったあと、アンは社名をマチソン・アンド・カンパニーに改め、末の息子で蒸留所の管理人を務めていたウイリアムとともにウイスキー造りを続けた。だが経営は行き詰まり、新たに設備を導入する余裕もなく、家業は倒産の瀬戸際にあった。1887年、アンは事業を地元の実業家で作った共同事業体のグレンモーレンジ蒸留会社へ売却する。同事業体にはアンの義理の息子である地元の銀行家も加わっていた。アンは1896年に死去するまで、この新しい会社の大株主に名を連ねていた。

マクドゥーガル家もマチソン家も、生涯にわたり経営を助けてくれる兄弟や息子、あるいは馴染みの奉公人を抱えていた。家族が揉めて法の裁きに頼ったことが知れる証拠は残っていない。これはなかなか奇特なことといえるだろう。

巨額の金を相続すれば、妬む家族がいるものである。これは現代でも1850年代でも変わることはない。ちょうどダルモア蒸留所のドナルド・サザランドが亡くなったとき、まさにこの事態が生じた。

ダルモア蒸留所はロスシャーを代表するブランドで、サザランドを亡くして深い喪失感に包まれていた。[15] ドナルド・サザランドは、蒸留所を愛する妻マーガレットに委ねたが、かれは評判の悪い義理の弟の行動と、義理の父の破産までは予期できなかった。サザランド家の家名は、1820年代、初代サザランド公爵が羊を飼うために敷地から多数の人を追放したことで、すでに悪評が高まっていた。ドナルドは蒸留所を成功させたことで、なんとか名誉の挽回を果たしたのであった。

ダルモア蒸留所の価値は3668ポンド2ペンス（25万米ドルに相当）であり、これには1000ポンドの原材料と400ポンドのウイスキーが含まれていた。夫の遺産のうちマーガレットの相続分はおよそ4000ポンドだった。彼女はそれを売り払って街で暮らしたり、人を雇ってダルモアの看板で事業を継続したりすることもできた。だが、そのかわりに、彼女の父はマーガレットを説得して、彼女の相続分を自分の夢であった農園への投資に回させたのである。さらに、蒸留作業の経験がなかったマーガレットの弟チャールズに、蒸留所の経営を任せるよう求めた。

父親は素人同然の農場経営で資産を食い潰し、チャールズは実質的にウイスキー造りを人手に任せ、蒸留所は赤字を垂れ流した。ドナルドの死を機に、負債は急激に膨れ上がった。会社は破産まで秒読み段階となり、ダルモアは地元の大麦農家から借金を重ねて、ウイスキーの価値が急落する事態にも直面した。負債が払えなくなった場合、マーガレットは負債者監獄へ入れられることもありうる状況に陥った。

法廷での審理において、マーガレットは自身が「事業に対して、かなり個人的に関心を抱いて」いながらも、強引に父親の考えに従わざるをえなかったことを認めた。マーガレットは、資金が底をついたときにチャールズが援助を行なうという協定があると主張した。だが、チャールズはそのような協定の存在を否定し、こう語った。

1854年5月、わたしは蒸留所を経営するためにダルモアに来ました。わたしの見たところ、ダルモア蒸留所は、初年度は採算が合っていました。この年はかなり売れ儲けも出ましたが、蒸留所の帳簿が釣り合ったことはありませんでした。パークスの農園の資金繰りを助けるために、蒸留所の金が充てられました。かなりの金が蒸留所から引き当てられ、パークスの農園が売り払われると、蒸留所の経営は行き詰まり、会社は完全に傾きました。インシェズの農場に注ぎ込んだダルモアの金については、申し開きをするつもりはありません。ダルモアのような蒸留所を正常に稼働させるためには、設備と機械のほかに、製造したウイスキーを5000ガロン貯蔵し、モルトと大麦のために1000ポンドほど、運転資金として2000ポンドほどが必要でした。蒸留所ではバーレーブックという帳簿をつけており、それには入荷した大麦と製造に回した大麦の量が記載されています。わたしは誓ってサザランド夫人の老後資金に手をつけたことはなく、それについてはわたしの知るところではありません。(16)

のちの聴取で、チャールズは銀行の負債や融資、ダルモアの信用状況について知っていたことが明らかになった。またチャールズは、ウイスキーをイングランドのニューキャッスルに送り、正規に売るかわりに委託販売に回していた。さらに、チャールズはマーガレットのサインを偽造し、グラスゴー銀行から約3万7000ドルに相当する融資を受けていた。ダルモアを倒産寸前に追い込んだのは、ほとんどチャールズの仕業であった。法廷はチャールズを禁治産とすると訴えたが、チャールズは逮捕直前に国外逃亡した。

一方、マーガレットは投獄と引き換えに、債権者に将来の見返りを約束させられた。だが、治安判事は責の大半をチャールズと父親に帰して、マーガレットは放免した。彼女の類縁者が物語の表舞台から去ると、ダルモア蒸留所の負債はマーガレットの肩にかかることになったが、これが彼女の過失と認められることはなかった。ヴィクトリア朝の時代、女性の権利は軽んじられており、強権的な父親は娘の意志に反してでも娘のものである遺産に手をつけたのだった。マーガレットは裕福で労られる女性から、父親に遺産をはぎ取られた女性となってしまった。破産手続きの最中に記された彼女の証言から察するに、マーガレットは蒸留に関心を寄せる知的な女性であったようである。

それはともかくダルモア蒸留所の事業は傾き、落ちぶれてもはや首の皮一枚を残すのみというありさまだった。ただ、ドナルド時代のウイスキーの在庫がイングランドやオーストラリアに輸出されていたこともあり、ブランドの価値は失墜を免れた。マッケンジー兄弟が１８６７年にこの破産したブランドを買収し、以後、ビンテージ用の記録がつけられるようになった。それによれば、ダルモア64年トリニタスには、少量ではあるが１８６８年のものと、１８７８、１９２２、１９２６、１９３９の各年の樽の原酒がブレンドされた。現在、手に入るダルモア64年トリニタスはたった１本限りで、10万ポンドの値がつけられている。

ダルモア蒸留所の不運はサザランド家の手を離れたあとも続く。１９１１年、火災によって10万ポンド相当のウイスキーが失われた。１９３３年に執事が起こした火災では、さらに多くのウイスキーを失った[17]。だが、破産や二度の大火に見舞われてもダルモアは潰れなかった。１９９０年代は、ダルモア蒸留所が表舞台に躍り出た10年となった。そして、同蒸留所の災厄はすっかり過去のものとなった。今日、ダルモアは世界でもっとも名高い瓶詰めされたウイスキーのブランドとなり、定期的に１本２万ドルで売れている。オークションでダルモア・ウイスキーにつけられた最高値は、17万５０００ポンドでの落札であった。

ただ、サザランド家の汚名が払拭されることはなかった。ゴルスピー村に立つ初代サザランド公爵の100フィート長の像を収めた塔は、羊のために多くの人を追放した人物を記憶するもので、今日にいたるまで地元の人はみな、かれの像を引きずり倒すことを望んでいる。2010年と2011年、像に乱暴な落書きがあり、追放されたスコットランド人の離散を考える議論を巻き起こした。ダルモアを代表する蒸留担当者のリチャード・パターソンは、離散の記憶によってサザランド家は、人びとの目にダルモアの名にし負う輝かしい歴史としてではなく、負の遺産として映っているものと信じている。パターソンは筆者に、「〔サザランド家は〕好かれてはいません。ここの人たちは忘れてはいません」と語った。

5　初期のアメリカ女性

1700年代から1800年代にかけて、アメリカへ渡る船旅はまったく魅力に欠けていた。船内は満員で、親とはぐれた子供たちが食べ物を乞い、手に入れた食べ物には虫が巣くい、飲み水はよどんでゴミが浮いていた。たまりかねた乗客が海水や尿を口にして、痩せ衰えて正気を失い、幻覚を見る者もつぎつぎと現れた。その幻覚は、誰かに船外へと放り出されるまで続いた。こうした船旅での治療薬の一つがウイスキーだった。ある女性の子供が病気になったとき、母親は小さな貝殻にウイスキーを注ぎ、「薬」だと言って子供に無理に飲ませた。船員も海が荒れて気分が悪くなったときのためにと、アイルランド女性にウイスキーの瓶を持参するよう勧めた。

船が目的地に着いたあとも、ウイスキーは薬として使われ続けた。ちょうど1500年代から1700年代にかけてヨーロッパでアクアヴィタエが治療のために用いられたのと同様、アメリカでもウイスキーは咳、鼻水、発疹、悪寒、熱、さらに万病の治療薬とされた。妊娠中のアメリカ人女性は陣痛を和らげるために、また出産のあとに気を休めるためにウイスキーを口にした。初期の入植者たちは、皮膚についた小さな虫やバクテリアを取り除くためにウイスキー風呂に入った。(1)慢性的な脚の痛みに悩む人は、匙一杯のウイスキーをかかとや足の裏、足の指のあいだにすり込んだ。1837年に出版された『女性の友』は、腸の膨張を抑えるために、女性にグラス1杯のウイスキーの服用を勧めている。[2] 医者は睡眠薬の吸収を促すために、アヘンとウイスキーを混ぜて処方した。うつや結核にも同じものが処方された。肺炎になった主婦に、2時間おきにウイスキーと牛乳、それに卵を混ぜたものを与えたこともあった。

ウイスキーは病にかかったとき、さらには死と戦うときに女性が用いる武器だった。医者のなかには、女性は心気症〔病気不安症〕になりやすくてあらゆる不具合を解決するためにウイスキーを飲むと理論づける者もいたが、1800年代なかばの医学雑誌は、日常生活の治療にウイスキーを取り入れようとする女性たちの行動を後押しした。ある事例の報告には、アンドリュー医師が、担当する65歳の女性の中毒症状に対してウイスキーに浸した穀物を与えたところ、「きわめて興味深い」回復を見せたとある。[3] 雑誌『アメリカ流』は家庭医に対して、やけどや潰瘍などの肌の疾患については、すぐに痛みを緩和してくれるので上質のウイスキーを用いるべきと指導している。また『セントルイス・メディカルジャーナル』誌は、腺のなかに入った蚊の毒を治癒するために「ウイスキー治療を選ぶ理由は、ウイスキーが化学的に変質せずに血中に入り、ウイスキーの小球が蚊の毒の小球と出会うと、毒が中和されて無害になる」からだと書いている。[4]

宗教誌や生活雑誌も、健康維持のためにウイスキーの使用を奨励した。雑誌『信仰とキリスト教の教え』は、疝痛（せんつう）の治癒のために、2オンスのライ麦ウイスキーとパイプ1杯分のたばこの摂取を読者に奨励した。その方法について、同誌は1850年の誌面で、「たばこを吸いつけて、煙をウイスキーの入ったボトルのなかに吹き込み、ボトルをよく振って飲む」よう勧めている。

この『信仰とキリスト教の教え』は、ほかにもウイスキーを用いたさまざまな療法を紹介している。「眼の疾患を治す水」の材料は「4セント分の硝酸亜鉛、4セント分のスパイスウォート（菖蒲の根っこ）、4セント分の丁子、4分の1パイントの良質のウイスキーと4分の1パイントの水で、まずスパイスウォートを粉状にして、それからほかの材料を混ぜて、数時間おいて用いる」とある。[5]

女性が家庭でアルコールを造った理由は、まず医療用リキュールに対する需要があったからだと思われる。男性が農場で働くあいだ、植民地期のアメリカ人女性は、バターを作り、縫物をし、そしてアルコールを造っていた。あるエッセイストは、1773年の『ヴァージニア・ガゼッタ』誌でリキュールを造る女性について、「男のなかに眠る徳性の種を芽吹かせる」と書いた。[6] 女性が造るアルコールの技術に対する需要はさまざまにあった。アメリカへ移住しようとした男性は、アルコールを造ってもらうために女性に金を積んだ。おそらくこれが世界初の、郵便を介して結婚相手を探す「メール・オーダー・ブライド」であったといえよう。男性は健康と嗜好のために、よい酒を造る女性を必要とした。教育を受けた女性たちは、『イギリスの主婦』の料理本に習い、今日でいうマーサ・スチュワート（カリスマ主婦）と同じように家庭でアルコールを造るという役割を再認識した。1788年刊の『女性大全』でメアリー・コールは、「確かな醸造の技術なしに、主婦が家事で完璧といわれることはありません」[7]と断言した。

植民地期のアメリカ女性は、ウイスキーの材料として、大麦のかわりにライ麦、小麦、トウモロコシを用い、アイルランドで使われていたような単式蒸留器（ポット・スティル）で蒸留していた。キャサリン・スピアーズ・フライ・カーペンターが1818年に手書きで記したレシピには、「100ガロンのタブに穀物と熱湯、粗く挽いたトウモロコシの粉を入れ、それをかき混ぜてマッシュにし、2時間ほど寝かせる」とある。そして、「マッシュの上に2ガロンの温かい水を注ぐ。それを半ガロンのモルトのなかに入れ、マッシュのなかに入れてよく混ぜる。ライ麦か小麦をすり潰してかゆ状にしたものを半ブッシェル、15分ほどかき混ぜる。それに準備しておいた半ガロンのモルトを加え、何度もよくかき混ぜる。それにもう半ガロンのモルトを加え、マッシュに手首が浸かるようになるまで何度もよくかき混ぜる。3ブッシェルの常温の糖化液か1ガロンの高品質のイーストを加え、冷水で満たす。イーストを使う場合は、まず冷水を入れてからイーストを加える。イーストも糖化液も使わない場合は、槽の底の方のビールを3ペックほど入れる」と記した。キャサリンはこれを、自家製スマートマッシュのレシピと呼んだ。

彼女のサワーマッシュの手順はこうであった。6ブッシェルのしっかり熱した糖化液、それにコーンミールを槽に入れる。かき混ぜたあと、上から少量のコーンミールをふりかけ、5日ほど寝かせる。そして、3ガロンのぬるま湯と1ガロンのライ麦の粉を加える。「モルトのなかで馴染ませて、45分ほどかき混ぜる。そして容器を半分ほどぬるま湯で満たす。それをよくかき混ぜて、きめの細かいザルか、あるいはかわりになるもので固まりを細かくする。それから3時間ほど寝かせて、今度は容器いっぱいまでぬるま湯を満たす」[8]。

ひとたび蒸留されると、キャサリンのサワーマッシュのレシピはすぐに市場を席巻した。1800年代のはじめ、アメリカではウイスキーは通常、造られてすぐに消費された。蒸留業者たちはウイスキーを満たした樽を地元の市場、居酒屋、あるいはペンシルヴェニア、ヴァージニア、メリーランド、ノースカロライナ、テネシー、それにケンタッキーの業者に売りさばいた。

アメリカの女性たちは、ウイスキーの周辺に社会的チャンスを作り出した。『ザ・サザン・リテラシー・メッセンジャー』は、若い女性に、ウイスキーパンチやエッグノッグ、アップル・トディのために「酒宴用の大盃」を活用するよう提案した。[9] 列車のなかでは、女性は夕食の前後にウイスキーをたしなんだ。貧しい女性はウイスキーを飲み、金持ちの女性もウイスキーを口にした。

ワシントンDCの社交界では、ケンタッキーのコーン・ウイスキーが政治家たちを魅了した。火付け役は政治家のヘンリー・クレイであった。かれはウイスキーを「正義の車輪の潤滑油」だと吹聴して回った。ヴァージニア州のレティッタ・タイラーは、上院議員で未来の大統領ジョン・タイラーの夫人だが、彼女は客人をウイスキー、豚肉とトウモロコシパン、それに気さくな会話でもてなした。[10]

ウイスキーはつねにワシントンと強い結びつきがあった。ジョージ・ワシントン大統領は、アメリカ最初の蒸留業者と呼ばれている。実際には、かれが蒸留を始める前から多くの女性が蒸留業に携わっていた。トマス・ジェファソン自身はワインを好んだが、かれは所有する奴隷に与えるためにウイスキーを購入した。じつのところ、ジェファソンが契約していた蒸留業者には女性も含まれていた。1783年の5月3日、ジェファソンは「シャドウェルから届いた119ブッシェルとモンティセロから届いた58ブッシェルのライ麦を、メリウェザー夫人のところへ届けて醸造してもらうよう」指示を出している。[11]

ジェファソンがやったように、農園の所有者はしばしば奴隷にウイスキーを与えた。トウモロコシ畑や綿花畑での厳しい一日の労働のあと、背中は汗だくで筋肉が痛むなか、奴隷たちは寝床へと向かい、豊作を祝いつつ味のいいコーン・ウイスキーを受け取った。スウィートマッシュとサワーマッシュのレシピについての著書もあるキャサリン・スピアーズ・フライ・カーペンターは、9人の奴隷を所有していた。かれらの値段はリトルボブの350ドルからボブの700ドルまでまちまちだった。両者はしばしば同じウイスキーを口にしたが、これは奴隷が主人と対等だと感じることができた数少ない機会の一つであった。テネシーのある農園の奴隷であったアンドリュー・モスは、定期的にコーン・ウイスキーをふるまわれたことを覚えている。「毎晩、ご主人が一杯のウイスキーをくれました。病気を遠ざけてくれるものでした」[12]。

戦時下アメリカのウイスキー・ウーマン

独立戦争期には、髪を刈り込み、男性のようにふるまって大陸軍に参加しようとした女性がいた。イギリスと戦うことにサインした1人が、そばかす顔の短気な女性ナンシー・モーガン・ハートであった。彼女は、ジョージア州の小さな地所で家族に飲ませるウイスキーを造るためのトウモロコシを栽培していた。一家はペンシルヴェニアからサウスカロライナに移住したあと、ジョージア州ウィルクス郡のブロード川の畔に居を落ち着けた。

ハートは恐怖をものともせず、前線で働く看護師となった。重傷者に包帯を巻き、咳止めのウイスキー・シロップを作り、虫に刺されたりただれたりした皮膚を清浄した。戦火が迫ると、ナンシーは夫とともに銃後に回り、地元の民兵のスパイとして活躍した。彼女はよく男に変装してイギリス軍の野営地に潜り込んだ。エリヤ・クラーク将軍がケトル・クリークの戦いで勝利するきっかけとなる情報を入手したこともあった。ある日、彼女の夫が農場で働いているときに、イギリス側に立つ6人の男たちが食料を求めて戸口に現れた。身長が6フィートある藪にらみの彼女が、怒り狂ってマスケット銃を取り出し、その俊足を活かす機会にしたとしても不思議ではなかった。だが、そのときハートは平静を保ち、食事を作ってやると、こう尋ねた。「自家製のコーン・ウイスキー、飲むかい?」連中の答えは「もらおう」だった。

イギリスに忠誠を誓うこのアメリカ人たちは、所在が不覚になるほど酔いつぶれるまで彼女のウイスキーを飲み干した。言い伝えによれば、ハートは連中がもっていたライフル銃をつかみとると、1人を射殺し、もう1人に重傷を負わせたそうである。残りは捕まって吊るし上げにされた[13]。

独立戦争期はハートをおいてほかにウイスキー・ウーマンの英雄譚は聞かないが、女性とウイスキーは戦争で重要な役割を果たした。ジョージ・ワシントンは、ウイスキーに医療用の価値があることを理解していた。かれはこう記した。「わが軍の兵士たちの命は、もっとも技量の優れた医師による蒸留酒の十分な使用にかかっている」[14]。対戦の前、兵士たちにはラム酒かウイスキーが1ジル(4オンス)支給された。だが、ワシントンの言葉の重きは、「もっとも技量の優れた医師」に置かれていた。というのも、ワシントンとかれの士官たちは、リキュールとともに身体を売る女たちと関係をもっていたのである。以後、売春婦の烙印は、ウイスキーを扱う女性に数百年にわたってつきまとうことになる。

1777年から1778年の2月にかけて、兵士たちはバレーフォージで、50万ジルのウイスキーとラム酒を消費した。さらにかれらは持ち場を抜け出し、近場の酒場に繰り出した。アメリカ兵は簡潔に言って、アルコールを飲みすぎていた。

イギリス軍は、酒に起因したあやまちがあれば、罰としてむち打ち数百回を科した。他方、ワシントンの軍隊では、看過しがたい酩酊に対する罰として、打たれるむちの回数は39回だった。兵士たちがしょっちゅう酔いつぶれるのを見て、ペンシルヴェニアのジョセフ・リード大佐はつぎのように書いている。「39回のむち打ちは、連中にとってみればささいなものだった。聞くところによると、1パイントのラム酒でむち打ちの身代わりを引き受けることもしょっちゅうだった」[15]。

ワシントンはウイスキー売りが野営地の近くで兵士たちに酒を売ることを禁止し、酒類の販売を特定の男性に限った。というのも、野営地でウイスキーを販売する女性はしばしば売春と結びついていたので、命令系統と規律の面から好ましくないと考えられていた。ワシントンは野営地に近づける女性を親類と看護師に限定した。

大陸軍の医療隊では、10人の戦病人・戦傷者につき1人の割合で看護師が配置された。看護師は赤痢、虫刺され、歯痛、腹痛などにウイスキーを処方した。手術室の消毒や、医者は1800年代なかばまで認めなかったが、麻酔としてもウイスキーが用いられた。

負傷者への一般的な処置として用いる場合、看護師はまず傷口にガーゼを当てて、それから水で割ったウイスキーに浸した布を当てた。この処置は炎症を抑えて、「病気による熱を下げる」とされた[16]。患者の痛みが治まらない場合には、看護師はパンと牛乳で作った湿布をガーゼの上から貼った。ウイスキーは重要な薬と考えられており、ペンシルヴェニア中の蒸留業者から買い集められた。だが独立戦争が終わるとすぐに、新国家は借金の返済に追われた。

1791年に財務長官であったアレクサンダー・ハミルトンの提案で、ワシントンと議会はウイスキーに酒税をかけることにした。ウイスキーへの課税について、スコットランドやアイルランドの歴史が政府に教えるところがあるとすれば、蒸留業者は税金を払う気がないという点であろう。大都市の蒸留業者に反対する者はほとんどおらず、むしろ課税を、零細な田舎のウイスキー業者を駆逐するチャンスだと考える者もいた。その一方、アレゲーニー山脈の西に住む、一般にモノンガヘラ・ライと呼ばれるライ麦からウイスキーを造っていた小規模のウイスキー業者たちは、この課税をかれらへの攻撃とみなした。ウイスキーは日常の飲み物であり、薬であり、かつ商売の大元だつた。かれらはジョージ・ワシントンとその部隊にウイスキーを売ったこともあった。その国家が、つぎはかれらに課税しようというのである。

1794年の初夏、徴税人たちが姿を現すと、50人の武装した男たちが西ペンシルヴェニアで連邦税の徴収をつかさどる地域管轄官のジョン・ネビルの家を襲撃した。いわゆるウイスキー反逆団は、ピッツバーグのフォート・ピットも襲い、さらにはペンシルヴェニアとメリーランドの連邦政府の施設を破壊して回った。さらに新政府を悩ませたのは、反乱者たちがイギリス人やスペイン人に支援を求めて交渉を行なっているという噂だった。これに対して、自身もウイスキー業者であったジョージ・ワシントンは、ニュージャージー、ペンシルヴェニア、メリーランド、それにヴァージニアで、1万2950人の民兵に動員をかけた。これは連邦政府の武力がアメリカ市民に向けられた最初の事態であった。その市民の多くが、独立戦争を戦った者たちであった。

西ペンシルヴェニアに住むすべての女性が、ポットスティルの上に立って自身に問いかけるときがきた。これは現実の出来事なのか？　わたしたちは本当に、ウイスキーを造ることを通して戦争を助けていたのだろうか？　場合によっては、最初の夫を病気や戦争で亡くし、二番目、三番目の夫と暮らしていたかもしれない。それがいま、夫や親戚の男たちは、自由と、わずらわしいウイスキー税のために戦おうとしている。果たしてどうなるのであろうか。

ワシントン大統領は反乱者たちの行動を、国の発展に水を差す看過しがたい一撃とみなしたが、トマス・ジェファソンはアレクサンダー・ハミルトンが連邦軍を正当化するために課税したものと信じていた。1793年、ペンシルヴェニアのウイスキー業者たちが捕縛を免れようとしていたとき、フィラデルフィアで黄熱病が発生した。医師たちは、5000人の死者が見込まれる黄熱病に対する最善の治療法は、ウイスキーとブランデーであると言った。丘陵地帯のふもとの蒸留業者たちは、徴税人を警戒して姿を隠していたので、医師たちが黄熱病の治療に用いるウイスキーの入手は困難になっていた。

1794年10月、連邦軍は西ペンシルヴェニアに入り、ひと月のうちに150人の反乱者を捕まえた。ワシントンはかれらに特赦を与え、暴力は平和的な抗議と活発な政治的論争にとって変わった。1802年に議会は、蒸留酒にかかる税金を廃止した。そして連邦政府は、1812年の米英戦争まで輸入品にかける関税を頼りにすることとなる。酒税は短期間、1812年から1817年までは存在したが、1861年に南北戦争が始まるまで、蒸留業者たちは無税でウイスキーを造ることができた。

ウイスキーの反乱で女性が果たした貢献についての詳しい記録は残っていない。だが、米英戦争と南北戦争では、女性にはウイスキーを造り、ウイスキーを使って負傷者を治療することが積極的に求められた。とくに南北戦争のあいだ、ウイスキーを造る男たちが徴兵されたので、ウイスキーの製造と販売は女性たちに任された。女性の販売業者は、しばしば南部の野営地に出没し、ウイスキーを安値で売り歩いた。南軍の将校の話では、ウイスキーは南軍の戦闘能力に大きな影響をおよぼした。南軍の将軍、ブラックストン・ブラッグが言うには、「我われはウイスキーを売る連中の手によって、敵の砲弾で亡くなった以上の貴重な命を失った」[17]。

この将軍のウイスキーについての意見は、医学的に見てもある程度、正しかったようである。南北戦争期のウイスキーには、医療用でないものの場合、たばこ、雑菌の繁殖する川の水、そしてガラガラヘビの頭などの有害成分が含まれていた。南軍の将校は、おそらく酒を売る女性が同時に身体を売っていたことにも気づいていたのであろう。ちなみに1862年、ワシントンDCには、450軒の売春宿があり、およそ7500人の専業の売春婦がいた。

売春婦たちは客に一杯のウイスキーをふるまったが、その品質は劣悪で、兵士たちはそのウイスキーを「バストヘッド」「ノッカム・スティフ」「オー・ビジョイフル」「ポップ・スカル」、あるいは「バークジュース」などと呼んでいた。イリノイ州出身の兵士、ジョン・M・キングは、家族へ手紙でこう書いた。「上層部のある人が、晩にウイスキーを配給するのが健康に対して一番有益だと気づいた。1人が酔うほどに十分な量とはいえないが、バカ騒ぎをして興奮し、饒舌になって羽目を外せる程度の量はある。飲んだあとは、ほとんどのテントが伏魔殿のようなありさまだ[18]」。

北軍では兵士10人のうち1人は性病にかかっていたが、ウイスキーは女性が男性のパンツを引きずり下ろす手段としてのみ使われたわけではなかった。看護師フィービー・イエーツ・ペンバーは、患者の治療にウイスキーを常用しており、ウイスキーの配給を確保するために奮闘した。1862年11月、ペンバーは南軍のチンボラソ病院の責任者となった。ここは軍病院としては当時、最大規模のもので、彼女は任期中におよそ1万5200人の兵士の面倒を見ることになる、女性初の責任者となった。ペンバーは、彼女のウイスキーを盗もうとする喧嘩っ早い男どもをあしらうために、手にピストルを持っていた。彼女は回想録『南部女性の話』にこう書いている。「毎日、検品……で、わたしの患者に対する気配りもむなしく、監督下に悪党どもがいることを思い知らされる。たとえば、わたしが使えるはずの月ごとのウイスキーが入った樽は、薬剤師とその部下の管理のもと、調剤室に保管されている。外科医やその助手の求めに応じて、クォートやパイント単位で引き出されるのだが、わたしが使おうと思うよりも早くに、ウイスキーは消えてしまう。そのため、ウイスキーを確保しなければならないという思いが、わたしを苦しめた[19]」。

ペンバーには下士官の補助や議会が定める法によって、ウイスキーを管理する権限が与えられていたが、若い外科医たちが彼女の部屋からウイスキーの樽を持ち去ろうとしたこともあった。彼女はウイスキーの樽を手元に置いておくことをもっとも重要な仕事とした。ペンバーは「月ごとの樽は制度で決まっており、きわめて重要なもの」と書き、こう続けた。「実際、わたしの仕事の話に英雄を登場させるとすれば、ウイスキーの樽を確保して、そのために頭を下げる人物でしょう」。ペンバーは「誘惑に駆られた」外科医が、人命に直結するウイスキーに手をつけないよう腐心した。歴史家は、ペンバーをアメリカ史上でもっとも偉大な看護師の1人と記憶しているが、ペンバーのウイスキーを巡る苦労は、彼女の人生において、その偉業を物語る小さな章として残っている。

蒸留業の黎明期に女性が果たした役割

1780年代後半、メアリーとジェイコブ・ビームはウイスキー移住民の大きな流れのなかにいた。ときにウイスキー生産者は、北西部を離れてノースカロライナ、テネシー、ケンタッキー、ジョージアの丘を目指した。かれらのなかには、連邦税から逃れるために連邦軍の手がおよばない遠く離れた州に落ち着き先を求める者もいた。だが、ウイスキー反乱の時分には、すでにケンタッキー州には推計500軒ほどの蒸留業者が存在した。ビーム家はその地で、ほかの入植者たちがフロンティアを求めたのと同様に、新しい故郷を探した。だが、ケンタッキー州で最初の国勢調査では、ビーム家はリンカーン郡の住人ということになっている。

1792年から1803年にかけて、メアリー・マイヤー・ビームは100エーカーの土地を父親のジョスト・マイヤーから相続した。ジョストはメアリーに直接、土地を遺贈するのではなく、メアリーの兄弟であるジェイコブ・マイヤーに渡し、そのうち100エーカーをビーム家に40ポンドで譲るという手順を踏んだ。このややこしい段取りが、ビームの子孫を当惑させることになる。ジョスト・マイヤーは意図的に娘を相続から外したのだろうか。ジェイコブ・マイヤーの遺言によると、かれは姪のレベッカに「もし彼女がバーケットと結婚するなら、一切を遺さないつもり」だった。ジェイコブ・マイヤーがあからさまにバーケットを嫌っていたように、メアリーの父親もジェイコブ・ビームを嫌っていたのだろうか。これはビームとの結婚を巡る、家族内での根深い争いを物語るものだったのだろうか。ビームとマイヤー一族のあいだになにがあったのかはわからないが、マイヤーの兄弟は彼女の夫を明らかに気に入っており、かれらはビームのバーボンの遺産を引き継ぐことができた[20]。

ジェイコブ・ビームに蒸留業の商才はあったものの、土地を買う手段は持ち合わせていなかった。かれは土地を耕し粉を挽く、腕のよいウイスキーの造り手であったが、トウモロコシを植えて蒸留器を設置する土地を買うことができなければ、その技術も役に立たなかった。メアリーの存在なくして、またややこしい相続の手順を抜きにして、現在、世界でもっともよく売れているバーボンは存在していなかったかもしれない。

ビーム家が定住して10年が経過した頃、ウイスキーの生産はケンタッキー州だけで数百軒が携わる有力な産業になっていた。ケンタッキー・ウイスキーの生産者は、オハイオ川の水運を利用して、川沿いのほかの町へウイスキーを運び、売っていた。他方、ノースカロライナや北東部の蒸留業者は、近隣の大きな町にウイスキーを売っていた。アメリカ産ウイスキーの競争相手はラム酒だった。北東部では、ウイスキーは1ガロン28セントから30セントで売られていたが、西インド諸島のラム酒の値段はその3倍であった。しかし、ラム酒は蒸留酒を好む漁師のあいだで人気を高めていた。連邦議会はアメリカのウイスキーの市場を広めるために、外国産の蒸留酒に15セント、ニューイングランドのラム酒に2セント、それぞれ税金をかけようとした。ニューイングランドの住民は、西インド諸島のラム酒業者と巨大な貿易利権を確立していたので、この関税法案を歓迎しなかった。ラム酒には関税をかけて、地元で人気があった蒸留酒を非課税とするこの議会の情熱は、ウイスキーがアメリカで1828年までにどれほど重要になっていたかを物語る。オハイオ州選出のホイッグ党下院議員サミュエル・F・ヴィントンは1828年、「ウイスキーは西インド諸島と直接取引を行なっている地域、あるいは交換貿易を行なっている特定の地域を除いて、アメリカ中でほぼどこでも飲まれるようになっている」と語った。[21]

連邦議会は、反感を買ってウイスキー反乱を再び引き起こさないように、1800年代前半のほとんどのあいだ、ウイスキーへの課税は避けていた。この方針のおかげで、アメリカは蒸留業者にとって新たな安息の地となり、蒸留業者は税金を払うことなく操業できた。政府は各州の免許制度によって、蒸留業者の把握を行なっていた。1840年までに、国中のほとんどすべての郡に蒸留業者があった。ヴァージニア州には1454人の蒸留業者がおり、86万5725ガロンの蒸留酒を生産した。ケンタッキー州の業者は889人で、年間176万ガロンを超える蒸留酒を生産した。ケンタッキー州フランクフォートにあるバッファロー・トレイス蒸留所のような数少ない例外を除くと、かつての蒸留業者はもはや存在していないが、この業者の数と生産量は、ほかの蒸留酒とくらべてアメリカがどれほどウイスキーを好んでいたのかを物語る。ニュージャージー州には蒸留業者が319人いて、33万4017ガロンの蒸留酒を生産していたが、ビールの醸造業者はたった6軒であった。こうした業者の大半が、ポットスティル（単式蒸留器）を用いた小規模な家内工業の生産者で、ウイスキーやブランデーを造っていたが、なかには数十人の男女を雇用する蒸留所もあった。

蒸留職人求む

ウイリアムズポートから2マイルほど離れたサルズベリー・ミルズで蒸留所を営む購読者が、人手を求めています。よい推薦状をお持ちで、真面目で生活習慣が健全で、事業をよくわかっている方。（その他の方はご遠慮ください。）すぐに安定した雇用といい給料が手に入ります。ワシントン郡のジョージ・スプレッカーまでどうぞ。

（『ハガーズタウンメイル』［ハガーズタウン、メリーランド州］の1828年の広告）

アメリカのウイスキー生産者は、製造に税金がかからないだけでなく、2件の大きな顧客（医療関係者とのん兵衛）を抱えていたこともあり、好調そのものだった。この状況によって、蒸留業は国内でもっとも儲かるものとなった。この中心に、少人数ながらも免許を持った女性の蒸留業者たちがいた。

ブッシュミルズのエレン・ジェーン・コリガンが、契約書に名前を「E・J」と記したように、アメリカの女性はしばしばイニシャルだけを登録していた。おそらく土地と設備の差し押さえを恐れてのことであった。というのも、州によっては女性が資産を所有することを認めていなかったからである。そのため、女性蒸留業者の数を正確に特定することは不可能である。女性が所有していた蒸留所についての、信頼に足る記録も揃っていない。にもかかわらず、おもなウイスキー産地の州では、蒸留所と関わりがあった人物を特定できる女性の名前が50名分以上ある。

1817年にミリー・ストーンは「国内産の原料から蒸留酒を製造する許可証」を受け取った。そこには当時のケンタッキー州知事で、未来の司法長官でもあるジョン・アダーと、前司法長官ジョン・ブリッケンリッジのサインがあった。3個の蒸留器を使う許可証をえて、ミリーはトウモロコシ、ライ麦、少量の大麦から毎年298ガロンのウイスキーを生産した。[22]
ヴァージニア州のマリオン・ラドフォードとN・H・シッソン、ペンシルヴェニア州のラビナー・ナイトとマチルダ・ウェルクハイザー、テネシー州のルイーザ・ネルソンとジョセフィーン・ブラウン、それにジョージア州のイダ・ウエルドン、そして20名を超えるケンタッキー州の女性が、1880年から1914年にかけて、許可をえて課税された女性のリストに名を連ねた。[23]

ほとんどの場合、女性は結婚をきっかけに蒸留業界に入った。リディア・ロジャーズは1890年にJ・H・ロジャーズ蒸留所を相続し、のちに廃業した。だが『ワインとスピリット通信』によると、彼女か、あるいは親戚が1902年12月1日、同所を再開している。1900年代のはじめにフローレンス・エレン・ワーゼンとトマス・A・メドレイが結婚すると、ケンタッキー州で名高い2軒のバーボン生産家が一つになった。ワーゼン家のウイスキーの歴史は、メリーランド州で蒸留を行なっていたハドソン・ワーゼンにたどることができる。かれの息子ヘンリー・ハドソンは、1787年にケンタッキーに移住し、フローレンスはケンタッキー有数のウイスキー一家に生を受けた。フローレンスは生まれついてのウイスキー王家の一員だった。そして彼女は、出会った数多くの若い男のなかから、自身と似通ったウイスキーの血統を誇る男を選んだ。フローレンスの先祖と同様、トマス・メドレイの親戚は、メリーランドで最初の蒸留を行なっており、1700年代のあるとき、ケンタッキーに移住した。トマスはウイスキー一家の6代目で、最上級のバーボンを造っていた。1940年代には少なくなっていた家族所有の蒸留業者で、現在でもワーゼンのバーボンは人気が高まるウイスキー市場で確かな支持をえている。ただ、この人気を生み出す上で、フローレンスが一役買ったという証拠はない。ワーゼン家の人に尋ねると、その功績はフローレンスが恋に落ちて、二つのウイスキー一家を結びつけたことにあるということであった。

ときに女性は、蒸留所を自分の名前にちなんで名づけた。キャサリン・スピアーズ・フライ・カーペンターという名前の蒸留所は、1815年から1848年にかけて、ケンタッキー州のケース郡に大量のスウィートマッシュ・ウイスキーとサワーマッシュ・ウイスキーを供給していた。エンジェル・L・ウッドは1880年代のはじめ、自身の名前にちなんだ蒸留所を経営していた。スーザン・ジョンソン蒸留所は1900年代のはじめ、ごくわずかなマッシュ製造能力しかもたなかったが、年間40樽のウイスキーを生産した。女性の名前を冠した蒸留会社のなかでおそらくもっとも重要なものは、メアリー・ジェーン・ブレア蒸留所であろう。1908年、メアリー・ジェーン・ブレアの一家は1年のうち5カ月ほど操業し、倉庫4棟に9000樽を貯蔵した。禁酒法が解かれてから、蒸留所はブレア蒸留会社として再開し、コロネル・ブレア、ニック・ブレア、マリオン・カウンティ、そしてブレアズ・オールド・クラブ・バーボンを生産した。

メアリー・ジェーン・ブレア蒸留所は、女性が所有し操業したなかでもっとも成功したアメリカの蒸留会社だった。このほか、現在まで所有者が女性で、かつ女性が操業している蒸留所にジョージ・ディッケル社がある。テネシー州のジョージ・A・ディッケルは1861年、リキュールの販売会社を設立した。ディッケルはウイスキーをブレンドし、瓶詰めした。かれはほとんどのウイスキーをコーヒー郡にあるカスケード蒸留所から仕入れていた。最終的にディッケルはその蒸留所を購入した。カスケード・スプリングの湧き水は、のちの米西戦争でディッケルがサンフランシスコの駐留地と取引を始めたことをきっかけに多くの愛飲者を生むことになる、美味しいウイスキーの原料となった。

ディッケルは1894年にしたためた遺言で、「最初に巡ってきた望ましい機会に」会社を売るよう妻に指示した。ディッケルが亡くなったあと、アウグスタ・ディッケルは遺言の指示には従わず、夫の持っていたジョージ・A・ディッケル社の株を保持し続けた。だが、彼女が日々の操業に関わることはなかった。アウグスタはおもにヨーロッパを旅し、おそらく自社のウイスキーをフランス人の客のところへもっていったのであろう。「女性陣はすっかり、この悪魔に骨抜きにされてしまった」と、ポール・デイヴィスはアウグスタの手土産について述べ、こう記している。「あらゆるドイツ人のように、かれらはなんでも食べるし、パーティーばかり開いている」[24]。1916年にアウグスタが死ぬと、彼女は遺産を義理の弟であるV・E・シュワブに遺した。先代のジョージの死後、蒸留所の操業を取り仕切っていたのはかれであった。今日では、ジョージ・ディッケル・テネシー・ウイスキーは、その手頃な価格と品質でバーテンダーのあいだで人気のブランドになっている。アウグスタは書面上のオーナーにすぎなかったが、彼女は競争相手に株を売ることも、操業に介入することもできたはずであった。アウグスタはウイスキーの世界を変えることはしなかったが、夫の遺言を聞き入れなかったことで、確かな足跡を残したといえる。

1800年代の密輸業者と密造酒家たち

女性たちは、税金を納める正規の販売よりも、違法な販売でより大きな影響力をもった。1799年、マリアン・マックレインはアメリカのウイスキー税の最初の犠牲者となった。マリアンは違法な蒸留の罪でジョージア州で逮捕された。ちなみにマリアンの玄孫(やしゃご)にあたるトレイ・ゼラーは、200年後にジェファソンが所有していたバーボンを発見した人物である[25]。マリアンが逮捕されてからまもなく、ウイスキー税は撤回され、その後ウイスキー税の徴収は米英戦争のあいだの短い期間に限られた。当然、女性たちは無税で望むだけ自由に蒸留した。南北戦争が勃発すると、ウイスキー業者への対応は南北で分かれた。

北部では、1862年の内国歳入法によって、酒、たばこ、トランプ、ビリヤード台、そして宝石に課税された。連邦政府のウイスキー税は、1862年に1プルーフガロンにつき20セントから始まり、1864年に1ドル50セントに上がり、1865年に2ドルになった。南部では戦争協力として、蒸留器を溶かし、供与するよう命じられた。

戦後はニューヨークやフィラデルフィア、ボルティモアの街中と同じように、テネシー、サウスカロライナ、それにケンタッキーの丘で脱税ウイスキーの密造が始まった。そして、そのもっと悪名高い連中のなかに、女性たちがいた。

1869年、徴税人への支払いを断ったアイルランド人の蒸留業者のもとに20人の警官が現れた。だが、警官たちは返り討ちにあう。その数週間後、800人の連邦軍が、アイリッシュタウンとして知られる場所に現れた。『ニューヨーク・ヘラルド』紙は、兵士たちは激しい抵抗にあい、なかでも「アイルランド女たちは、2階の窓辺に集まり、……とくに暴力的で好戦的な姿勢に出て、現場を大混乱に陥れた」と報告している。しかし、アイルランド女性のギャング団も、800人の軍隊には敵わなかった。

蒸留業者たちを蹴散らしたあと、徴税人たちはウイスキーを差し押さえ、1ガロン1・95ドルで競売にかけた。そうして売り上げがニューヨーク市に入ることもあれば、徴税人がウイスキーを飲み干してしまうこともあった。徴税人のなかには、税金支払い済の刻印が押してある樽を差し押さえる者もいた。徴税人の理屈では、差し押さえたのは使いまわされた樽、ということであった。税を払わない場合、初回は1000ドルの罰金が科され、2回目には投獄された。一般に、違法蒸留で逮捕された場合には、ニューヨークでは初回の罰金は100ドルで、2回目が1カ月の投獄と1000ドルの罰金だった。とはいえ、投獄をもってしてもウイスキーの密造をやめさせることはできなかった。

1876年、内国歳入庁の長官は、南部には3000の違法蒸留器が稼働しているが、政府としては密造酒を造るより合法的に蒸留を行なう方が業者にとっては安上がりだと確信していると語った。エコノミストのデイヴィッド・A・ウェルズも、1876年に「一般的な密造酒は、不完全な調査に基づくものではあるが、関係者への賄賂、秘匿にかかる費用、そして通常とは異なる運送手段が必要であり、合法でかつ適法な製品とくらべて2倍から3倍の費用がかかる」と語っている。[26]

1876年から1883年にかけて、内国歳入庁は6731個の蒸留器を差し押さえ、8620人を違法蒸留で逮捕した。1883年の『ニューヨーク・イヴニング・ポスト』によると、違法ウイスキー業者はおおむねこのように表現された。「骨ばった、浅黒い顔つきで筋肉質、肌は赤銅色で、刺すような黒々とした目をしている。髪は額を覆い隠すほどに長く、波打っていた」。女性の密造者たちは、こうした描写にはあてはまらなかった。彼女たちは貧しく、食いつなぐためにウイスキーを造っていた。だが彼女たちにも、男性と同じ刑罰が科された。

テネシー州、フェントレス郡のベティ・スミスが1885年に逮捕されたとき、判事はなぜこんな稼業に手を染めたのか尋ねた。ベティの答えはこうだった。「なぜって、わたしはウイスキーを造りたかったからです」。ベティは16歳の頃からウイスキーを造り続けていた。その年、ベティは父親を亡くし叔母はテキサスに引っ越した。誰かがベティの愛したウイスキーを造り続ける必要があった。判事に対する彼女のユーモアを帯びた語り口は、恐れを抱かない女性のあり様を物語る。

判事：造ったウイスキーはどうしたのです？
スミス：売りました。
判事：誰が買ったかわかりますか？
スミス：判事さま、誰が買ったのか、すっかり口にするのは難しいですね。しばらく前に、殿方の一行が鹿狩りで近所に立ち寄ったことがありました。ウイスキーを切らして、買うあてがないと難儀している様子でした。わたしは、1ドル札の上にウイスキー瓶を置いて、その場からしばらく離れているといいでしょう、戻ってきたら、きっと瓶はウイスキーでいっぱいになっていますよ、と言ったのです。男はわたしの言葉に従いました。
判事：その男を特定できますか？
スミス：はい、できますとも、判事さま。すぐにわかりますよ。その男はあなたです、判事さま。(27)

ベティ・スミスのような違法ウイスキー業者はあらゆる危険を冒し、逮捕に備えて武装していることもしばしばだった。ジョージア州ジャスパー郡の女性たちは、立ちはだかるものは誰であれ殺すことで知られていた。この肝の据わった態度は、女性のウイスキー商人を思い起こさせる。テネシー州ポーク郡を拠点に、血に塗られたウイスキー業者のギャングを率いていたのはモリー・ミラーであった。彼女のギャングたちは、徴税人を3人と垂れ込み屋を5人、殺したことで知られていた。24歳のルーシー・マックルーアは、西ヴァージニア出身のかわいらしい女性であったが、ピストルの名手で、酒の密造にも手を出していた。(28)

600ポンドの巨体を誇るテネシー州のベッツィー・ムーロンは、硬貨を2、3枚持っている者であれば、誰にでもウイスキーをふるまった。寝たきりの状態になってからも、ベッツィーはニューマンリッジ地域における違法業者の富の配分権を握っていた。保安官が逮捕すると脅しても、快活にこう言い返した。「わたしを連れていけるもんなら、やってみな」[29]。マリンダ・シュルーズベリー夫人は西ヴァージニアの山中で操業する密造酒業者だった。なんと齢80にして、毎年30樽ものコーン・ウイスキーを製造し、銀行には1万1000ドルの預金があった[30]。

南部の山中では、木や茂みを奥へと数マイル、分け入ったところで密造が行なわれていた。北部の女性たちも森のなかで密造を行なっていたが、ほとんどの場合、屋根裏部屋や使用していない寝室を利用していた。自分の販売網で利益が上げられない場合、彼女たちは馬や鉄道、船で運送する仲買人に酒を売った。

西部を渡り歩く女性たちのなかには、鞄にウイスキーを詰めて、馬車に樽を積み込む者も少なくなかった。彼女たちはネイティブ・アメリカンの部族に「火の水」をもたらし、フロンティアの物々交換の経済において、ウイスキーが重要な地位を占めるのを助けた。

インディアン保護区へウイスキーを持ち込むことは連邦法に違反していた。だが、「山賊の女王」ことベル・スターは白人からウイスキーを盗み、それをインディアンの部族へ売っていた。彼女の白黒写真を眺めると、厳めしい外見の下にかわいらしい顔が覗く。スターはカナディアンリバー沿いに潜伏し、もっぱら盗みを行なう「スター・ギャング」を率いていた。スターは役人に賄賂を渡してギャングの仲間を解放させ、上手くいかない場合は、望みのものを手に入れるまで、その長いまつ毛を吊り上げて火遊びに走った。1889年に名も知れぬ武装集団が、このウイスキー・ビジネスを行なう「山賊の女王」を待ち伏せして射殺した。みな犯人は3人目の夫で、ベルの持つウイスキーの金目当てに殺したのだと考えている。[31]

6　客層と初期の客

アメリカでウイスキーが定着するにつれて、政治家たちは「禁酒運動」という言葉を、はじめは囁き声で、やがては大声で叫ぶようになった。カンザス州初代知事の妻である共和党のサラ・T・D・ロビンソンは、1857年、ミズーリ州の住人を「ウイスキーを飲む、堕落した、口の悪いならず者」呼ばわりした。[1] ロビンソンの支持者やほかの著名人からの支持もあり、禁酒運動は婦人参政権運動とともに、世の関心を幅広く集めるようになった。女性キリスト教信者はみな、ウイスキーはもはや治療に役立つものとは考えなくなっていた。ウイスキーは邪悪なもので、善良な人間をだめにするものだった。フランシス・エリザベス・ウィラードとメアリー・アーテミシア・ラスベリーが1888年に出した共著書、『女性と禁酒』は、ウイスキーがいかに若者のあいだに浸透しているか、女性キリスト教禁酒連合の視点から熱心に記している。この本は、ペンシルヴェニアの14歳の少女の証言を引いている。「わたしたちの町はひどいありさまです。まるでウイスキーが町中にあふれかえっているようです。男の子、若い男の人はみんなウイスキーを飲んでいます。昨日は15歳の男の子が柵の下で泥酔して横たわっているのを見ました」。

彼女たちの禁酒法制定を求める訴えはウイスキー業界の関心を引いた。若きジョージ・ガルヴァン・ブラウンは薬のセールスマンで、ブラウンフォーマン社の創業者だった。かれは業界に対して責任ある販売を訴え、１８００年代の後半には女性にウイスキーを売ることを止めた。ただ、そのときにはもう、ブラウンの訴えは手遅れの模様であった。

医者は患者にウイスキーを処方し続けていたため、蒸留業者のなかにはウイスキーを医療用に販売すると決断を下すところもあった。営業の担当者は、ウイスキーをほかの医薬品と並べて、癌から痘痕にまで効果があると売り込んだ。咳止めシロップのドクター・ブルが１８８４年に打った広告には、「恰幅のよいあの男、ご婦人方にワシントンで一番ハンサムだと評判のあの男は、かつて病弱だった。だが、かれは熱心に飲みまくった。ウイスキーではなく、ドクター・ブルの咳止めシロップを飲んだのだ。すると、いまでは肩で風を切って、都会の紳士のあいだをさっそうと歩くようになった」とある。

女性にウイスキーを販売していたもっとも悪名高い業者のダフィーズ・ピュアモルト・ウイスキーは、新聞の一面を買い切って、自社を正当化する広告記事を掲載した。その主張はお笑い種ながらも、多くの人がダフィーズの話を信じ込んだ。そこには、テキサスのウエイコに住む１４８歳の男が、宣誓供述書に唯一ダフィーズのピュアモルト・ウイスキーだけが長生きさせてくれる薬だと記したとか、１１６歳のフランシス・バートンや１０１歳のスーザン・ベーカー、そして84歳のアニー・レンツがそれを裏付けた、などと書かれていた。ある母親はダフィーズのピュアモルト・ウイスキーが9歳の娘の命を救ったとまで言い張った。さらに、ウイスキーが女性特有の悩みを抱えている妻の助けになったと感謝する亭主の文言もあった。ニューヨーク州バッファローのバートン夫人は、『ボストン・グローブ』紙上の広告でこう述べている。「ダフィーズモルトは25年間、わたしの相棒でした。自分で自分の世話をしながらダフィーズモルトを飲めば、25年も長生きができると感じております。強さと活力を保つ秘訣です。消化も申し分のない状態にしてくれるので、なにを食べても大丈夫です。まさにダフィーズは高齢者に向けた神の贈り物です。そして、わたしは心の底からダフィーズを勧めます。これなしで、家にはいられません」。

ダフィーズの訴えによれば、1903年当時、100歳以上である3536人のほとんど全員がダフィーズのウイスキーを飲んでいた。このピュアモルト・ウイスキーは風邪、鼻水、肺結核、マラリア、気管支炎、喘息、そして喉と肺のすべての病気を癒すという。ウィラード・H・モース医師は世界的に知られた内科医だったが、ダフィーズのウイスキーにはばい菌を取り除き、後遺症を防ぐ効能があるとした。なぜならダフィーズのウイスキーは「化学的に純粋で、医学的に大きな効用がある」からだ、とのことだった。いわゆる「禁酒法医師」であったテネシー州のT・P・パーマー医師でさえ、ダフィーズを支持してこう言った。「ダフィーズのウイスキーが薬として効くことを保証します。……ダフィーズは薬そのものです」。

女性の消費者は、こうした広告が大手の新聞に載ったために、ダフィーズの言い分を信じたようである。1897年、『ニューヨーク・タイムズ』にはつぎのような広告が載った。「咳とはなんでしょうか？　喉と肺のイライラです。なにが原因でしょうか？　疲労です。そう、疲れるのをとめましょう、するとイライラもやみ、咳も治ります。……医者のなかには、タラの肝油を処方する人もいれば、咳止めシロップを与える人もいます。ほとんどの場合、刺激剤を処方することになります。……ダフィーズのピュアモルト・ウイスキーは、害になるものや傷つけるようなものを一切含みません」。1903年に『ボストン・グローブ』紙に掲載された広告には、「ダフィーズのピュアモルト・ウイスキーは、ばい菌を殺すだけでなく、血行を促進し、消化を助け、心臓の動きを穏やかにします」とあった。

こうしたでたらめの主張は、結果的に反ウイスキー同盟の輪に新たな同志を加えた。それは医師である。ダフィーズが106歳のインディアナ州ラファイエットに住むナンシー・ティーグからの手紙を公表したとき、そこには、気持ちは60歳未満、年齢以上に目がよく見える、と書いてあった。ところがナンシーの息子は、母親はダフィーズの名前すら聞いたことがないと世間に暴露した。「母はほぼ盲目で、酔うようなものは一切飲みません」と息子、マイケル・G・ティーグは書いた。ティーグのコメントは、1905年に刊行された会誌『アメリカ医療協会』の記事のなかにも出てくる。その記事は、ダフィーズの詐欺まがいの証言について、医療業界に向けて警鐘を鳴らすものだった。会誌はウイスキーに「素晴らしい特性」があることは認めつつも、ダフィーズの虚偽の証言を掲載している医療雑誌の定期購読を続けないように医師たちに勧めた。これはダフィーズに絡む問題の、ごく一部にすぎなかった。合衆国の歳入法は、アルコールの量を超えてほかの薬が混ざっている酒を非課税としていたのである。結局、ダフィーズは1911年に破産を申請した。ダフィーズの薬はいんちき薬と一緒くたにされ、真正広告規定法と不正請求防止法の成立に貢献した。ダフィーズはウイスキーの歴史におけるお笑い種となってしまったが、かれらが作り出した虚構は生き続けた。女性たちはダフィーズのウイスキーを万能薬として飲んだ。一方で、男性を対象にウイスキーの樽を出荷する女性たちもいた。

アメリカの入植者たちが西へと旅していたとき、ウイスキーは毛皮の取引で重要な通貨となった。パイオニアたちはウイスキーを、アライグマの皮やバッファローの皮、馬、獣脂、肉、材木、そのほか1800年代の生活に必要なあらゆるものと交換した。蒸留酒の、通貨としての役割に関する記録は、しっかりと残っている、しかし、ウイスキー交易の物語はたいていの場合、ウイスキーが西へと足を延ばした理由の、重要なものを省略している。すなわち、性の問題である。[2]

ゴールドラッシュの時代、はたご、売春宿、そしてカジノが、カリフォルニア、ニューメキシコ、コロラド、ワイオミングに突如として出現した。そして、そこでは男性を「喜ばせ」てウイスキーを売るために女性が雇用されていた。ワイルド・ウェストの歴史家サイ・マーティンが「売春婦の大侵入」と呼ぶ1850年から51年にかけて、[3]カリフォルニアのバーのオーナーは、チリ、中国、メキシコ、そしてフランスから売春婦をかき集めた。1850年にニューヨーク、ニューオーリンズ、パリ、マルセイユ、南米、オーストラリア、アジア、太平洋諸島から、2000人以上の女性がサンフランシスコにやって来た。1850年8月の『ニューヨーク・ヘラルド』紙の記事は、「パリのある投機家が、カリフォルニアに向けて発つ200人の女性を集めた。そして、パリ、ルーアン、リヨン、ル・アーブルにいたわが国のハレムに巣くう尻軽たちは黄金の国へ向けて出港し、2週間以内に到着する予定だ。留意すべきは、この美女たちが第一級のダイヤモンドというわけではないことだ。しかし、彼女たちはよき乙女になる決意を秘めてフランスを発つ。願わくば、その初志が貫徹されんことを」と報じている。

雇用主のところへ到着すると、施設ごとに差はあるが、女性たちは黄金を携えて店に通う探鉱者たちにサービスを提供するウェイトレスとなった。平均的なウェイトレス、けだし売春婦は、1週間に15ドルから25ドルを稼いだ。さらにウイスキーを売るに際しても手数料をとった。サンフランシスコのベラ・ユニオンでは30人の「かわいい給仕女性」がカジノの各部署で働き、酒を買うように男たちを焚きつけた。男たちが飲むと、女の稼ぎになった。あるフランス人の売春婦は年に5万ドルを稼いだが、これはおそらく男たちに酒を勧める才能の所以だろう。こうした女性たちの稼ぎを総計すると、多くの州の歳入を超えていたはずである。[4]

1859年、ウイリアム・サンガー医師は2000人の「働く」女性たちに調査を行ない、彼女たちがそのような仕事に就く二大要因は、「貧困」と「思考体質」にあると突き止めた。女性たちが身体を売ることを強制されたのか、あるいはみずから望んで行っていたのか、割合としては同程度であった。「飲酒、つまり酒を飲みたいという欲求」は、理由としては4番目で、アルコール中毒が理由で性的な仕事に従事した売春婦の割合は約10パーセントだった。また調査対象となった女性の99パーセントが、ことにおよぶ前に酔いが回るまで飲酒したと答えた。ただ、彼女たちの胴元が酩酊状態になるまで酒を飲むことを許していたわけではなかった。

サンガーは、ウイスキーを売ってえた金を集めるために、ネイティブアメリカンの部族のなかには女性に売春を強要するものがあることも明らかにした。「この軽蔑すべき状況について、女性たちはすっかり容認してしまっているように見えた。さらに仕事の特殊性が彼女たちの誇りの源となっていた」とサンガーは記している。かれは、売春はみっともないことだとしながらも、それが金になることについては否定しなかった。1857年のニューヨークでは、性に飢えた男たちが買春宿に700万ドル以上を落とした。これは、「ニューヨーク市の年間歳出とほぼ同じ額」であった。ニューヨークを訪れた者たちはワインや酒に208万ドルを使い、売春に310万ドルを費やした。[5]

酒と売春の商売は、当時、新たに誕生したさまざまな稼げる生業と同じくらい儲かるものだった。もしタベルナ(居酒屋)が性的なサービスを提供しなければ、指を咥えて客を見送ることになった。性的サービスを提供するタベルナがあまりにも広まったために、サンガー医師は主要都市について売春の実情を探る調査を行なった。市長の大半は、売春を公認することには否定的、あるいは消極的な態度をとった。ニュージャージー州ニューアークの市長、H・J・ポイナーは「我われの町にはそういった不名誉な店はないし、許可を出したこともない。大っぴらに売春することなどありえない」と1856年に書き記している。このニューアーク市長の所感は、「悪いことについては、耳も目も閉じる」という、世間一般の姿勢を代表するものであった。じつのところ、政治家たちはかなりの税収を売春宿からえており、かつその店の客であることもしばしばだった。

南北戦争後も、法律の関心は売春よりもウイスキーにかけられる税に向いていたようである。税金が支払われないことがあれば、地域の徴税担当者は売春宿に踏み込んで、酒を売る免許を取り上げた。免許のはく奪はもっとも厳しい処罰で、売春業からの追放を意味した。酒がないと、男たちは売春をやる酒場に足を踏み入れない。こうした事情で、タベルナの経営者たちは税金を払い続けたが、多くは自身のために、また雇った女の子たちのために、出来るだけ金を手元に残そうとした。

売春船のオーナー、ナンシー・ボッグスは女主人としてのキャリアのほぼ全期間を、税金を払わずに済ませた。1877年に売春宿を経営した罪で逮捕されたときはこの嫌疑を逃れたが、1880年には同じ違反で罰金100ドルを科せられた。しかしながら、こうした売春宿に対する嫌疑は、ポートランドとイーストポートランドが真に気にかけることではなかった。かれらの狙いは酒の売り上げに対する税金の分け前に定まっていたのである。

売春船に課される酒税を避けるため、ボッグスはポートランドとイーストポートランドのあいだでウィラメッテ川を上り下りした。小さなカヌーを町の波止場に横付けして客を拾った。客のほとんどが、金ができた木こりか鉱夫だった。ボッグスは小さな二連発銃をガーターホースに忍ばせ、女性の提供するサービスに支払いを拒むようないけ好かないやつがいれば、それをぶっ放した。女たちはひと月に数百人の男の相手をした。男たちの喉をウイスキーで潤し、それでいて捕まる危険はほとんどなかった。

ほかの売春宿もポートランドには存在したが、ボッグスのリバーボートがもっとも儲かっていたはずである。税金を払わなかった分、女性たちによい賃金を払うことができたし、利ざやも大きかった。

司直の手が停泊中のボッグスの船に近づくと、彼女は錨を引き上げ、法の手の届かない別の岸へと船を流した。ポートランドとイーストポートランドは互いに反目し合っていたため、取り締まりで協力することはほとんどなかった。この行ったり来たり戦法は、この二つの町が反目を差し置き、オレゴンで最初の大規模なウイスキーに対するおとり捜査の一環として、売春船の取り締まりという共通の目的を掲げる1882年まで機能した。この取り締まりは、イーストポートランドとポートランドが歩み寄る大きな一歩となった。二つの町は、1891年に合併することになる。

ナンシー・ボッグスは、取り締まりに来た警官を高水圧ホースで追い払った。だが警官たちは夕暮れどき、再び現れて船の錨を切った。船は太平洋に向かって漂流しオレゴン州のリントン近くの瀬に乗り上げた。船底には穴が空き、通りがかりの蒸気船の船長が彼女たちと船を助けなければ、櫛やドレス、高価なウイスキーなどあらゆるものが川底へと沈んでいたことだろう。この事件はどうやらボッグスにとって霧の晴れるような出来事だったらしい。賢いナンシー・ボッグスはもはや両ポートランドを行き来する商売は不可能と悟り、売春婦とウイスキーを陸に揚げて、税金を払い始めた。ボッグスは売春の商売を続けていたにもかかわらず、当局が二度と彼女を追い詰めることはなかった。[6]

ボッグスが大逃走劇を繰り広げていた頃、国中の町々は、夫を酒と売春宿にとられた妻たちであふれかえっていた。売春宿に向けられる地域の目は、野蛮な女が男どもを酩酊と姦通に追い込む「社会の悪徳」となった。ボッグスの売春宿や5万ドルのフランスの売春婦などは、禁酒法の制定を訴える運動への関心を集めるために役立った。この時代の社会にとってより容易な選択肢は、男たちに責任を自覚させることではなく、性奴隷の立場に追われた女性たちとウイスキーを責め立てることだった。自身の不貞を妻に弁解する際、男どもはしばしば「ウイスキーがおれにそうさせたんだ」と口にした。

町々では懸念が高まり、売春の取り締まりと酒を禁じる法律が議会を通過することとなった。１８９２年にサンフランシスコ市議会は、劇場で酒を販売することを禁じる法律を通した。これは、ベラ・ユニオンの集客力に致命的な影響をおよぼした。新聞各紙は一面の社説で売春を「邪悪の根源。社会の害悪というだけでなく衛生上の害悪、そして政治的な害悪になりつつある」と書き募った。[7] ポートランド市長のドク・ハリー・レーンは、ナンシー・ボッグスを１９００年代初期の「肉欲商人」として引き合いに出し、売春法の改革に乗り出した。ポートランドはすべての建物に、ビジネスオーナーの名前を記した「錫の板」製の看板を掲げることを求めるようになった。政府によるもっとも効果的な売春との戦い方は禁酒法だった。

酒場と夜の女の禁止は、禁酒法に向けた戦いへの雄叫びとなった。『ウーマンズ・ジャーナル』が女性参政権は売春への対処法だと主張したように、この件は女性参政権の売り込み材料でもあった。立法者たちはギャンブル、くじ、そして売春へのさらなる取り締まりを企てていたが、加えて酒の非合法化を訴える声がしばしばアルコール依存症の研究によって焚きつけられた。１８４０年に出版された『マグダレニズム、エディンバラにおける売春の蔓延、原因、そして結果に対する探究』という本のなかで、ウイリアム・タイト博士はつぎのように書いている。「不幸な人はみな、食べ物を口にすることなく数日を過ごし、かれらが手にしたペニー硬貨は、残らず強いスピリットに費やされます。酒に酔いたいというかれらの欲求は、多くの場合、食べ物を求めるそれをもしのぎ、とにかく酒を求めるのです。普通の食事をとらずに1週間を過ごす人はいますが、ウイスキーを口にすることなく1日を過ごす人は誰一人いません」[8]。

1800年代において、セックスがアメリカにあるどのタベルナよりも酒を売った。エスタブリッシュメントたちの多くは、売春宿を不快に思い、非道徳的と考え、目の敵にしていたが、売春宿はウイスキーに対する需要を作り出し、その需要によってウイスキーは、アメリカにおける通貨かつ主要商品という存在に仕立て上げられた。ニューヨークの売春婦たちは、1847年にはインディアナ、イリノイ、アイオワ、ミズーリの各州の歳入を合わせた額以上に酒を売り上げた[9]。世界最古の職業に就く女性たちは、ほぼ間違いなく1800年代におけるもっとも重要なウイスキー販売員だった。だが、彼女たちの不道徳な性質はウイスキー産業の評判を損ない、町々でタベルナから女性を締め出す動きに結びついた。

7 禁酒主義の女性たち

酒場での乱痴気騒ぎは、女性や聖職者たちがアルコールの流通を止めようとするもっともな動機となった。だが禁酒主義に対する世間の理解は乏しく、禁酒運動はその足掛かりを築くために有力者の力を必要とした。アメリカで酒類製造販売禁止法が成立する100年前、アメリカの禁酒運動に大きな影響をおよぼすことになる活動の基礎を築いたのはアイルランドの司祭であった。セオバルド・マシュー大司祭は1838年に開かれた小さな集会で、禁酒の誓約書に署名するよう促しながら、「紳士諸君、たとえ1人でもその気の毒な魂を飲酒癖と破滅から救うことができるなら、これは神の栄光に浴する崇高な行動なのです」と語りかけた。以来、マシュー司祭は人生を禁酒運動に捧げた。かれはアイルランド人の飲酒癖をアイルランドの諸悪の根源と呼び、アルコール中毒からアイルランドを救うことに尽力した。

マシューは週に二度、コーク市で禁酒集会を催した。かれは集会を通して、1838年の4月10日から12月31日にかけて、禁酒を誓約する15万6000人分の署名を集めた。翌年はリムリックに滞在した4日間で、15万人から署名を集めた。かれはウォーターフォード、リズモア、エニス、クロンメル、キャシェル、それにゴールウェイでも同様の成果を挙げ、イングランドとスコットランドでも数千の署名を集めた。マシューの努力で酒場は廃業に追い込まれ、蒸留業者らは違法な蒸留器を沼地に打ち捨てた。女性たちは夫をマシューの集会へと引きずり出した。「禁酒の偉大な伝道者」と呼ばれたマシューは、カトリック教徒に向かって武器を取るプロテスタント教徒たちに、両者がわかり合える共通の問題を提示することで、互いに憎しみ合う敵同士の仲をもとりもった[1]。1840年、『ニューヨーカー』はマシューの成功について、禁酒の誓約をした人の健康が、近所の住民の目には改善されているかのように映ったのだろう、と冷めた見方を示した。ある批評家は、禁酒運動といえばこれまで失敗ばかりで、マシューに成功の見込みなどないと評した。しかし、1840年代にアメリカを訪れたかれの旅が、禁酒を定める1919年のヴォルステッド法として実を結ぶ種を蒔くことになった。

禁酒を掲げる組織はアメリカ全土にあった。1830年代、アメリカ人の10人に1人が禁酒組織に所属し、なかでも「禁酒の娘たち」は会員数が3万人を数えた。だが、アメリカの禁酒運動は、各組織が共有する根本的な主張を欠いていた。禁酒を主張する人のなかには、新興国アメリカの飲酒問題をアイリッシュ移民のせいにする者も少なくなかった。労働者を募集する新聞広告には、アイルランド人は酔っぱらって仕事場に現れるおそれがあるため「応募の必要はありません」と注記があり、続けて、もっともかれらが仕事場に来るようなことがあればの話だが、と書き添えられていた[2]。マシュー司祭の禁酒運動は、アイルランド人は酔っぱらいばかりだというステレオタイプを払拭した。このことは酒を口にしない多くのアイリッシュ移民に希望をもたらした。さらに、司祭の慈愛に訴える作戦は、流血を避けたいと願う国民の心に強く響いた。ニューヨーク市長のケイレブ・スミス・ウッドハルは、マシュー司祭にこう語った。「あなたの勝利は、伝道の道中で出会った、死に際にあったり、命絶えたりした人びとに捧げられるものではありません。征服者たちの行進よりもさらに過酷な困難を乗り越えて、あなたが救いの手を差し伸べてきた数千の命ある人びとによって成し遂げられたものなのです。あなたがこの闘いでえたものは、不幸と絶望のどん底から救い出した、幸せな家族の笑顔に見出されることでしょう」[3]。

1849年12月、合衆国の下院議会はマシューを議場に招待した。同氏に捧げられた敬意は相当なもので、ケンタッキー州で蒸留所を営むヘンリー・クレイ議員は、マシューの掲げる理想が実現すると自社は経済的に打撃を被るにもかかわらず、かれに崇敬の念を示さずにはおれなかった。マシューは奴隷制についても発言し、その言動は人びとの心を動かした。クレイ議員はマシューについて、「流血と破壊をもたらすことなく、また夫に先立たれた人や孤児が涙することなく、社会改革を成し遂げた」と語った[4]。

マシューは25州300都市を訪れ、60万人を禁酒に導いた。かれは簡潔な言葉で人びとに語りかけた。「どうぞいらっしゃい、仲間になりましょう。居場所ならいくらでもあります。お約束しましょう。あなたが踏み出すその一歩を、決して後悔させません。それが、あなたの幸福の礎になり、未来永劫、あなたの幸せになるのです」。マシューがアーカンソー州サンド・スプリングスで語ったつぎの話には、時代を超えた普遍性がある。「わが身を悩ます差し迫った問題を抱えていないのに、みずからの愚かしさから自身を悩ます問題を作り出してしまう、そのような人がこの世にはいるのです」。かれの情熱は象徴的なアメリカ人と、やがて生じる禁酒運動の先導者たちを動かした。

黒人指導者のフレデリック・ダグラスも禁酒の誓約を立てた1人であった。かれはマシューの548万7496番目の「禁酒の息子」となったとき、それをアメリカの奴隷廃止論者ウイリアム・ロイド・

ギャリソンに手紙で知らせた。マシューが導いた人の数が世界で580万に達したとき、『ウィークリー・ウィスコンシン』紙は、「かれが成し遂げた善行を、いったい誰が予見できたでしょう！」と書き立てた。マシューが導いた誓約者のなかには、のちの女性キリスト教禁酒同盟の会員やプロテスタント・アメリカ禁酒同盟の会員、またカトリックの完全禁酒主義に立つ各協会の設立に携わる人など、数百万人の女性が含まれた。マシューは禁酒運動のもっとも早い時期に禁酒を掲げた有力者の1人であった。かれは「禁酒主義は、飲酒という悪癖に対する安全で確実な唯一の救済策です。禁酒運動に身を捧げて苦節20余年、この思いはますます確かなものとなっております」と記している。

マシューは酒が原因で夫を亡くした女性たちの心を引きつけた。エミリン・スチュアート・ハートレーは、マシューの訪米に際して、つぎの一節を書き残した。「汝の不滅の名は神聖にしてより遠く響く。人の子の友よ、ああ聖なるシーオボールド。平和の使途よ、平和な二つの世界のあいだにあって、汝は決して止むことのなく勝利する者。戦いを告げる雷鳴の耳をつんざく咆哮が荒れ狂う場所で、いまや人による称賛と敬意の声がこだまする。戦慄、優しい戦慄、だが優しい西風は、すべての柔らかな全き祈りとともにある」[5]。

1850年にマシューがこの世を去ったあとも、かれの信念はアメリカの禁酒運動において生き続けた。女性たちは、酔っぱらいの夫のことを嘆いたところで、かれらが飲酒癖を改めることは決してないのだと理解した。みな、立ち上がる必要があった。女性たちに参政権はなかったが、法に則り、酒を禁じるための方策を探った。

1850年、ニューヨーク州バッファローで、1500人の女性が酔いを誘う飲み物の販売を認めないよう市議会に請願した[6]。翌年には、2200人分の署名が入った請願書がニューヨーク州議会に提出された。ニューヨーク州オスウィゴ郡では、法を犯した酒の販売者を糾弾するために、女性たちが大陪審に集った。「ニューヨーク女性禁酒協会」の代表エリザベス・キャディ・スタントンは、女性が酒浸りの夫と離婚できる法の整備を州議会に求め、結婚の失敗と飲酒は直結すると訴えた。この主張に『トロイ・ジャーナル』誌は支持を表明したが、禁酒運動に参加する男性陣は猛反発した。マンデヴィル牧師は、「ニューヨーク女性禁酒協会」の会員は「半分男で半分女の、どちらの性別にも属さない雑種」だと言い放った。かれは、彼女たちはやみくもに女性の権利を振りかざしていると非難した。ただこの種の批判も、どうやら女性たちの決意をより固めさせたにすぎなかったようだ。

1851年にメイン州が導入したアルコールを禁じる「メイン酒法」は、アメリカの禁酒運動の歴史上、初の金星となった。メイン州議会は、ムハンマドは酒を禁じ、古代のゲルマン人の部族は支配地域でワインを禁止した、キリスト教友愛会（フレンド派）は酒の売買に携わる者を破門し、連邦議会は1802年に先住民部族禁酒令を制定した、と歴史を引きつつ、「これらはメイン州の禁酒法の例の一部にすぎない。……それぞれ詳しく見れば、いずれもその原則だけではなく、目的や中身までもが同じだとの結論にいたるであろう」と記した。[7]

メイン州が禁酒を立法化するまで、州議会には毎年、数多くの請願が寄せられた。なかには長さ18メートルの紙に3800もの署名が並ぶ請願書もあった。女性たちはみな、投票こそできなかったものの、酒に溺れた恥ずべき夫から家族を守るために、合法的な手段のすべてを尽くした。それと同時に、彼女たちは男女同権も訴えた。オハイオ州セイラムでは、男女同権を求める7901の署名と投票権を求める2100の署名が集まった。女性たちが参政権を実現させるのはまだ先のことであったが、この活動は波紋を広げた。1857年にオハイオ州議会は、婚姻関係にある男性が妻の所有物を同意なしに処分することを禁じる法案と、男性が家族を飢えさせた場合には夫の給料を受け取る権限が妻に与えられる法案を可決した[8]。

女性たちはどの州でも、「お涙頂戴」の物語を披露しながら議会に請願した。酔っぱらいとの狩りで息子を亡くした母親は、『ユニオン・シグナル』誌にこう寄稿した。「たとえ息子が生きていても、酒や気つけ薬に手を出すことになるのであれば、酒っ気のまったくない息子の愛おしい記憶と寄り添いたいものです。わたしの悲しみは、飲んだくれの息子をもつ母親の悲嘆とくらべれば、その半分にも満たないでしょう」[9]。禁酒を掲げる女性たちは、ウイスキーを飲むことと、泥棒、不妊、殺人、軽犯罪、放浪、放蕩とを結びつけた。

「女性禁酒十字軍」は1870年代、世論の支持をえて、3万軒以上もの酒場を閉鎖に追い込んだ。それにもかかわらず、女性たちの声に男性の声と同じだけの力はなかった。投票権のない女性たちは、禁酒運動を参政権獲得への足掛かりと位置づけていた。

禁酒を主張する女性たちは、酒だけでなく奴隷制と参政権の改革も求めた。エリザベス・キャディ・スタントンやスーザン・B・アンソニーといった有力な運動家が、女性の権利向上を人生の目標に掲げた。結婚後も女性が働き、収入をえて子供たちを守り育てる権利を主張した。彼女たちのひたすら大胆な主張は世間の注目を集めた。ニューヨーク州ロチェスターのある牧師はこう語った。「アンソニーさん、あなたは女性のお手本としてはあまりに素晴らしすぎる。そんな活動をしていてはもったいない。ぜひとも結婚してお子さんをおもちなさい」。これに対して、変革者アンソニーはこう応じたのであった。「この州にいる数千人の母親のために、すでにいる子供たちを合法に導くことの方が、これから生まれてくる子供について考えるよりも、はるかに賢明だと思います」[10]。

アメリカの禁酒と女性の権利を取り巻く雰囲気は、女性キリスト教禁酒同盟が創設される1874年頃までには変わっていた。アンソニーとスタントンは女性の権利向上に大きな影響をおよぼした。1848年、ニューヨーク州議会は「既婚女性財産法」を可決した。これは、自由に使える財産を妻が所有し、その所有権が夫にはないことを認める法案であった。「結婚しようとする女性の不動産と個人資産、あるいは結婚時に女性が所有しているこれらの財産、および同女性が所有する貸借物とそれから生じる利益は夫の自由になるものではなく、また夫の借金の弁済に充てられるものでもない。いずれも未婚女性と同様に、単独的かつ個別的に所有されるものとする」。

既婚女性財産法は、同様の法律の導入を考える各州の手本となった。アンソニーとスタントンが率いる「全国女性参政権協会」は力強い支持をえて、連邦議会、州議会、さらに最高裁判所からの注目も集めた。アンソニーは女性たちが立ち上がり、自身の信念のために闘う力をもたらした。以後、女性たちは禁酒を求めて果敢に闘い始める。

女性たちの声はさらに高まり、議会のなかには禁酒と投票権を議題に取り上げるところも出始めた。アルバート・ウイリアムズ閣下は1874年10月、禁酒改革党で行なった講演「禁酒法と女性の権利」で、共和党と民主党の憲法に対する不誠実を揶揄して、「政党は間違いなく腐敗しきっており、このまま朽ちるに任せるくらいならウイスキーのなかに漬けておく方がましだ」と言ってのけた。[11]

禁酒に賛成する政党や反酒場連盟、全国大学禁酒協会などの組織の支持もえながら、女性キリスト教禁酒同盟は禁酒運動の主導者となった。女性限定のこの組織は、「万事を尽くす」をモットーに掲げ、保守派を進歩派へと生まれ変わらせて、15万人からなる女性の一団に成長した。自治体によって法律はさまざまであったが、女性キリスト教禁酒同盟の影響によりアメリカのほぼすべての学校が禁酒教育を導入するにいたった。この組織が展開したロビー活動によって、ウイスキー支配下のケンタッキー、アーカンソー、テキサスの3州で禁酒が実施された。

女性キリスト教禁酒同盟の影響はホワイトハウスにもおよび、「レモネード・ルーシー」と呼ばれたラザフォード・B・ヘイズ大統領夫人を禁酒運動の仲間に誘い込んだ。

だが、大統領夫人でさえおよびもつかないほどに、女性キリスト教禁酒同盟の高尚な価値観と完璧に合致した人物がいた。キャリー・ネイションはケンタッキー州の波乱に富んだ一族の家系に生まれた。自身は熱心なキリスト教徒であったが、祖先には精神を病んだりアルコール依存に悩んだりした者がおり、母親は自分をヴィクトリア女王であると妄信していた。キャリーは最初の夫チャールズ・グロイド博士を酒浸りで亡くし、24歳にして夫に先立たれた身となった。彼女はのちに、法律家で説教師でもあったデイヴィッド・ネイションと再婚し、ミズーリ州に引っ越した。キャリーは病床に臥していた6年間、聖書を読み耽り、神の言葉に心の癒しを求め続けた。

キャリーは飲酒を止めさせるためには手段を選ばなかった。酒場の窓に石をぶつけて割り、酒場の扉を手斧で叩き壊し、店内では片っ端から酒樽を空けて回った。これらはすべて神の名のもとに行なわれた。ネイションはこう書いている。「いつの時代も、世にはびこる悪と戦うために送り込まれた神の使者の評判は悪いものです。それゆえ、キリストは言ったのです。『わたしのために人びとがあなたがたをののしり、また迫害し、あなたがたに対して偽ってさまざまな悪口を言うときには、あなたがたはさいわいである。よろこべ、天においてあなたがたの受ける報いは大きい。あなたがたより前の預言者たちも、同じように迫害されたのである。』（マタイによる福音書 5：11、12）……わたしはこの世の混乱と苦難と慈悲の権化、この苦難に対する道徳の怒りとともに立ち上がろうとする者なのです」。ネイションは世間の冷笑、脅迫、それに実力行使にともなう法的問題に耐えなければならなかったが、それでも彼女を止められるものはなにもなかった。

1901年2月、ネイションはカンザス州トピカで、同志のふりを装った「スパイで裏切り者」の女性に連れられていた。禁酒活動を支援する素振りを見せる彼女のせいで自分の時間が無駄になっていることにネイションが気づいたとき、襲撃したいと思っていた居酒屋の場所を1人の少年が教えてくれた。そこで、ネイションはその酒場「上院」のドアを壊そうと手斧を振り上げたが、その場にいた男女が彼女の手斧につかみかかった。「バーテンダーが叫びながら駆け寄ってきて、わたしの手から手斧をもぎ取ると、天井に向けてピストルを撃ちました。かれは裏口から飛び出していったので、わたしはもう1本の手斧を取り出し、……カウンターの奥に回って斧を鏡に振り下ろし、その下に並んだ酒瓶もすっかり叩き割ってやりました。勘定をする機械を持ち上げて投げ飛ばし、ビールサーバーの蛇口を破壊し、サーバーの栓を開いて、ビール樽につながったゴム管をぶった切りました。すると、辺り一面にビールが飛び散りました」[12]。警察官が駆け付けたとき、ネイションの服からはビールが滴り落ちていた。ネイションは100ドルの罰金と彼女を刑務所に閉じ込めておこうとする「陰謀」に直面した。だが、ネイションは早々に刑務所から出所した。

ネイションは町から町へ、女性の手斧師軍団を引き連れて回った。一行は禁酒を訴え、酒場が「息子たちを殺す」と信じて疑わなかった。みなが手斧を携えていたわけではなかったが、ネイションには多くの賛同者がいた[13]。彼女はカトリックの修道女ジュリア・エヴァンズら3人の女性と連れ立って、酒場に大きな鉄の塊を持ち込み、ジュリアがカウンターを木っ端みじんにするあいだ、ネイションはバーテンダーが近づかないように手斧で威嚇した。4人の女性たちは、みな逮捕された。

ネイションは暴力ばかりに訴えていたわけではなかった。保釈に充てる金が尽きると演壇に立ち、たとえばウィスコンシン州ラシーンのホテルでは、枯れぬ涙をもたらし数多の家庭を崩壊させた「人類のもっとも手強い敵、不法侵入者も同然の」酒の販売を神は呪う、と聴衆に語りかけた。メリーランド州フレデリックのオペラハウスで上演された演劇「酒場の十夜」では、ネイションはみずから第2幕に登場し、酒について講釈を長々と垂れ、さらに手斧を売りさばいた。また、オハイオ州エリリアの町を通りがかったときのこと、たばこ屋の店先でカード・ゲームに興じる退役軍人たちの姿がネイションの目にとまった。彼女は連中の面前に立ちはだかると、「賭け事かい？　賭け事だね？　警察を呼ぶわよ！」と叫んだ。その場にいた男の1人は、あとで地元紙の記者にこう語った。「彼女が何者かは知りませんが、ご家族がいらっしゃるのなら、たばこ屋の店先で難癖をつけるのではなく、家に帰って家族の世話をするべきじゃないでしょうか」[14]。彼女を煙たがる者は少なくなかったが、賛同者たちは彼女を支持した。C・バトラー＝アンドリュースはキャリー・ネイションについてこう書いている。「女性の道徳の力を証明。男たちのように、最後の手段に剣か手斧を携えて」[15]。バトラー・アンドリュースの感慨に、キャリー・チュー・スネッドンが詩を添えた。「おお、小さな手斧を携えた女性よ／正義と正しさのために戦う／勇敢な母親としての勇気を携えて／その動機が正しいということを知りながら」[16]。

支援者たちは酒を打ちのめすために、キャリー・ネイションに説教壇を用意した。なかでも彼女がとくに目の敵にしたのが、医療用ウイスキーであった。ネイションは備忘録にこう記している。「ウイスキー……、理屈や根拠によって売られているものではありません。これは思考にではなく、感情に訴えかけて誘惑します。見上げてごらんなさい。街を歩けば数百もの広告が目に飛び込んできます。ですが、その大半は、なんの根拠もない広告なのです」。ネイションと女性キリスト教禁酒同盟は、酒の効用に異議を唱えた。1911年に梅毒と見られる病気でこの世を去るまで、ネイションは数えきれないほどの女性を、夫や息子たちの未来を案じてウイスキーの樽を叩き割ろうとする、勇気ある手斧師たちへと生まれ変わらせた。ネイションの奇抜な手段は、禁酒運動の存続に欠かせない活力をもたらした。

女性キリスト教禁酒同盟など禁酒を掲げる組織は、ネイションの死後も彼女の運動に共感する人の支持を集めて、ミネソタ州選出の連邦議会議員アンドリュー・ジョン・ヴォルステッドのような政治家連中を味方につけた。一方、第一次世界大戦が差し迫っても、醸造所と蒸留所は互いに反目し合っていた。醸造所は自社の醸造酒を蒸留酒と区別しようとした。合衆国醸造業者組合が、ビールは軽くて口当たりがよいのでワインに似ていると訴えたのだ。両者は、酒類禁止の流れに反対するにあたって、自分たちの立場を主張して、双方とも相手方を目の敵にした。その間、連邦政府は第一次世界大戦に向けて、食品と燃料の価格統制を目論んでいた。

食糧・燃料統制法としても知られる1917年のレバー法の可決により、政府は食品業界と燃料産業の支配権を掌握し、これによりウッドロー・ウィルソン大統領には、食糧の生産と燃料の産出、それにその流通と価格を規制する権限が与えられた。同法に加えられたのちの修正で、議会は食料品のアルコール生産への流用を完全に禁止した。同法は蒸留酒とビールとを区別して、蒸留酒の生産は禁じるが、醸造酒については生産を歓迎する、と追記した。

アルコール製造業者に加えられたこの一撃は、禁酒運動に参加する女性たちに大きな勝利をもたらした。1917年11月、ニューメキシコ州知事夫人のW・E・リンゼイはこう語った。「酒の販売が招く数多くの悲惨な話の報告とは別に、この時代を耐え抜くには経済的損失が大きすぎる。膨大な数の国民が飢え死に寸前の危機に瀕するなか、ウイスキーの製造を続けることは、犯罪的な忘恩たりうる行為だ」[17]。禁酒運動が掲げた戦略的なメッセージは、ウイスキーの製造に用いる穀物を貧しい人びとの食事へと回す、というものであった。アルコール用の穀物の割合は、アメリカの穀物資源の総量の2パーセントにも満たなかったが、この訴えにはいかにも説得力があった。

禁酒法は1918年までに27州で導入された。第一次世界大戦を機に、禁酒キャンプは戦争相手であるドイツ人を、アメリカの主要醸造業者（いずれもドイツ人）と結びつけた。バブスト、シュリッツ、ブラッツ、ミラーは、「もっとも油断ならない敵のドイツ人」[18]とされた。反酒場同盟、女性キリスト教禁酒同盟、それに禁酒運動の支持者たちは、禁酒が全国に拡大した瞬間を祝した。蒸留業者の弁護に立つ著名な法律家が、禁酒法のその後の見込みについて尋ねられたとき、かれはこう答えた。「禁酒法は全国で導入されています。さながら大平原を這って広がる野火のごとくこの国を覆い、もはや止めることはできません！」[19]

連邦議会は1918年11月、「戦時禁酒法」を可決し、1919年10月にはより恒常的な対応策としてヴォルステッド法案を法制化した。ヴォルステッドによる歴史的な立法化は、憲法修正第18条で禁酒を定め、アルコール飲料の合法的な販売と生産を追放した。1920年1月29日、国務長官フランク・L・ポークは、修正18条を発効する宣言書に署名した。同書の署名に用いられたペンは、女性キリスト教禁酒同盟の代表者に寄贈された。女性キリスト教禁酒同盟の会員であったデボラ・ノックス・リヴィングストンは、「合衆国の憲法に加えられたもののなかで、修正18条ほど偉大なものはない。これほどの長期間、多角的に検討が重ねられた憲法の修正条項はほかにはない」と語った[20]。

女性たちがみな、このデボラの感慨に同調していたわけではなかった。禁酒法の時代、アルコールには、ならず者、酒の密輸人、さらにガーターベルトにウイスキーの小瓶を隠し持った女性がつきものであった。水面下で行なわれていた「飲酒運動」では、女性たちがより大きな役割を担うようになっていた。同じ性別の人たちが、一方ではアメリカの禁酒法時代を築き、他方ではウイスキー・ウーマンとしてこの国を酒浸りにしていたのである。

8 禁酒法時代に活躍した女性の密造酒家と密輸人たち

アイルランドとスコットランド、それにアメリカでウイスキー会社を経営していた女性たちは、禁酒法によって大打撃を被った。最大の市場が彼女たちの手から奪われたのである。ケンタッキー州のアグネス・ブラウンは、兄の死後、オールド・プレンティス蒸留所（現在のフォアローゼズ）の経営を引き継いだが、禁酒法時代は操業休止を強いられた。ウィレット蒸留所会社の共同創業者メアリー・T・ウィレットが操業を再開するためには、禁酒法の廃止を待たねばならなかった。アーサー・ベル＆サンズ・スコッチ・ウイスキーの筆頭株主の1人カミーラ・ベル夫人は、アメリカで失った販路の回復を目論み関心をヨーロッパに移さねばならなくなった。ただ、もっとも大きな影響を受けたのは、間違いなくアメリカ市民であった。

『ボストン・グローブ』紙は1919年、倉庫に眠っている6000万ガロンのウイスキーによって合衆国政府は年間3億8400万ドルの税金を逸し、さらにボストンの卸売市場が滞ったことで800万ドルの損失が生じたと報じた。[1] 医者には「医療目的」に限りウイスキーの処方が認められていた。そのため、納税印紙が貼られたウイスキーが医療業界向けの合法ルートで流通した。女性が経営者を務めるウォーターフィル&フレージア蒸留会社は1914年、ウイスキー176バレルを1万ドルでW・L・ウェラー&サンズに販売した。

アルコールを手に入れようとしたアメリカ人は、突如、四六時中病人となったのであるが、診療所のひと口のウイスキーを目当てにした人ばかりではなかった。ある合法の蒸留家は、禁酒法下における市場の限界を見極めていた。ウォーターフィル&フレージア蒸留会社のメアリー・ダウリングは、不法ウイスキーを製造しながら在庫を細々と売って収入に変えるかわりに、アメリカでの事業を畳み、メキシコへと引っ越した。

ウォーターフィル&フレージア蒸留会社はケンタッキー州で1810年に創業し、小型の蒸留塔と単式蒸留塔を抱える資産10万ドルのバーボン蒸留所に成長した。メアリーと、ケンタッキー州のあちこちでデパート店を営んでいた彼女の兄弟たちは、ビーム一族が経営する会社の仲間とともに作業場をエルパソの目と鼻の先、国境沿いのシウダーフアレスに移した。かれらはシウダーフアレスの未来の市長で、同市で成功を収めていた事業家のアントニオ・J・ベルムデスの協力を取りつけるとともに、人物不詳のあるアメリカ人事業家から莫大な経済的支援を受けていた。この人物がウォーターフィル&フレージア社のウイスキーをアメリカに密輸しようとしていたことは間違いない。

禁酒法のもとで、ダウリング家はD・W蒸留会社として商売を始めた。アルコールの製造場所がメキシコの地であったために、ダウリングはなんら法を犯してはいなかった。かりに誰かがD・W蒸留会社のウイスキーを買って国境を越えたとしても、同社が責任を問われることはなかった。かれらはただのウイスキー製造会社というわけである。[2]

禁酒法に対するメアリー・ダウリングの立ち回りは見事そのものであったが、同業の女性たちがみな、事業を畳んで国外へ移転できたわけではなかった。多くは自国で法を犯して、密造酒を造りながら昔ながらの伝統を守っていた。

女性たちは、税金を納める正規の蒸留酒製造業者との競争がなくなることで、より多くの利益をえることができたわけだが、彼女たちは政府が全米に4500人の徴税人を派遣するに及んで、より一層大きなチャンスを手にすることになった。1920年、徴税人がアーカンソー州クラークスビルの悪名高き92歳のマーガレット・コネリーを捕らえたとき、この面の皮の厚い密造者は自分の息子たちを非難した。「わたしらが捕まることはなかったね。もし、連れ合いが死んでなきゃね、そうすりゃ、そりゃ役にたってくれたさ。あの徴税人の奴らはさ、自分らのことを大層賢いと思ってるみたいだがね、連れ合いがいりゃねぇ、あいつらがやってきた時にはすぐに見つけられたはずさ」[3]。彼女の夫が生きている時分、夫が製品を作っているあいだ、コネリーは弾を詰めたショットガンを持って歩哨に立っていた。

禁酒法が導入されて間もない頃、女性の密造酒家が逮捕されると、新聞はそれを一面で報じたが、記者たちの論調はといえば、地元の淑女が蒸留という技術を実践していることを誇らしげに伝えるものであった。禁酒法の導入後、初の逮捕者だと思われるのは、1920年1月3日に報じられたクリーヴランドの女性であった。同年の11月24日には、ケノーシャのメアリー・カイドが酒の販売中に逮捕された[4]。禁酒法時代の法廷記録を繙くと、女性には、男性とくらべて一貫して軽い量刑の判決が下された。あるトルコ人女性は、じゃがいもで密造酒を造った罪で18回にわたって逮捕されたが、その刑期はおおむね30日から90日であった。ミシシッピ州のサラストロングで、同州ではじめて逮捕された「白人女性密造家」の服役期間は、1923年の新聞記事によるとわずか1カ月であった[5]。禁酒法下の「ブルーグラス州〔牧草地広がるケンタッキー州の別称〕」で初の逮捕者となった同州ロンドンの密造酒家モーリー・ターナーは、1922年3月に服役し、3カ月間を刑務所で過ごした。[6] このように女性の量刑が軽かった理由は、被告が母親であるのを判事が酌量してのことであった。

オハイオ州コロンバスの警察がメアリー・ダルキーニオ夫人の家に到着したとき、かれらが発見したのは父親に見捨てられた4人の巻き毛の男の子たちであった。ダルキーニオは密造酒の製造で家庭を支え、子供たちを養っていた。1924年11月、彼女は逮捕されて蒸留器が押収され、その年に女性に下された最高額となる1000ドルの罰金が科された。ダルキーニオが服役中、子供たちは近所の家に預けられた。オハイオ州知事のヴィック・ダナヒーは、刑期を5日に減免した。[7]

女性に下された刑罰に、政治家がもの言いをつけるのは珍しいことではなかった。ウォレン・G・ハーディング大統領は任期最後の年、ミシガン州マスキーゴンの女性密輸人アンナ・ホーザーについて、彼女が父親のいない11人の子供を養っているという理由で恩赦した。夫のいない母親が密造に手を出すことは、多くの違法なウイスキー蒸留家に共通することであった。[8]

テネシー州ジンゴのベティ・マングラムは、10代の息子が刑務所送りにならないように、罪を肩代わりしようとした。マングラムは1924年の裁判で、ウイスキーを製造することが唯一の金を稼ぐ方法だったと弁解し、こう話して陪審員の同情を乞うた。「この貧しい寂れた片田舎には、ほかに食い扶持はないんです」。[9]

ペンシルヴェニア州の女性メアリー・クレイトンは、支払いに追われてウイスキーを製造したと判事に泣きついた。政治家たちはしばしばお涙頂戴の話に食いついたが、シカゴの判事ヘンリー・M・ウォーカーは、あるウイスキー製造家のポーランド女性に対してこう語った。「あなたは母親の皮肉な戯画ですね。4人の母親でありながら、ほかの母親の息子たちに酒を密売し、毒盛りをしていたのです。

わたしが連邦当局に話をつけることで、あなたにしかるべき処分が下されることを望みます」[10]。

女性の開き直った言い分は、ときに失笑を買った。あるボストンの女性は、生産能力が25ガロンもある蒸留器について、酒を出さないと夜ごと飲みに出歩いてしまう夫を引き留めておくためだけに使ったと言い張った。蒸留器が大きすぎると驚嘆する警官たちを横目に、女性は夫についてこう言い放った。「うちの亭主はザルなのよ」[11]。

禁酒法の時代、毎年、違法な蒸留と酒の密輸で数千人が逮捕された。だが、それ以上に飲んだくれて逮捕される人の数の方が多かった。1920年から25年までに、100万人以上が酔っぱらって逮捕された。1925年のシカゴでは、じつに9万2900人という記録がある[12]。

禁酒運動の支持者たちは、禁酒法が施行されてからの6年間で、実際のところ飲酒は増えていることに気がついた。反酒場同盟の会長を務めるトマス・ニコルソン司教は、1924年の記者会見で「女性のあいだで飲酒が急拡大している」ことを認めた[13]。新聞記者、警察官、それに立法者たちは、禁酒はただ若い女性たちが危険な酔いを催す酒への扉を開くきっかけにすぎない、と口にするようになった。

酒の密輸は、ときに命がけであった。1920年には1064人が命を落とし、5年後には、自宅での密造が増えたこともあり、その数は4倍近くになった。

みな飲みたがっていた。しかるべき知識や経験のない人が酒造りに足を踏み入れる場合にそこに潜む危険を知らず、信頼できる入手先がないときには、自家製ジンを製造するか、みずから酒を密輸した。シカゴの「酒の密輸人」メアリー・ワツォンサクは、口にした人が死ぬことになる酒を製造・販売したとして、故殺罪が宣告された[14]。1925年、アーサー・シャドウェル博士はアイルランドの酒委員会で、密輸酒について、「アメリカのポティンです。誰もがこれを製造し、完璧な設備を整えてボトル詰めし、ラベルを貼っています。連中は、酒ならなんでも用意することができました。ただ、中身はすべて同じ酒でした。原価はきわめて安く、利益の増加は数千パーセントに達しています。酒の密売人たちは、それらを輸入した酒だと偽って売りさばきました。というのも、密輸した酒が最良だと考えられていたのです」[15]と批判した。

違法ウイスキーを密輸する場合、適任者は女性であった。インディアン居留地で禁酒監視官を務めるオクラホマ州ブラックウェルのC・C・ブラノン牧師は語る。「わたしたちは、女性の密輸人がもっとも捕まりにくいことを知っていました」[16]。女性は蒸留器の背後を万事、担っていた。禁酒法に対抗する才女たちは、法をかいくぐり、水面下で酒を国中に届け、もぐり酒場を築くために奔走した。禁酒法の監督官であるエルマー・C・ポッターは、違法な酒にはつねに女性の影があると語り、こう結論した。「これほどまでに女性の逮捕者が出た時代をほかに知らない」[17]。

女性の酒の密売人は、きれいどころから肝っ玉母さんまでさまざまであった。一時的な金を目当てにした場当たり的な密売人から、10万ドル相当のウイスキーを運搬する船に出資する資産家の女性もいた。女性はある一点で男性よりも優位にあったため、仲買人たちは女の密売人は男の密売人の5倍は売り上げると考えていた。

新参の密売人ですら、確実に警察を欺くことができる奥の手を実践した。徴税人が玄関口に現れたら、女性の密売人は男の肩に顔を寄せて色気を仕掛けたのである。つけまつげをした目元で目配せしながら徴税人に近づき、どれほど男前でたくましいか褒めそやした。徴税人が彼女の行動を受け流して、家のなかへ入ろうとすると、女性は暴力を振るわれたかのように大きな叫び声を上げるのであった。

若くて器量のいい女性たちは、少量のウイスキーを小瓶に入れて、スカートのなかやブラウスに忍ばせて運んだ。男性の徴税人は尻込みして、あるいは紳士然として、ドレスやブラウスのなかまで調べようとはしなかった。男性が女性を取り調べることを認めていない州もあった。オハイオ州の警察官は、女性が膨らんだドレスを着ている場合、太もものあいだにウイスキーを隠し持っているものと疑いはしたものの、身体検査を行なうことはできなかった。

オハイオ州ハミルトンの警官たちは、怪しい酒場に踏み込み、部屋にいた男たち全員を検査し終えたあと、女性陣からの嘲笑に耐えねばならなかった。その場にいた徴税人は、1924年にこう語った。「部屋の隅に、色鮮やかなドレスをまとった女の子がいました。我われの捜査中、彼女は腕組みして立っていました。手出しはできないとわかっていたのです。すると突然、彼女は大声を上げて笑い、わたしに指一本でも触れたならば、訴訟を起こすよと言い放ったのです」[18]。

この法の抜け道を前に、政府の当局者たちは禁酒法の施行を担当するロイ・A・ヘインズを指名して対抗策を練るよう求めた。1922年3月までに、ニューヨーク、ワシントン、フィラデルフィアでは、100人を超える女性たちが裁判を待っていた。彼女たちが陪審員の前に姿を現しても、男性の違反者と同じ罰則が適用されることはめったになかった。「かりに女性の密売人が現状のままに増え続けたら、まもなく女性が酒の小売販売を独占することになる」[19]と噂された。

禁酒法が施行されてからの2年間、密輸組織は男性の徴税人が女性には近づきにくいことに目をつけて、行政の弱みにつけ込んだ。かれらはラム酒をフロリダから密輸して、全米の各都市に届けるために女性たちを雇った。密輸人が男性の場合、道中をともにする美人を雇った。これは逮捕を避けるための策であった。ウェストヴァージニア州の『チャールストン・メール』紙はこう書いている。「所帯じみた女性と一緒の場合、男はケンタッキーのどこぞの町からこの町に来るまでに、トウモロコシから造られた1パイントの酒を所持しているだけで逮捕されたが、抜群の美女を連れていた場合、10ガロンでも運びきることができた」[20]。車に女性を同乗させるのにも、徴税人の検査をかわす狙いがあった。『ボストン・デイリー・グローブ』紙はこう書いている。「道中でやっかいごとを避ける最善の策は、女性を連れて、彼女が目にとまるようにすること。……自尊心の高い連邦当局者に、女性が乗った車の行く手をはばむ者などいなかった」。

初の女性の徴税人であるジョージア・ホプリー嬢は、1922年3月、女性を取り締まるのは女性であることをはっきりと示してみせた。『ボストン・サンデイ・グローブ』紙はこう書いている。「〔女性たちは〕金属製の携帯容器を服やトランク、旅行鞄の底や乳母車のなかに隠して、あらゆる策を講じます。……カナダ、メキシコ、フロリダの各国境では、査察官が合衆国に酒を密輸しようとしている女性の密輸人につねに目を光らせています。彼女たちを摘発して逮捕するには、男性の違法業者よりもかなりの困難をともないます」。

ホプリーの起用は、地方の警察や田舎の保安官が同性の密売人を摘発するために女性を雇い入れる端緒となった。ウイスキーがはびこる田舎町の新聞には、大きな太字で組まれた女性警察官募集の一面広告が掲載された。たとえば1924年12月17日の『ハミルトン・イヴニング・ジャーナル』紙にはこうあった。「当局は『女性密売人』を取り締まる問題に直面。女性警官を求む」。この採用に対する努力には、女性密売人の背後に狙いを定めた、警告の意味合いがあった。ホプリーたち女性の徴税人は本気だったが、女性の密売人はあらゆる場面で法を犯す知恵を働かせた。

女性密売人はしばしば、彼女らが買収した政治家と徴税人の行動調書を携えていた。ミネアポリスのメアリー・ギルセスが逮捕されたとき、彼女は服役するかわりに、収賄した政治家と警察官の情報を当局に提供した。ギルセスは裁判所で、賄賂として州議会議員と地元警察に１３００ドル以上を渡したことを明らかにした。[21] 書面での証拠が最善の方法でなくなる場合もあった。アイオワ州テンプルトンは、ライ麦で造ったウイスキーの発祥の地で、アル・カポネが愛した町の一つでもあったが、ジョージ・C・パーソンズ大佐は、ある女性の銀行口座の取引明細をたどるだけで10万ドルを超える違法酒を追跡した。彼女は毎週５００ドルを預けていた。

インディアナポリスの当局は、ルース・デイヴィスを町で最も売り上げている密売人の１人と目星をつけて、彼女を尾行した。担当官は彼女を追って鉄道の駅まで来ると、そこでデイヴィスが旅行用トランクを数点、引き取るのを目撃した。警察は荷送り状を取り寄せて、彼女が定期的にルイジアナ発の列車から荷物を引き取っていることを突き止めた。警察はデイヴィスがケイジャンの密売人と共謀し、鉄道員にトランクを運ぶよう賄賂を贈っているものと推測した。１９２５年６月30日、徴税人が彼女の居宅に踏み込んだとき、２５００ドルの価値のある76リットルのウイスキーと現金１０００ドル、それに５０００ドル相当のダイヤモンドを発見した。これは、同年にインディアナポリスで摘発されたなかでももっとも規模の大きな事件の一つであった。

女性は捕まってばかりいたわけではない。１９３０年２月19日、アメリカ中の新聞が一面記事でミステリアスな「金髪の女性」の話題を取り上げた。赤い小型飛行機からカナダ産の酒を降ろして女性のトランクに詰めたあと、パイロットのクリントン・R・ヘイリゲンシュタインは、徴税人にこの一件を垂れ込んだ。女性は確かに運賃の28ドルを支払ったのだが、名前は聞きそびれていたという。女性の行方を見失った警察は、禁酒法時代にもっともウイスキーの噂が立っていたオハイオ州のゼインズヴィルで彼女の捜索にあたった。だが、それはまるで大きな干し草の山から針を探し出すようなものであった。

この一件の金髪の女性は、喉を涸らした客のもとへ車を飛ばして空港から立ち去った、別の若い女性客の方であったらしい[22]。

ミステリアスな金髪の女性のように巨額の金が絡んだ事案の場合、警察は粘り強く被疑者の捜査にあたった。徴税人がニューハンプシャー州の密輸人ヒルダ・ストーンを尾行したときのこと。彼女はマサチューセッツ州グリーンフィールドでラム酒密輸の元締めをしていた。徴税人はストーンを四度にわたって逮捕したが、懲りさせるにはいたらなかった。聴取で明らかになったことだが、彼女は「スリルを味わう」目的で酒の密売をしていたそうだ。これは違法酒の売買では珍しい動機であった。一般に、女性たちの目当ては金であった。フランシス・ケニストラシ嬢がニューヨークのハドソン街252番地で営む「オリヴェット販売会社」は、1926年、同街に酒を運び込み、1日に2000ドルを稼いだ。ケニストラシ嬢の保釈金は1万ドルとされたが、法を犯した女性に科された額のなかでも、これは桁外れに高い金額であった[23]。ミルウォーキーで逮捕されたある女性は、罰金200ドルを科されたが、1年間に3万ドル近く稼いでいたと認めた。これは当時5万2000ドルを稼いだベーブ・ルースを除くニューヨーク・ヤンキースの選手たちや、一般的な企業経営者の収入をしのぐ金額であった。これなら微々たる罰金を気にとめる人などいないはずである[24]。

女性たちは酒と金を死守したので、コネチカット州の『ザ・ハートフォード・クーラント』紙には、「女の酒密売人は、……男性よりも命知らず」であるため、逮捕に臨むときはまず女性に一撃を加えてから事にかかったと書かれている。カンザス州ヘリントンの保安官は、女性密売人のルイーズ・ホートンを殺害したとき、こう言い残した。「ピストルを忍ばせた女と、そいつを狂わせる酒ってやつは、軽々しく扱える組み合わせじゃねぇ」。

狂暴な女性として知られた若いイタリア移民のフィルメーナ・フローレンス・ラッサンドロは、「皇帝ピック」と呼ばれたエミル・ピカリエロに雇われていた。彼女は表向き、ピックの合法的なアイスクリーム事業を手伝っていたが、水面下ではブリティッシュコロンビアからモンタナへ酒を密輸していた。1921年9月、アルバータ州警察は酒を運んでいたピックの息子スティーヴを追跡し、スティーヴン・オルデカス・ローソン巡査はスティーヴめがけて銃弾を撃ち込んだ。ピックとラッサンドロは報復のため、ローソンの自宅に姿を現し、家族の面前でその警察官を殺害した。ピックとラッサンドロの裁判はカナダで物議をかもした。2人はプロテスタントが大勢を占める地域で、ともにカトリックであった。2人に同情する人のなかには、両人の宗教を理由にしたり、ラッサンドロはピックによってその気にさせられていたものと信じたりする者もいた。ラッサンドロは逮捕後、いったんは自白したと報じられたが、のちに自白を否定し、1週間にわたる裁判に臨んだ。1922年12月2日、アルバータ州コールマンのウイリアム・ウォルシュ判事は、彼女に死刑を宣告し、こう言い添えた。「収監者ラッサンドロに同情をかけるとすれば、ただ彼女が女性だという点に尽きる。もちろん、女性に死刑を執行することがはばかられるのは十分に承知だが、少なくともここ数年、カナダでこのような事態が生じていなかっただけである。本件は、わたし自身の信念が問われる問題であった。かりに彼女が男であれば、刑の執行になんら異存はない」[25]。

ウォルシュ判事らの裁定は、カナダ全土で世論の反発を招いた。ラッサンドロの支持者たちは、カナダ自治領の長に宛てて、つぎのような手紙を書き送った。「フローレンス・ラッサンドロは外国生まれで、飲酒の禁止について理解がないまま、法律が禁止するところで酒を持っていたにすぎません。フローレンス・ラッサンドロに下された死刑の判決をぜひとも終身刑か、あるいは貴殿が妥当だと考える刑期に減じてください」。他方、ラッサンドロにかけられる同情に対する批判もあった。ブリティッシュコロンビア州のある市民は、法務大臣に宛てた手紙で二審の判断に抗議し、一日も早く刑を執行するよう求めた。法を順守する人は、ラッサンドロに対する慈悲が他の密売人に扉を開くことになるのではと警戒したのである[26]。

酌量を求める最後の弁論のあと、ラッサンドロはカナダの法務大臣J・E・ブラウンリーに宛てて電報を打った。「わたしたちがローソンの家に近づいたとき、家のなかにいるのはあの警官だと気づきました。はいていたズボンでわかりました。わたしはピカリエロに言いました。『なにをするにしても、撃っちゃだめ』と」。また彼女は、ピックは自分に自白させたがっていたが、自分は決して引き金を引いていない、と訴え、こう書き残した。「もしわたしが自白したと誰かが言っていたら、その人に嘘をつくなと伝えてください」。

だが、この電報も、彼女の命を長らえさせるにはいたらなかった。ラッサンドロの刑は執行された。彼女はアルバータで唯一の、死刑になった女性であった。

酒の密輸は、実際のところ危険と隣り合わせの大きな犠牲をともなう商売であった。イギリス生まれのグロリア・デ・カサレス夫人は、金持ちのアルゼンチン人商人を夫にもち、セレ総督号のような5本マストの大型船で、ヨーロッパからアメリカへと酒を運ばせていた。1925年9月11日、刑事たちがロンドンでアメリカへ出航しようとしていた彼女の「ウイスキー船」を拿捕したとき、かれらは1万箱のスコッチを発見し、その後すぐに、彼女に雇われていた船長が内情を暴露した。ホイットバン船長は、自分たちが「ウイスキーの密輸人」で、「現金が手に入れば、アメリカに向かって出航するところ」だったことを認めた[27]。

類は友を呼ぶで、カサレスのある女友達は渦中のイギリス人女性がしきりに自慢げにウイスキーの密輸の話をしていたと新聞記者に垂れ込んだ。カサレスは告訴内容についてかたくなに否定し、船は所有しているがウイスキーについては知らないと言い張った。イギリス政府は彼女に対して、国外追放の処分を下した。

奇妙なことに2年後、カサレスは、この件の記録が残るウイスキー船で、ビザなしでアメリカへの入国を試みた。アメリカの当局者は保証金500ドルで15日間のアメリカ滞在を認めた。大がかりなウイスキー密輸の容疑者であるとは知らずに、上陸の許可を出したのである。だがカサレスが滞在の延長を求めたとき、労働省は彼女を逮捕する正式な書類を用意した。彼女はイギリスへ向け出発し、そこで逮捕された。当局はカサレスをホテルの部屋に拘束し、金額が決まるまで、罰金を支払うことなく彼女が部屋から逃亡しないよう、衣装と鞄を押収した。カサレスは『ニューヨーク・タイムズ』の取材にこう語った。「いったいどうしろというのでしょう? わたしは国籍をはく奪され、つぎにあの方たちは25ドルと引き換えにわたしの衣装を奪おうとするのです。25ドルといえば、買えるものは帽子ぐらいでしょう。まさか25ドルの格好をして世間に顔出ししろというのでしょうか」。彼女が所有するキャオニア号が離岸する直前に、滑り込んで来た所有者不明の車によってカサレスの負債はすべて支払われた。これが、おそらく10万ドル相当、あるいはそれ以上のスコッチ・ウイスキーをアメリカに密輸しようとしたカサレスの最後の目撃現場となった。ウイスキー船について、いったい彼女自身がどれほど知っていたのか真相は闇のなかである。

もう1人、スコッチの密輸で名を馳せた金持ちの女性に、バハマのナッソーで酒の卸売り免状をえていたガートルード・クレオ・リスゴーがいる。オハイオ州ボーリング・グリーン出身のリスゴーは、イングランド人の父親とスコットランド人の母親のあいだに生まれた10番目の子供であった。リスゴーは細身で長身、色黒の顔に鋭い灰色の目をしており、ネイティブ・アメリカン、ロシア人、フランス人、あるいはスペイン人としても通じる、憶測を呼ぶ人物であった。皮肉屋で大胆な彼女は、たとえペルシャ人やロシア人と間違われても、決して誤解を正そうとはしなかった。それゆえ、彼女には妙な神秘性がつきまとった。バハマの密輸人のなかには、彼女はアメリカ人を追うスパイだと考える人や、彼女とスコットランドとの関わりに着目して、イギリスの商人だと考える人もいた。

リスゴーはサンフランシスコで速記者をしたあとニューヨークに移り、スコッチ・ウイスキーの会社に勤めた。株の投資で大金を失ったが、禁酒法の時代には「酒に対する巨大な需要が生じて、幸運も生まれる」と見込んでいた。「これこそ、絶好の機会だと思いました。……これ以上、損失を出すわけにはいきません。必要なものは揃っていました」と彼女は回想記『バハマの女王』に書いている。

クレオは雇い主が誰なのかを口にすることは決してなかったが、密輸人ビル・マッコイは、彼女がヘイグとマクタヴィッシュのスコッチ・ウイスキーの代理人だと信じていた。もしこれが事実であれば、彼女はこの時代の二大スコッチ・ウイスキーをアメリカに持ち込む手助けをしていたことになる。アメリカ人ビジネスマンのジョセフ・P・ケネディは、のちのケネディ大統領の父親にあたるが、かれはおそらくヘイグ&ヘイグ・ウイスキーの販売で相当の儲けをえていたはずである。[28] ほかの密輸人たちが水で薄めたり色づけしたりした酒を販売していたなか、リスゴーは上流層の顧客の求めに応じて、最良のスコッチと最上級のアメリカ製ウイスキーを提供していた。彼女は1923年だけで、200万ガロンのライ麦ウイスキーを売りさばいた。だが、この成功は女性に対する性差別なしに達成できるものではなかった。

リスゴーがはじめてナッソーの地に足を踏み入れたとき、男たちはみな、女性であるという理由で彼女と取引しようとしなかった。社交場の入り口で、「スカート禁止」の張り紙に出くわすこともあった。島の元締めの男は、彼女は水面下で動く徴税人だと噂した。ナッソーは美人にとって、安全な場所ではなかった。あるときリスゴーが家に戻ると、怪しい男がベッドの傍に立っていることがあった。その男が「キスしたい」と言うと、リスゴーはかれを押しのけて、枕の下からピストルを取り出すふりをした。男は去ったが、バハマで酒の卸売り免許を持って商売をする女性にとって、レイプは現実味のある危険であった。ほかにも、金の匂いを嗅ぎつけた男が、彼女を船外へと投げ飛ばして金を盗む隙をうかがっていたこともあった。[29] かれらが単なる金目当ての男であったのか、あるいは商売敵が送り込んだ脅迫目的の差し金であったのか、実際のところは定かではない。

リスゴーはアメリカとスコットランド、それぞれのウイスキー業者とつながりがあり、その製品の品質は抜群であった。だがこれも、商売敵が流す彼女の蒸留酒に対する悪評を払拭するにはいたらなかった。ある男がリスゴーのウイスキーに難癖つけたことがあった。彼女は髭剃り用のクリームを塗ったその男を理髪店で見つけると、男を別の部屋へと引きずり込んだ。その後の顛末について、彼女は新聞記者に語った。「わたしはかれに警告しました」「あんたがずっとその椅子に座り続けられるように、弾丸をお見舞いしてあげましょう。そう言ったら、男は一目散に逃げ去りました」。[30]

酒を卸売りする商売が軌道に乗り始めると、彼女はもっとも金になるのは酒の密売だと気づいた。リスゴーはビル・マッコイと手を組み、入手できた大量のライ麦ウイスキーやバーボン、それに合法のスコッチ・ウイスキーをアメリカに送り込んだ。マッコイはこう回想している。「船に乗った女性は災いの元と思うこともありました。しかし、リスゴーはまったく違いました。わたしの船の乗組員も気づかないわけはありません。みな、のっけから彼女のことが気に入りました。……彼女は本当に才能ある女の子でした。危険を冒さずに困難を乗り越えられる人などいません。彼女は自分が専念していることに邪魔が入るのを嫌いました。それに、彼女は仕事中毒で、わたしはいつもこき使われていました」[31]。

クレオはアレスーザ号をフロリダ沿岸に回した。彼女はそこで、5箱から200箱ほどのウイスキーを、本土のどこにでも陸揚げすることができる高速ボートを探した。高速ボートのシガレット号には、600箱のウイスキーが積み込まれた。密輸人はみな武装し、リスゴーは大きなピストルを持ち歩いていた。かりに沿岸警備隊と遭遇すれば、現場は血の海と化していたはずである。だが、沿岸警備隊よりも警戒を要したのが乗っ取り犯たちであった。ギャングはデトロイトからフロリダ沿岸まで、酒の密輸船の乗っ取りを稼業にしていた。

わが身を守るために銃を手にしたことを別にすれば、リスゴーが抗争で敵方に銃を向けたという記録はない。もしそんなことがあったとすれば記録が残っているはずである。ウイスキーと関わりのある女性で、後にも先にもリスゴーほどメディアの注目を集めた女性はいない。1920年から26年までの6年間、イギリスとアメリカ、それにカナダから来た記者がリスゴーの滞在するホテルに陣取り、その動静を報じた。彼女は記者たちに細々と記事にしないよう訴えたが、さながら現代のセレブリティを追い回す報道陣「パパラッチ」と同様、メディアは彼女に張り付き、その姿を写真に収めた。

西インド諸島の酒密輸人

酒の密輸の女王が、バハマの首都で西インド諸島における酒の密輸のメッカ、ナッソーから、まもなくニューヨークに到着する。彼女は5番街にある宝飾品店に資産の一部を投資するために、また長年、夢見てきたブロードウェイを「やる」ためにこの街にやって来る。だが、彼女と親しいナッソー在住のある人物によれば、彼女の本当の目的は「運命の男」との結婚にあり、郊外の小さな戸建てで冒険を繰り広げ、そこで財産を転がすのだという。彼女はこれまでに王室の令嬢方が受けた数以上の結婚の申し込みを断ってきた。

『シカゴ・トリビューン』１９２３年12月25日

かの女王、来たる

9月16日、パリ。１００万ドルの値打ちがある人気の銘柄を含むスコッチ、アイリッシュ、アメリカン・ウイスキーが、まもなくヨーロッパを発ち、アメリカの闇市場に潜り込む、バハマへの旅に出る。このことはイギリス人女性リスゴー嬢に確認済である。彼女は世界でもっとも規模の大きなウイスキー商人の元締めで、ただいまパリでボルドーの輸出業者と輸送手段について協議中である。

『キングストン・グリーナ』１９２３年9月25日　ジャマイカ

なんとも面倒なことに、このような望まぬ新聞記事が行く先々でリスゴーの背中に張り付いてきた。彼女はバハマの港でたびたび査察を受けた。女性の徴税人に身体検査を実施されたあと、バハマの法律などまったく犯していなかった彼女は、居合わせたアメリカ領事にこう尋ねた。「この人たちは、なぜこんなことをするのでしょう？　なぜ偏見の目で、油断なく見張っているのでしょう？　わたしはイギリス領にあるイギリスの会社の、ただの雇われ人にすぎないのに」。すると領事はこう答えた。「リスゴー嬢、確かにあなたは法令を順守されておりました」[32]。法律上は彼女が正しかった。酒をアメリカの領海に持ち込まなければ、認可をえた卸売り人は違法とはみなされず、自分を密輸人呼ばわりする新聞に腹を立てるのももっともであった。ただ、1964年に出されたリスゴーの回想録を開くと、彼女は酒の密輸を認めており、身体検査を受けるまで、ウイスキーを満載した船で海を渡っていたと記している。だが、当時のリスゴーはしらを切りとおした。1923年、彼女は記者にこう答えている。「わたしはただのビジネス・ウーマンで、ナッソーには定期的に立ち寄っているだけです。稼ぐために一生懸命に働き、わたしが売った酒のせいでなにかあったとしても、わたしがそれを買った相手から責任を問われるようなことはなにもありません」[33]。

イギリス人記者H・デ・ウィントン・ウィグリーの出来のよい記事「密売人の女王、クレオパトラ」が電信で配信されて、世界中の新聞に掲載されると、もはや彼女が自分で自分の呼称を改めることは難しくなった。1923年10月になると、禁酒法時代を伝える新聞記者は挙って「孤高の恐れ知らず――逆境に打ち勝つ――ロンドンのあらゆる貴賓室で優雅に立ち居ふるまう」その女性の取材に押しかけた[34]。

リスゴーは世界中から数百通のラブレターや結婚の申し込みが舞い込む、偶像的なセレブリティとなった。彼女のファンは金を貸してもらおうとしたり、息子を紹介しようとしたり、料理を作ったり、誕生日パーティーに招待したりした。

酒密輸の女王へのラブレター

1923年1月10日、フィンランド。

ナッソーのガートルード・リスゴーさま。

親愛なる貴女！　どうか善良だが貧しい少年にアメリカへ行くためのお金を貸してください。

敬具。Ａ・Ｌ

イギリス

わたしはあなたのような美しく魅力的な若き淑女が、ろくでもない連中と仕事をしているという不名誉な話を耳にして、心底、驚嘆しています。自称か他称かを問わず、淑女や紳士と呼ばれる人は、みずからラム酒やウイスキーの販売に従事するような落ちぶれた真似などしないことは疑いようもありません。アメリカの当局がそれらを禁止しているのならなおのことです。もしわたしが政府の役人であれば、軍艦をよこして、連中がアメリカの領海に入ったとたん木っ端みじんにすることでしょう。わたしはただ、あなたにイギリスにいていただきたい。あなたと結婚してさしあげます。家庭生活というものは、あなたがいまなさっているお仕事よりも、はるかにあなたに向いておりますよ。署名：あなたを愛する人より

１９２３年11月20日、カンザス州オサワトミー

リスゴー嬢。あなたの好調なご商売についての報告を、多大なる関心を寄せながら読みました。この手紙をさしあげたのは、あなたの商売の才能を称賛するためでありまして、さらに、仕事の口を頼もうというわけでございます。……わたしは調理人をしておりまして、……「もう待ちきれ」ません。……どうか、冗談と思わないでください。わたしにはひと息つける場所が必要で、お邪魔になるようなことは致しません。どうか、この手紙を受け取られましたら、わたしを喜ばせるお返事をよこしてください。心からの尊敬の念を込めて。Ｗ・Ａ・Ｓ[35]

この評判は彼女を窮地へと追い込んだ。リスゴーがマイアミで人違いにあい、小切手詐欺の容疑で逮捕されたとき、ただの不渡りの小切手を書いた人物ではなく大物を捕らえたことに気づいた警察は、連邦政府の当局者を呼び、密輸人の女王を捕まえたと知らせた。折悪く、クレオの元使用人が酒の密売で逮捕されたばかりであった。1925年、マイアミの徴税人がリスゴーの行方について注意を払っていたさなか、彼女は逮捕され、禁酒法に違反した容疑で連邦検察があるニューオーリンズに身柄を移された。政府の担当官は、彼女が1000箱のウイスキーをイギリスの2本マスト帆船グラディス・ソーバーン号に積み込み、密輸入したと主張した。リスゴーは逮捕されると、すぐさま「連邦政府の代表者による……丁重な対応」に謝意を示した。彼女は「これほど紳士的な当局者には会ったことがなかった」のである。ただ、これはリスゴーが徴税人を前に、意地を張ってみせたも同然であった。おそらく彼女は、このような状況では「不機嫌な態度」では上手くいかないと見定めていたのであろう。リスゴーは、ウイスキーはあらかた自分のもので、ちょうど2人組の男に盗まれたところだったと主張し、発見してくれたことを労い、当局者に礼を言った。その上で、「わたしは1セントの利益もえていない」と言い張った。

世界中にファンがいる、世界でもっとも美しいと評判の酒の密売人ガートルード・クレオ・リスゴー。その言い逃れとは、ウイスキーは「盗まれた」というものであった。禁酒法の時代、彼女のバハマにおける免状との兼ね合いは差し置いても、リスゴーほどの密売人がひねり出したこの言い逃れは世の嘲笑を誘ったばかりか、彼女には刑期9カ月の判決が下された。だが、リスゴーは州選出の証人を交代させて、フレッド・ヤングとバディ・ラロカに罪を着せるような証言をさせた。[36] この2人の水夫は、おそらくリスゴーには頭が上がらなかったのであろう。ひょっとしたら、連邦政府の当局者が新聞紙上での評判を気にしたのか、あるいはリスゴーがついに真実を話したのか、真実は定かではないが、世界でもっとも悪名高い酒の密売人は、見事に無罪放免を勝ち取った。

ニューオーリンズをあとにしたリスゴーは、酒の卸売業から足を洗った。「わたしは自分自身で身を立ててきました。なに一つ恥じてはおりません」。1926年、こう記者に語り、さらに続けた。「わたしがなにをすべきか、助言する男は要りません。……結婚はしておりません」[37]。『ウォールストリート・ジャーナル』によれば、リスゴーは巨万の富を築いていた。禁酒法が廃止されたあとも、酒の密輸を行なっていた時代と同様、彼女は口を閉ざしたままであった。その謎めいた回顧録でも、リスゴーは不法と思われる行為についてはほとんど認めなかった。彼女がウイスキーの取引から身を引いたあと、新聞各紙は彼女に続く女性密売人を探し回ったが、リスゴーに並ぶ才知と美貌を兼ね備えた密輸の女王は決して見つからなかった。

新聞記事は、10人以上のアメリカ人女性を密輸の女王として取り上げた。メアリー・ホワイトの裁判で、連邦当局者は証拠として現金5000ドルを披露した。以後、新聞各紙は彼女を密輸の女王と呼び回った。ホワイトは「日焼けした顔」の肝が据わった女性で、前歯がなかった。彼女は記者に言い放った。「確かにわたしです。なにも話すことはありませんので、質問は止してください」[38]。

女性の密売人が、女王と呼ぶにふさわしくない場合には別の呼び名が与えられた。カンザス州のエスター・クラークは1930年、酒を鶏小屋に隠してから「鶏小屋」の密売人と呼ばれた。西部では、女性の密売人は「仕事の搾取人」と呼ばれた。彼女らは、レモンの絞り汁、麻薬入り(キック)グレープのジュース、ペヨーテ〔幻覚剤の一種〕、プルーン・ジュース、冷茶、ウイスキー入りビール、それにワインを売りさばいた。なりふり構わずに儲ける密売人は詐欺師も同然で、お茶とプルーンのジュースを入れた水袋をウイスキーと称して売り歩いた[39]。

リスゴーが引退すると、徴税人と警察は女性の密売人を重要視しなくなった。司法の上層部は、女性の密売人は空想上の存在だと話した。メアリー・サリヴァンは、ニューヨーク州警察の女性担当部局長であったが、1926年11月19日、AP通信の取材にこう語った。「女性1人では、トラックから酒を積み下ろすことなどできません。あなたがお偉方でもない限り、状況は変わりません」[40]。このように言うサリヴァンが、ミズーリ州レバノンのインディペンデント・スティヴ社を訪ねたことがないのは明白であった。というのも、そこでは樽を運ぶために、女性たちが雇われていたのである。1900年代はじめの写真には、インディペンデント・スティヴ社の3人の女性が、10フィートの材木を15フィートの高さまで積み上げてみせている姿がある。3人は髪を束ねてドレスを着ていたが、サリヴァンが女性にはできないと言った男の仕事を、彼女たちは確かにやってのけていた[41]。

反酒場同盟のニューヨーク支部は、禁酒法が導入されてからの6年間で、女性の密売人は9人しかいなかったと誇らしげに報告した。これは反酒場同盟が全国の正確な逮捕者の数を把握していなかったというのが実情だろうが、太字で強調されたこの誤った数字には、調査を担当した人の、女性の密売人は世間から姿を消す必要があるとの信念が現れている。これに先立つことちょうど4年、徴税人は100人の女性密売人が裁判を待っていることを認めていた[42]。女性の密売人はもちろん仕事を続けていたが、彼女たちはさらに巧妙になり、徴税人はより注意力を要するようになった。

ステラ・ベルモントはネバダ州エルコで名を馳せた密売人で、1926年、大がかりな特別捜索を受けた。アメリカ連邦地検、禁酒行政担当次官、禁酒査察官2人、州検察官、それに保安官たちは、ベルモントのワイン820ガロンを摘発するために、24時間の張り込みを実行した。ワイン820ガロンとは、750mlのワイン4140本分に相当した。これは、フランスの有名なワインであるブルゴーニュのラ・ロマネの1年間の生産量にも匹敵する量であった。[43]徴税人たちは、1カ月あまりを費やして逮捕に備えた。マル・サリヴァンは女性の密売人など架空の存在だと語っていたが、これは明らかに矛盾する事態であった。禁酒運動とそれを支持する政治家たちは、自国の女性像をコントロールする必要に迫られた。母親や祖母が、酒瓶を膝の脇に隠し持っていたり、トラックの荷台に満載された酒を死守するために回転式銃を携帯したりしているという状況を理解することは、教会に通うアメリカ人にとって容易なことではなかった。禁酒を主張する人たちは、よきアメリカ人女性とは昼間にアップルパイを作り、夜は子供たちが寝るベッドで子守をするものと信じていた。

禁酒法推進論者たちには、政界で法を守る女性によって燎原(りょうげん)の火のように広がる禁酒法反対の戦いを隠す術はなかった。

9 禁酒法を廃止に追い込み、ウイスキーを守った女性たち

女性キリスト教禁酒同盟（WCTC）による世間への訴えとは裏腹に、女性たちがみな揃って禁酒法を支持していたわけではなかった。憲法修正18条の施行から2年後、『リテラリー・ダイジェスト』誌が女性たち200万人に実施した世論調査では、3分の2以上の女性が同法の修正か廃止を望んでいることが明らかになった。働く女性に限ると、90パーセントを上回る人が完全な禁酒に反対するなど、同法に反対する姿勢が明らかとなった。この世論調査は禁酒法の施行から間もない時期に行なわれたが、アルコールに反対するもっとも盤石な支持者層と見込まれた女性たちが、禁酒法と国による同法の実施体制に対して懐疑的であったことを物語る。[1]

禁酒法に反対する人は、酒場は「禁酒法についての修正条項が可決されるまでは、密売人の禁酒法に対する姿勢と同じ程度にしか法を尊重していなかった。もし酒場が自尊心をもち、法を順守し、清廉潔白で、政治とは一線を画した存在であったのなら、酒場は今現在のような掃き溜めにはなっていなかったのかもしれない」[2]と、『ニューヨーク・モーニング・テレグラフ』紙が書く通り、酒場に対する非難を緩めなかった。禁酒法に反対する議論ではたびたび、この法律はただ飲酒と犯罪を助長したにすぎな

い、と指摘された。これについては、ジャーナリストのH・L・メンケンの言葉が的を射ている。「禁酒法が施行されてからの5年間、少なくともこの法律には一つよいところがあった。それは、禁酒法支持者の口やかましい議論をすっかり片付けてしまったことである」。メンケンやかれと志をともにする人たちは、相次いで同法の廃止を唱える組織を結成したが、いずれもさしたる成果を上げるにはいたらなかった。しかし、それも金と権力を合わせもったある女性がこの法案に反対するまでの話であった。

ポーリン・モートン・セービンは、セオドア・ルーズヴェルト大統領政権の海軍長官であったポール・モートンの娘で、モートン製塩会社の創設者の姪でもあり、J・P・モーガンの社長でパートナーのハミルトン・セービンの妻であった。裕福な家庭に育ち、みずからも玉の輿に乗った美貌の女性であるばかりか、なによりポーリンは政界の要人であった。彼女は共和党全国委員会に加わった最初の女性であり、同性の有権者たちに対して、当時のアメリカのエリート男性たちに引けをとらない影響力をもっていた。セービンは34歳で女性参政権を求めて政治の世界に足を踏み入れ、1921年には全国女性共和党クラブを創設した。当初、「酒のない世界は美しい」という標語を掲げて禁酒法を支持していたが、彼女の心はすぐに変わった。

全国女性共和党クラブが1928年、38州の女性1500人に実施したアンケートで、うち1400人がヴォルステッド法の撤廃か修正を望んでいることが明らかになった。セービンは、街角から酒場はすっかり姿を消し、男たちも出歩くことはなくなったと認めつつ、「尊敬される市民」が夜、寝付きの一杯によって法を犯していることも明らかになっているとつけ加えた。セービンは『アウトルック』誌に寄せたエッセイで、「わたしは禁酒法についての考えを改めました」と書き、こう続けた。「わたしが思うに、幼い子供をもつ女性たちの大半は禁酒法に好意的で、修正18条が施行されたとき、みな子供たちが将来、過度の飲酒をすることは決してないのだと安心したものでした。ですが現状は、その結果に不安を掻き立てられ、難儀させられるありさまではありませんか。子供たちがみな、憲法と禁酒法に対する尊敬の念をすっかり欠いたまま育っていることに気づいたのです」。

セービンが1929年に創設した全国禁酒法改革女性協会は、改革につきものの「上手くいかない」という懸念を、自分の子供たちの道徳が低下することへの不安をあおる議論と結びつけた。全国禁酒法改革女性協会に加わったのは、女性キリスト教禁酒同盟の会員であった女性たちだった。彼女たちは、禁酒の徹底は飲酒の容認よりも悪をもたらすと信じていた。セービンは、根本的には禁酒法の目的はアルコールを禁じる点にあることを認めながらも、この法律は犯罪を助長して、飲酒を粋なものにしたと語った。セービンと全国禁酒法改革女性協会はもっとも重要なこととして、誰もが禁酒法を破っていたために、未来のリーダーになる子供たちに、この法律を敬う姿勢を教えてこられなかった点にあると論じた。同法の廃止を訴える女性たちは、法律がアルコールの誘惑を根絶することは不可能であり、酒の取引は連邦の法律ではなく、各州の裁量に委ねられるべきだと訴えた。セービンは禁酒を議論する合衆国下院法務委員会でこう語った。「かれらは、憲法と並ぶほど禁酒法をゆるぎないものにできると考えていました。でも結果的にかれらが招いたのは、禁酒法と並ぶまでの、憲法の弱体化でした」[3]。

共和党を支持する女性のなかには、セービンが禁酒法の廃止について考えていると知って、裏切り者呼ばわりする人もいたが、主要な女性たちは彼女の側についていた。セオドア・ルーズヴェルト大統領の義理の娘であるアーチボルド・B・ルーズヴェルト夫人、弁護士でニューヨーク州選出の上院議員の妻コートランド・ニコル夫人、億万長者の篤志家の妻であるE・ローランド・ハリマン夫人、元合衆国内務長官の妻であるコーネリアス・M・ブリス夫人、裕福な事業家の妻であるカミンズ・E・スピークマン夫人、それに活動家で1916年の雑誌記事「移民女性の保護」の著者でもあるロリータ・コッフィン・ヴァン・レンセラー。

これらの女性たちは、全国禁酒法改革女性協会の設立に際し、夫の助力をえて、あるいはみずから務めてセービンの仲間に加わり、合衆国でもっとも注目される女性たちとなった。彼女たちが紅茶をすする目的で公の場にみな集っただけでも、新聞の記事になっただろう。だが実際には、みな自分たちの名誉にかけて、「女性の節度」や「修正18条廃止に向けた女性委員会」といった、禁酒法の廃止を訴えるほかの組織をしのぐ数の具体的な信任状を全国禁酒法改革女性協会に託して、禁酒法反対のために立ち上がろうとしたのである。

セービンの賛同者は禁酒法の廃止に向けて勢いを加速させて、主要な新聞各紙の一面を飾り、党派を超えて政界での支持を集めた。全国禁酒法改革女性協会の最初の大会はクリーヴランドで催されたが、同地は女性密売人がはじめて逮捕された場所でもあった。

オハイオ州クリーヴランドでの全国禁酒法改革女性協会1930年大会

わたしたちは、国家主導の禁酒は根本的に間違いだと確信する。理由（a）：これは地方自治というアメリカの基本原理と相反しており、連邦議会に委任された権力と各自治体が有する権力、あるいは個人が有する権利とのあいだの、建国の父が打ち立てたこの国の統治の枠組みの均衡を崩すものである。理由（b）：またこの法律は、国が完全な禁酒を課すことを意図したものであるが、この命令は、法律に対する敬意と社会の道徳や常識なしには実効性に欠けるという事実を無視している。

我われは、国家主導の禁酒は根本的に誤っており、以下における帰結について、同様に破滅的であると確信する。偽善、堕落、悲劇的な人生の崩壊、この軽率な試みを実施した結果増加した凶悪犯罪。禁酒がわが国の青少年におよぼしている衝撃的な影響。個人の権利に対する憲法の保障の欠失。国家の強靭さを支える唯一の基盤である市民と政府との連帯意識の希薄化。[4]

全国禁酒法改革女性協会は入会を呼びかけるチラシで、「みなさんの子供たちのために」、「もぐり酒場の一掃、ジンの蒸留所と街道沿いの酒場の根絶、酒の密売人の追放、犯罪からえた利益の没収、法律の尊厳の回復」、これらへの協力を女性たちに呼びかけた。これらを達成するために、女性たちは全国禁酒法改革女性協会に参加し、禁酒法の廃止を訴えた。女性キリスト教禁酒同盟が女性を脅して加入させたように、全国禁酒法改革女性協会は、これまで禁酒を唱えてきた女性たちを、禁酒法の廃止を訴える議論へと誘い込んでいった。

1931年までに、全国禁酒法改革女性協会には労働者階級から銀行役員の令嬢まで、主婦も含めた社会のあらゆる階層の人が集い、会員数は150万にも膨れ上がった。[5] 禁酒を主張する女性のなかには、禁酒法の廃止を訴える女性は尻軽の酒場に入り浸る飲んだくれだと言う人もいた。メソジスト教会の指導者クラレンス・トゥルー・ウィルソンは、セービンとその仲間たちは「禁酒法があると居心地の悪い、ワイン愛飲家の小さな仲間たち」だと言い放った。女性キリスト教禁酒同盟のジョージア州の代表を務めたメアリー・ハリス・アーマー博士も、1930年にこう語った。「セービン夫人とそのお仲間のカクテルをお飲みになる方々について、なにか申し上げることがあるとすれば、こちらがあちらに負けるわけにはいかない、ということですね。そのために愛情を注ぎ、語り合い、祈りを捧げて打ち負かし、セービン陣営を票の力で封じ込めるのです」[6]。

セービンと身なりを整えた教養ある仲間の女性たちは、民主党と共和党どちらでも、禁酒法の廃止を訴える人を支持すると折に触れて公言した。1932年6月、民主党が禁酒法の廃止を党の綱領に盛り込むと発表すると、共和党は民主党の議員がセービンの組織に取り込まれていると批判した。同修正条項を廃止し、州をまたいだ酒の商取引法を強化することは、禁酒を続けるか飲酒を認めるかの選択を、各州の判断に委ねることを意味した。セービンは民主党が下した決定を、「月（もぐり酒場側）にいる多くの人よりも、この国の人びとを鼓舞するものになる」と評した[7]。

セービンは民主党をすっかり取り込むと、今度は共和党の方に向き直った。そして、修正18条は大恐慌時代、貴重な税収入を妨げたと訴えた。セービンはとどめの一撃として、禁酒法の施行には年間4000万ドルもの経費がかかり、さらに国は年間1億ドルもの税収を逸していると主張した[8]。この訴えは、疲弊した経済の立て直しについて考えていた政治家たちの心をつかんだ。

連邦議会では、修正18条を廃止するための修正21条を通す目的で、財政危機について話し合う特別会合が開かれた。この歴史的な修正案の内容は、酒の輸送や輸入を州の裁量に任せるという全国禁酒法改革女性協会が掲げていた主張の一つでもあった。セービンは仲間にこう話した。「歴史が記されるとき、それは全国禁酒法改革女性協会の会員が道徳的な目的のために、果敢に戦った成果が日の目を見るときでしょう」[9]。

禁酒法が廃止されたことについてコメントを求められた場合、政治家はみな、ふたこと目にはセービンへの賛辞を口にした。ニューヨーク州知事のハーバート・リーマンは、州議会でこう訴えた。「議場のみなさん、また州の住民のみなさん、チャールズ・H・セービン夫人と、同じ目標に向かって果敢に戦った女性たちに、感謝の念を示そうではありませんか」。[10] セービンは1932年、『タイム』誌の7月号の表紙を飾り、第二次世界大戦中にはアメリカ赤十字に奉仕するボランティアたちの監督職を務めた。歴史家たちは、セービンを禁酒法の廃止に寄与したもっとも重要な人物だと認めている。彼女は子育て中の女性たちや男性陣のふところ事情に訴えかけ、また州の連邦議会から独立した自治権の力を重視する地方の人びとを納得させて、成功を勝ち取った。セービンの率いる、女性たちが飲酒を認めるよう訴えた事例は、改革を唱えてロビー活動を展開する先例となった。

セービンの勝利を受けて、禁酒を訴える女性たちは、禁酒法にかわる新しい法律の制定を求めて議会に根回しした。だが飲酒派の女性たちのこれを迎え撃つ準備は万端であった。飲料産業同盟における女性協会が、禁酒を掲げる新しい運動の障壁となった。

10 禁酒法廃止後の法を巡る闘い

アルコール産業にとって禁酒法の廃止はもちろん歓迎すべきことであったが、その後の混乱はまったく予期しないものであった。アルコールを合法とし各州の自治権に委ねることは、確かに修正18条よりもよい案であった。ただ、各州はそれぞれ独自の法律の立案を迫られた。さらに、州内の郡単位で法律が立案されたり、その郡内で町ごとに法令が整えられたりすることもあった。州のなかには、「飲酒派」よりも「禁酒派」が優勢な地域もあった。テキサス州の場合、完全に禁酒する郡142、一部禁酒の郡82、飲酒可能な郡30に分かれた。多くの州は当初、日曜日の酒の販売を禁止するか、酒瓶に認可済がわかる印をつける法令を整え、都市によっては、男性がビールを注ぐ女性に誘惑されることがないように、女性のバーテンダーを禁止するところもあった。ロードアイランド州は5分の1〔アメリカの1ガロン約3・8リットルの5分の1にあたる750ml瓶〕に満たない酒の容器を禁止して、ジョージア州はカクテルを禁止した。

禁酒法の廃止をきっかけに、アメリカはワインやビール、そのほかの酒類を製造する海外の業者にとって、もっとも取引しにくい国となった。というのも、アルコール業者がアメリカに製品を卸す場合、会社はそれぞれの州ごとに輸入を許可する書類を整える必要があったからである。さらに輸入業者は、直接、消費者や小売店と取引するのではなく、卸売り業者を挟まなければならなかった。

ペンシルヴェニアなど州によっては、酒の卸売りと小売販売を統括する仕組みを整えるところもあったが、多くの州は酒の輸入と販売に免許制を導入し、取り仕切る組織を設けた。この組織は酒類飲料管理委員会と呼ばれ、各州が独自に定める法律を施行する任にあたった。たとえばコロラド州の場合、複数の販売店を所有することが禁止された。また連邦酒類管理局は、認可を受けた蒸留所を常時監視するなど、連邦法を強化した。

各地の自治体で新しい制度が導入されるようになると、禁酒運動は活気を取り戻した。禁酒を支持する女性たちは、連邦の次元では闘いに敗れたものの、自分たちの町を変えることならできたのである。女性キリスト教禁酒同盟の各支部は、各地で酒の販売の禁止を求めるロビー活動を展開した。女性キリスト教禁酒同盟の女性たちは、20年のあいだ、選挙があれば協会の広告屋台を引き回し、禁酒を唱える政治家に投票してきた。また、各州や各郡で禁酒の継続を訴えるキャンペーンを行なった。そして、新たな禁酒運動を効果的に生み出すため、連邦法の慎重な遂行を主張していた[1]。

女性キリスト教禁酒同盟は改めて、禁酒法案の成立に向けて積極的に取り組む、志をともにする政治家を見出した。他方、女性キリスト教禁酒同盟の連邦政府に対する働きかけに対抗する、新しい女性組織も登場した。1944年に結成された飲料産業同盟の女性協会は、会員として飲料業界の従業員ら約7500人が集う、業界の強力な利益団体となった。女性たちは醸造業者、蒸留業者、ワイナリーに勤めながら、業界の女性たちの声を代表した。連邦議会でアルコールの広告に対する公聴会が10回も開かれた1950年代、同団体の意見はかなり重視された。

アルコールの広告は、飲料業界によって子供の目に触れないよう自主的に監視が行なわれ、1935年には連邦酒類管理法によって法的な規制が下された。だが、禁酒を主張する人たちは、蒸留所や醸造所の広告についても連邦政府による規制が必要だと確信していた。

1956年、ノースダコタ州選出の共和党上院議員ウイリアム・ランガーがアルコール広告規制法（HR4627）を提出したとき、女性キリスト教禁酒同盟はすでにミシシッピ州で広告改善を訴えるロビー活動を展開しており、アルコール中毒の原因となる広告を非難するアルコール中毒患者たちとともに、付き合い程度にしか酒を口にしない人びとから支持を集めていた。ミシシッピ州のキリスト教禁酒同盟の会長を務めたR・L・エゼル夫人は、こう書いている。「アルコール飲料は、数百万のアルコール中毒者に対する責任があります。一時的な中毒でも、事故や病気、その他、数えきれない悲劇を引き起こし、数千人の死者を生じさせます。広告はそのような商品を売る手段です。酒やビールの製造業者が投じる2億5000万ドルの広告費は、毒物であるはずのアルコールに関わる危険性をなんら示すことなく、この国の人びとを誘惑し、誤った方向へと導く広告を垂れ流しているのです」[2]。ランガーが提出した法案は、新聞、ラジオ、テレビ、雑誌でアルコール飲料を広告する場合、最大で1000ドルの罰金か禁固1年の刑を科して、州境を越えた出稿を禁じた。この法を根拠にすれば、全国紙である『USAトゥデイ』に掲載されたジャックダニエルの全面広告は、州をまたいでいるとの判断が下され、違法とされることになる。

これらのアルコールを禁止する提案は、世間の親たちが、ロックンロール、エルヴィス・プレスリーという名の青年、それにスピードの出るマッスルカーを乗り回すプロテイン中毒の10代に気をもんでいた時期に出された。女性キリスト教禁酒同盟は、アルコール禁止に傾ける勢いを、10代の子供たちを心配する保護者にも振り向けた。かれらは有名な政治家たちを味方につけていた。ランガーが協会の広報誌に寄稿した記事にはこうある。「10代の子供たちが、ビア・パーティーをきっかけに麻薬に手を染めていると知りました。……毎晩、ラジオもテレビも、つぎからつぎへと杯を重ねるよう促しています」。カナダではアルコールの広告が禁止され、メイン州議会も90対17の票差で、連邦議会にアルコールの広告を禁止するよう求める決定を下した。ランガーの言葉は、酒に酔った10代の子をもつ親たちの心に響いた。だがこの法案は、連邦議会の委員会でわずか1票の差で成立の機を逸したのである。

一方、アメリカ人はこの国のアルコールを取り巻く状況に不安を覚えつつあった。1956年の統計によると、自動車の死亡事故の30パーセントは飲酒運転が原因で生じ、事故に巻き込まれた成人の歩行者の22パーセントは飲酒をしていた。科学の進歩とともに、アルコールが身体に与える影響の解明も進んだ。政府の文書は、カクテル2杯で視力が鈍化し、アルコールの分解には少なくとも3時間かかると解説した。心理学者でコラムニストのジョージ・W・クレイン博士は、アルコールが原因で命を落とした人の数は、いまや朝鮮戦争の戦死者の数を超えた、と連邦議会で話した。これらの説明はアメリカ人の強い共感をえて、多くがテレビ広告への不信を抱くようになった。テレビで広告されている酒が子供たちに悪影響をおよぼしているのではないかと心配した[3]。ランガーは1958年、改めてアルコールの広告を禁じる法案を提出した。今度は、この期待が集まる法案は幅広い支持をえた。

メイン州選出の上院議員フレデリック・G・ペインは、「この法案について……おびただしい数の手紙」を受け取ったと語り、「合衆国連邦議会の上院議員としてのわたしの経験上、これほどまでに広く世間の関心を集めた事案は、本件以外に一つしかない」とつけ加えた。メイン州ロックランドのシャーロット・クックは、ペイン知事に宛ててランガーの法案S582を支持すると書き送った1人であった。

「ラジオやテレビで放送されるお酒の広告を禁止することは、これらのメディアを家庭における諸悪の根源ではなく、本物の資産に変えることを意味します。酒は免許制のもとで販売されているために、法の前ではほかの製品とくらべると同じというわけではありません。酒は人間に有害であり、テレビやラジオは消費を促すのではなく、むしろ思いとどまらせるべきなのです。酒の広告が感受性の豊かな年頃の子供たちに与える悪影響は、簡単に把握できるものではありません。ただ、その影響について想像を巡らせることは難しいことではないのです」。

ランガー法案の支持者たちは、セービンの法分析条項基準書の紙面を逆手に取り、禁酒を導入している州で酒の広告を認めることは有権者の選択を侵害すると表明した。テキサス州アルコール・麻薬教育株式会社のO・F・ディングラーは、「ある地域の多数派が、あらゆるアルコール飲料の販売を禁止するよう投票した場合、かれらはアルコール製品の広告が引き続き放送される事態から免れる権利がある、と考えるのが合理的でありましょう」と証言した。

一方、全米教育協会の報告によれば、週刊紙のうち42パーセントがアルコール飲料の広告の掲載を断っているとのことであった。また、アルコール飲料の広告に反対するテレビ視聴者たちは、酒の広告のある番組の視聴も断った。全国禁酒法連盟株式会社の常任理事であったクレイトン・M・ウォレスは、「全米の不安を感じている人びとは、清き良心のために利益を手放そうとするすべての出版社や放送局に感謝しています。……議論の的になっている広告について、報道機関が喜んで出稿を停止することは間違いありません」と証言した。

ウォレスと仲間の禁酒支持者たちが対峙していたのは、アルコール業界の側に立つロビイストたちだけではなかった。かれらは新聞、テレビ、ラジオ、広告業界、それに全米植字工協会とも向き合っていた。ロビイストは、みなそれぞれの利益保護を主張した。メディアは広告収入を必要としていたが、アルコールの広告を失ったとしても、経営が行き詰まるわけではなかった。たばこと自動車の広告に置き換えることができたのである。一方アルコール業界は、ランガー法案を差し迫った脅威ととらえ、形を変えた禁酒法との理解に立った。ウイスキー蒸留会社は、「単一の商品を製造している業者が、広告によってその商品を州を越えて販売することを禁じる」差別的条項を備えたこの法案について、憲法違反だと訴えた。[4] ケンタッキー蒸留組合はランガー法案を、少数者の利益に立った「立法上の危険な先例」になりうる法律と呼んだ。

同組合のこの主張は、連邦議会の公聴会では好意的に受け入れられた。だが当選1回目の上院議員ストロム・サーモンドは、大胆にアルコール業界の地歩の切り崩しを狙っていた。そして、アルコール広告の見直し法案に向けて決定票を投じるのではないかと、アルコール業界の多くを不安にさせた。サーモンドは、後にセレブリティたちがアルコール製品を支持することを禁じる法案を共同で提出した1人であった。かれの証言はあらゆるアルコール産業の従業員たちを悩ませた。

1958年の公聴会は、これまでになく白熱した。サーモンドは飲料産業同盟における女性協会（WAABI）の代表を務めるグレイス・エリスに対して、自分の子供たちがアルコール中毒者になることを望んでいるのかと問い詰めた。上院議員の「ここぞ」という質問に腰砕けになった男たちと異なり、エリスは共和党員のなかでただ1人、真っ向から立ち向かい、女性としてアルコール産業を代表し、断固とした反対意見を主張した。

サーモンド：結婚はしていらっしゃいますか？

エリス：いいえ。独身です。
サーモンド：……あなたのお子さんが酒を飲むか飲まないか、あなたが決めることができるとすれば、あなたの判断はいかがでしょう？
エリス：男の子でも女の子でも、子供たちが大人になるまでは絶対に酒を飲まないように教え込むことでしょう。ただ時期がくれば、ちょうどわたしの両親のように、子供に節度というものを教え込むと思います。
サーモンド：……あなたは、お子さんが酒を飲む人になることを望みますか、酒を飲まない人になることを望みますか？
エリス：あなたの質問が、もし子供が大人になったあと、社交のためにアルコールを口にするという意味であれば、わたしの考えはこうです。わたしがこの手で育てて、教育して、そして大人になったのであれば、子供は節度をもって酒を口にするはずです。お酒を口にすることがふさわしいとされる場があるのですから。
サーモンド：それではわたしの質問の答えになっていません。わたしは、あなたの判断で子供を酒飲みにするか否か、という点を問うているのです。どちらだと思いますか。
エリス：この製品を、節度をもって口にする人、とわたしは言いました。
サーモンド：つまりあなたは、子供には酒飲みになってほしい、こう言ったのですね？
エリス：節度はどうすれば保てるか、どのようにたしなむべきか、これらを教えられた通りに酒を口にする人を「酒飲み」と呼ぶのでしたら、答えは「イエス」です。
サーモンド：あなたは、アルコールの広告がアルコール飲料の消費を助長しているとお考えにな

ります か?

エリス:広告について言うのでしたら――

サーモンド:それに、お酒の広告は商品を売るという目的以外、なにの役に立つというのですか?

エリス:ブランドの確立、それに認知度の向上にもつながります。

サーモンド:それでは、あなたは広告が商品の消費をあおったり、販売を促進したりはしない、とおっしゃる?

エリス:販売数量を見ると、答えが出るはずです。納税記録が報告しますには――

サーモンド:かりに広告を打たない場合、酒の販売量は増えると思いますか、減ると思いますか?

エリス:全国で広告を打っている銘柄については問題が生じるでしょうね。……密売酒の販売量は増えるでしょう。みな区別する手立てがなくなりますから。密売酒の販売量が増えますと、合法的に製造された製品の広告に反対する意見も出てきます。

サーモンド:これについてはお認めにならなくても結構ですが、あなたはこの問題がどのような結末を迎えるか、関心がありますか? また、この法律があなたに影響をおよぼすことになると感じている点は認めますね?

エリス:お答えしてきました通り、答えはきわめて明白です。

エリスの証言のあと、世間は女性でありながら上院議員にものおじすることなく相対して、アルコールの広告を支持する立場をかたくなに守る彼女の図太さに憤慨した。1926年にエリスを担任したミルウォーキーのある高校の教師は、サーモンド上院議員に宛てて、エリスの証言は「自分が働いている産業の利益を守る……という目的の一線をはるかに超えた」ものであったと謝罪の手紙を送った[5]。

エリスはランガー法案について、酒の広告が子供たちに悪影響をおよぼし、子供たちを酒飲みにしてしまうという誤った認識を広めるものだと批判した。エリスは議会の委員たちの説得にかかった。彼女は1958年の時点で、アルコールを支持する側で唯一の女性議員であり、それゆえにエリスの主張は女性たちの支持を集めたが、他方、女性キリスト教禁酒同盟の評判は貶めた。エリスが議会の冒頭で発したこの話は、人びとの心に響いた。「それでは、世間でよく宣伝されている石鹸について考えてみましょう。子供たちは石鹸を使うように広告から学んだのでしょうか？　それとも、母親から使い方を教わったのでしょうか」。彼女はアルコールの乱用を家庭内の問題に置き換えて、こうも説明した。「酒を飲むという権利をむやみやたらに主張する人は、みな広告が訴えかけるものを超えている人なのです。問題は乱用者自身にあります」。

エリスは女性たちにこう呼びかけた。「女性はみな、警察の手を借りることなく、子供たちが耳の後ろを洗えるようにしてあげるものです。女性はみな、互いに力を合わせたら、巡査の力など借りなくても、夫を法廷に引っ張り出すのはわけないことだと思っています。なかには禁酒法を成立させたように、酒の広告、家のなかにまで入ってくる広告を禁止する法案を通すよう訴える女性たちの団体もあります。ただ女性は、わたしを含む数百万人の女性たちは、そのような団体の助けなど必要としていません。悪徳だと思うものを家からつまみ出すのに、警察の力など要りません」。

エリスはアルコールの広告禁止に反対した、もっとも影響力のあった人物ではなかったのかもしれないが、彼女は確かに禁酒派側の政治家を何人も黙らせた。そして禁酒派が10度目のアルコール広告の禁止に失敗すると、以後WAABIは長きにわたってこの業界を守った。アルコールの広告を禁止する動きが続くことを懸念して、WAABIとアルコール業界の各団体は、酒の広告には女性を起用せず、子供向けの広告も行なわないといった自主規制を定めた。かれらは節度と飲酒にともなう責任を説いたが、ウイスキー税の導入など政府の規制に対しては断固、闘った。以来、今日にいたるまで、DISCUSとして知られる米国蒸留酒評議会は、再び連邦議会に召喚されることがないよう、業界を律する責任と実効性のある自主規範を堅持している。

売春婦がウイスキーを密売していたこともあり、禁酒法が廃止された州や街では女性によるアルコールの提供が禁じられた。その大半は禁酒法が施行される前にすでに条例化されており、女性と酒との好ましからざる関係について、改めて問い直す人はいなかった。禁酒法の時代、調査官は男たちをもぐり酒場に引きつけるもっとも有力な理由は、羽毛とシルクで着飾った美しい女性たちだと断言した。テキサスのガイナンこと、もぐり酒場の女主人メアリー・ルイス・セシリアは、ナイトクラブの女王との異名で知られた。彼女は店の戸口に立ち、やって来るギャングたちに「こんにちは、お馬鹿ちゃんたち」と声をかけた。フラッパー〔1920年代に流行した飲酒・喫煙してダンスを楽しむ奔放で活動的な新しい女性像〕の歴史に詳しいケリー・ボイヤー・セガートはテキサスのガイナンについてこう書いている。「警察のガサ入れを警戒し、彼女はあまりにも頻繁に南京錠を開閉していたため、錠の鍵で作ったネックレスを首から提げていた」[6]。有名なフラッパーといえばもう1人、ヒンダ・ワッソウがいる。「金髪のかわいこちゃん」の異名をもつ彼女は、自分の能力で客を熱狂的にさせることで、ストリップショーで高額所得を叩き出した最初の人物となった[7]。彼女が切り開いた新しい女性像は、歌い、踊り、カクテルを作り、衣装の布地の面積を切り詰めた。女性たちにとって、セシリアとワッソウのような人物は、女性の自由を象徴する存在であった。「わたしたち女性は、解放されはしましたが、自由や平等の権利をどう享受したらよいかわからなかったのです。そこで、とりあえず高らかに歌い、笑ってみることにしました」。『ニューヨーカー』のコラムニスト、ロイス・ロングはジェームズ・サーバーについての伝記の取材で、著者のハリソン・キニーにこう語った。[8]

だが、みなが同じ意見ではなかった。禁酒法の廃止後も、立法家たちは騎士道精神を堅持し、女性を酒場の奥に追いやり、居酒屋での給仕は認めなかった。ケンタッキー州で1938年に導入されたある法律は、女性に中毒性のある酒を提供できるのはテーブル席だけだと明記した。同法には「女性には食事が提供されるテーブル席を除き、……蒸留酒とワインのいずれも屋内で販売、および提供はできない」とあった。この州には、ウイスキーの蒸留所を共同で所有する女性が何人かいたが、アルコール飲料の販売免許を女性が取得することは認めていなかった。またケンタッキー州は、「テーブルの給仕担当者か、会計か案内の業務に従事する者を除き、アルコール飲料の販売に関して女性がバーテンダーを務めることはもちろん、その他一切の業務に関わること」を禁じた。これらの性差別に立った法律はアメリカ中に存在した。ミシガン州では、酒場の経営者の妻かその娘である場合を除いて、女性が住民規模が5万人以上の町のバーで働くことを禁じた。女性のバーテンダーが合法の都市では、男性バーテンダーは女性の同業者を脅威ととらえていた。ニューヨーク、イリノイ、マサチューセッツ、ロードアイランド、それにカリフォルニアの各州のバーテンダー組合は、酒場のカウンター前から女性たちを締め出す法律の成立を目指し、ロビー活動を展開した。1930年代後半、サンフランシスコの同業者41人は、このようなメッセージを発した。「組合員の男性諸君！　カウンターの奥に女性が立っている酒場をひいきにしてないか。そのような場所は労働者にとって不適切。酒をついでくれたバーテンダーが、組合員のバッジをつけているか確認してください」[9]。

第二次世界大戦のあいだ、男性の組合は方針を転換し、バーテンダーの職を女性に託した。だが戦地から男たちが復員すると、女性バーテンダーには身を引かせた。

法律が禁じる街で女性が酒場で給仕をした場合、逮捕され、罰金を科され、投獄された。1948年、最高裁判所はゴサート対クリアリーの一件で、バーの経営者の身内の女性に限り酒場で働くことを認めたミシガン州の法律を是認した。この決定は、州や都市でそれぞれ導入されている法律に挑もうとした女性たちにとって、記念碑的な判例となった。カリフォルニア州サクラメントの女性4人は、1953年にバーテンダーのような行為をしたとして、州法違反で逮捕、起訴された。各業界で権利の平等を求めるロビー活動が展開されていたこの時代、この4人の女性は州法こそ憲法違反だと訴えた。これを判事は認めず、法の正当性に言及することなく4人の逮捕を支持した。

女性が酒場を経営する場合、投獄される危険があった。フィラデルフィアのバーの経営者ケイト・ダィンバーグは、雇っていた2人の男性バーテンダーの給料の支払いに窮して、みずから給仕を行なった。1962年、ペンシルヴェニア州酒類管理局は、バーカウンターの奥で女性がアルコールを提供することを禁じる州法「女性バーテンダー法」違反だとしてケイトを訴えた。担当の判事は、10日間の営業停止処分をくつがえし、彼女が「公共の道徳」を脅かすおそれはないとした。だが、ケイトは弁護士費用の用立てに迫られ、法定年齢の客を相手に商売していたにもかかわらず仕事を手放した。

女性に居場所なし

バーテンダーがエプロンを下げて仕事場に足を踏み入れると、場合によっては暴力がものをいい、相応の責任がともなう。サロンの経営者として全責任を負う場合を除き、そこは女性のための場所ではない。クライド・ワイザーマン市長は、経営者である場合を除き女性が酒場の一切に関わることを禁じる、従来の法律を巡り思慮深い動きを見せている。この裁定は、酒場のメイドとウェイトレスに対する議論を巻き起こすことになるはずだ。だがバーテンダーとは元来、カウンターの奥に立ち、華やかな店内に目を配る主人なのである。同じはずはない。

『アルトン・イヴニング・テレグラフ』社説、1965年8月17日

1964年までに、26の州で女性がバーテンダーを務めることが禁じられた。各法を巡って、組合と禁酒同盟、それに男女が争った。ジョージア州の酒場の主人、ジョン・オイコヴィッジは、可決されたばかりの公民権法を盾に、女性にもバーテンダーの機会を平等に与えるよう州を訴えると息巻いた。ジョン・オイコヴィッジの店にはふさわしい女性が何人も応募していたが、州法が壁となって採用できずにいた。1964年までカクテルの販売すら認めていなかったジョージア州は、ジョンの訴えは公民権の問題であるとして取り合わなかった。

ウィスコンシン州アップルトンでは、アウタガミ郡酒場連盟がアップルトン市議会を相手に、「25歳以上条例」を巡って闘った。この条例は女性にも、男性と同等の権利と制限を求めるものであった。ミシガン州の法律は最高裁判所のお墨付きをえていたために、市民が市議会の議員や州議会をこの法律を修正しようと説得できなければ、規則を変えることは望めそうもなかった。判事のなかには、女性に酒場での仕事を禁じるのは、「女性に対する騎士道精神」だと語る者もいた。

このような姿勢は、女性客に対しても向けられた。第二次世界大戦中、年齢が定かではない女性は、多くの酒場の入り口で入店を断られた。1943年、ニューヨークの6番通りとブロードウェイの角にあったリトル・ジョージは、男性と同伴しているわけではない女性について、兵士やかれらの財布を狙っているとして、入店を禁じた。経営者はこの判断を愛国的だと考えた。ジョージ・N・マキオンはこう語っている。「酒場をわが国に見合ったものにしないなら、酒場の経営などしない。……わたしの狙いは、酒場の主人の社会的規範の向上にあります」。ケンタッキー州ルイスヴィルのカフェ、クィノは、女性客への給仕を拒否した。主人のB・M・ハインツマンは、「男同士で座って、仲間と話すってのがいい。女性客が来なくても十分、繁盛していた。……これはわたしの意見だが、酒場で淑女を目にするってのはいかがなものか」と語った[10]。

1972年の男女平等を定める憲法修正条項を盾に、専門職において性別を理由に差別することを認める法律の削除が試みられていた。アメリカ合衆国では司法体制が女性を差別する法律の廃案を支持していたが、成立に必要な4分の3の州による承認がえられずにいた。1977年までに、77パーセントのアメリカ人はこの修正を批准した州に居住しており、45を超える団体がシカゴやアトランタなどこの修正条項の批准に反対する都市を抱える州で不買運動を展開した[11]。女性たちは平等の権利を求めてワシントンを行進し、各団体は平等の権利を認めない州での大会の開催を拒んだ。「アメリカを憂慮する女性の会」のような団体は、家族の価値を守る礎として平等の権利を主張したが、修正条項は1982年に葬り去られた。それでも女性たちは声を届けようと奮闘し、ついに州や都市は女性バーテンダーの禁止を取りやめた。

女性がアルコールを給仕したり楽しんだりする権利は、1960～70年代に女性が求めた平等の権利のごく一部であった。だが、今日の女性バーテンダーがみな、50年前に平等を訴えて闘った女性たちの活躍に負っていることは間違いない。さらに、バーカウンターに立つことが認められたあとも、女性たちはセクシャル・ハラスメントや現代の感覚では認められないような処遇に耐えねばならなかった。

ジョイ・ペリンが1960年代のはじめ、セント・クロイのバーにはじめて立ったとき、彼女は冷やかしと好色と侮辱に満ちた、客からのひどい言葉の数々に直面した。彼女は芸術家として暮らすために島にやってきた20歳の若者で、生活費を稼ぐためにバーで働いていたが、彼女は毎晩、涙を拭きながら店を出た。「マスターはついに、わたしのために立ち上がると言いました」。彼女は続けた。「あんたは自分の持ち場に立っておけ、おれがそうさせてやる」と言ってくれました。1978年、ペリンはルイスヴィルに引っ越したが、それは同州が女性バーテンダーの禁止を撤廃してから6年目のことであった。そこで彼女は、ディーン・コルベットという名前のやり手の若いマスターとともに働き始めた。

30年以上の歳月がすぎ、ペリンは『ケンタッキー・バーボンのカクテル』を執筆し、「バーボンの悪女」として知られるようになった。彼女はバーボン・ベースのカクテルが流行するはるか以前から、それを作っていた。事実、ジョイは1970年代にはフルーツをバーボン漬けにしていた。これはバーテンダーのあいだで流行する30年も前のことであり[12]、彼女は既存の簡素なシロップ漬けを発展させて、シロップ漬けの可能性を切り開いた[13]。

バーボンとライ麦ウイスキーの会社、ジェファーソン・リザーヴの共同創設者であったチェット・ゾラーは、ペリンについて、この四半世紀でバーボンに関わったもっとも重要な人物の1人だと断言した。いわく、「彼女は伝統的にきわめて保守的な蒸留酒を用いることにも躊躇せず、多種多様なジュース、フルーツ、そのほかの材料を混ぜ合わせて、彩り豊かな飲み物を創作したのです」。1940年代から

70年代にかけて、ジョイ・ペリンのような才能ある女性をバーから遠ざけることが、「騎士道精神」を掲げていた立法家たちの崩れかかった自尊心を保ったのである。

もちろん、これらの立法家たちは、女性の酒の密売人についても根絶を望んではいたが、それも捕まえることができたらの話であった。

11 禁酒法廃止後の女性密売人

禁酒法の廃止後も、法の目をかいくぐる女性たちは脱税を続け、違法なアメリカン・ドリームを生業とする状況に変わりはなかった。禁酒法が廃止されて、逮捕されることもなく堅気の商売で豊かな暮らしが営める時代になっても、密売人たちは、暴力に頼ることから法廷で同情を引き出すことまで、禁酒法時代に身につけたあらゆる手段を用いた。

「子供のためにやった」という伝家の宝刀の言い訳で、女性の刑は男性とくらべて軽減された。ジョージア州ディケーターの警察がある女性を逮捕したとき、彼女は息子が白血病を患い、治療費を稼ぐために密売をしていると明かした。警官は、起訴するには証拠不十分と判断し、彼女を釈放した。ミニー・エモンズはオクラホマ州の有名な密売人であったが、1955年、違法酒が原因で逮捕された。警官がこれで7度目の逮捕だと気づいたとき、同時にこの43歳の母親が妊娠していることもわかった。告発するかわりに、郡の弁護人が選んだのは母子に危険がおよばない選択肢であった。「負けを認めます」とオクラホマ州の代理人は語った。[1]

禁酒法が廃止されたあと、密売はアメリカの多くの地域において、また違った意味をもつようになった。国境や州をまたいだ密造酒の持ち込みは相変わらず行なわれていたが、密売は合法的に造られた製品を酒が禁じられている地域で販売することを意味するようになった。密売人は、飲酒が認められている州でウイスキーをケースごと買い付けて、酒が禁じられている州で売りさばいた。地元の警察は、女性が家で酒を売りさばくときや、手入れのときなどに、密かに袖の下をもらうこともあった。

1953年、60歳のカーリー・ディクソンはテキサス州アデリンの警官にモルト酒8ケース、缶ビール2ケース、16ケース半のウイスキーのボトル、ジンを見つけられ、6カ月の有罪判決が下された。訴訟の取り下げを請求した彼女の弁護士は、いずれも合法の品で税金は納められていると訴えた。だが判事は、1902年に施行された警察が密売の申立に基づいて家宅捜索できるようにした同地の禁酒法を理由に請求を却下した[2]。

女性の密売人のもっとも一般的な逮捕理由は、未成年者への販売であった。レナ・フカロロが〔アイオワ州の州都〕デモインで少年たちに酒を提供し、みなを酔いつぶれさせたとき、少年の父親は酔っぱらった息子を警察に突き出して、酒の密売を告発した。彼女はすぐさま逮捕された[3]。

1960年代の違法女で名高いクリーヴランドでは、ルドミラ・M・フレッチ、またの名をリリアン・ステンシル・ポールズ、あるいはリリアン・マリー・ポールズの一味らが、闇商売を手広く営んでいた。彼女たちは毎朝、街角に立って密売人たちに酒を渡した。1963年6月19日、オハイオ州北部で張り込みを指示された査察官は、キンズマン通り6112番地でウイスキーの密売が行なわれていると目ぼしをつけた。ルドミラは過去30年間に何度も逮捕されていたので、地元警察と連邦当局は彼女をマークし、行動を探った。捜査当局は彼女のアパートにおとり客を送り込み、目印をつけた札束で酒を購入した。のちに当局が彼女のアジトにガサ入れしたとき、ガロン容器、パイント入りの瓶、その他の容器に入った20ガロン分の蒸留酒を発見したが、納税済を示すスタンプはどの容器にも押されていなかった。ルドミラは逮捕されたが、即日、500ドルを支払い保釈された。500ドルは今日の3000ドルに相当する額である。

彼女の身元を保証する書類によると、ルドミラの純資産は1万2000ドルで、大半は不動産であった。当初、彼女は無罪を主張したが、のちに方針を改めて、「納税済のスタンプが押されていない容器に、蒸留酒を不法に保持したことで法を犯した」罪を申告した。1954年にアイゼンハワー大統領が任命した合衆国の地方裁判所判事ジェームズ・C・コーネルは、この密売人に執行猶予4年を言い渡した。「これは今後4年のうちに同じように逮捕されたときには刑務所に送る、という判決です。すなわち、わたくしたちではなく、あなたがみずからを送る、ということです」。さらに判事は、こうつけ加えた。「あなたは密売を仕事にしていたわけではない。つまり、仕事としてやっていたわけではないのです。夫が働き、金は稼いでくれていました。近所にあなたが売る商品を買う人がいた、ということが不幸でした。あなたはつい1時間前に州の密偵者が提示した1ドル札3枚で見つかりました。次回、同じことが生じればあなた自身が自分に判決を下すことになる、そう肝に銘じてください」。

ルドミラは、彼女が逮捕された地域で所有している不動産の経営を継続できるか知りたがった。判事はできると認めはしたが、彼女をたしなめた。「どうも誘惑に弱い。その仕事は誰かほかの人に任せなさい。また違法ウイスキーを混合する仕事に戻ってしまうでしょうから」[4]。

ルドミラが再び逮捕されることはなかったが、彼女が酒の密売から足を洗ったのかは定かではない。上手くやる人は逮捕から学び、二度と逮捕されないように作戦を変えるものである。

ケンタッキー州ハーラン郡のマギー・ベイリーは、同州で誰よりも手広く商売していた酒の密売人であった。ただ、性格はきわめて慎重であった。酒と金を交換するとき、彼女は買い手に親の名前を尋ねた。知らない名前であったり、共通の友人がいなかったりすれば、酒は売らなかった。ベイリーは5フィート4インチの長身にプリント柄のドレスを着て、1921年、彼女が16歳のときから「救われる」1996年までのあいだ、違法酒を売りさばいた伝説的な人物であった。ベイリーは違法酒の製造には手を出さなかったものの、田舎町クローヴァータウンで小さな部屋を借り、地元の密造酒業者から仕入れた酒を売りさばいた。ベイリーが子供たちに酒を売ったことは、ただの一度しかなかった。

あるとき、近所に住む巻き毛の少年が、半パイントの密造酒を求めて彼女の家のドアをノックした。そのときの様子を伝える『違法の歴程――ケンタッキー密造酒の200年』によると、マギーは少年になぜ酒が必要なのか尋ねた。少年は「愛しい僕の妹が死体となって横たわっていて、葬式まで妹の顔が黒く変色しないように、樟脳を作るためにお父さんが欲しがっているのです」と答えた。彼女は願いを聞き入れた。この少年はのちに、エドワード・G・ヒル判事となった。エドワード判事は、マギーを法廷に連れて来ないよう地元の検事たちに話をつけていた。

ハーラン郡の保安官にとって、マギーを逮捕する口実などいくらでもあったはずだが、彼女を捕まえようとする人はいなかった。スティッツェル・ウェラーの元重役ノーマン・ヘイドンには、ハーラン郡を旅したときの忘れられない思い出がある。地域の密造酒を味わうことを心待ちにしていたかれは、どこでよい品が手に入るか保安官に尋ねた。すると保安官は捜査車両の後ろに回り、トランクを開けると、「おれのを試してみるか」と言った。[5]

連邦政府の役人も、マギーを裁判にかけることはできないと認めた。というのも、誰もがマギーを愛していたからであった。彼女は見知らぬ人にも緑豆を調理し、トウモロコシのパンを分け与え、貧しい人には施しをした。マギーは心から人びとの健康を気にかけていた。マギーは、アイリッシュ・ウイスキーの密造家で大飢饉時代にアイルランドで貧者に手を差し伸べたケイト・カーニーと同様、アメリカの女性密売人のロビン・フッドであった。彼女は失業した親をもつ子供たちの肩に服をかけてあげた。家で暖をとる余裕のない家族には石炭を与え、宗派を問わず地域の教会に数千ドルを寄付した。このような次第であったため、誰もが彼女を地方裁判所や郡裁判所で有罪にすることは難しいと確信していた。「証拠は重要ではない。ただ陪審員が彼女を有罪にしないのだ」。ハーランの法律家ユージン・ゴスは、『ハーラン・デイリー・エンタープライズ』紙上でこう語った。

マギーと夫が新婚旅行の最中、テネシー州で警察車両を盗んだときには、ハーラン郡の住民の半分が保釈を求めて集まった。警察が周囲を捜索しているときは、つねに誰かが彼女の身代わりになろうとした。

禁酒法が廃止されると、マギーは酒の販売免許を取得して、税金を支払いながらウイスキーの販売を試みた。だが、彼女の説明によると、大半の客は透明な密造酒の方を求めた。それに違法酒の方が安くつき、「元手を倍に増やすことができました。だからわたしは、合法のウイスキー販売よりも密造酒を好みました。手広く商売しましたが、合法のものを売るよりも、密造酒の方がはるかに金になりました」とのことだった。彼女が人目を盗んで商売をしたように、警察は衆目を避けて彼女を逮捕した。

1941年、マギーは連邦政府の密偵人に酒を売ってしまい、2年間、ウェストヴァージニア州オルダーソンにあった更生施設に送られた。20年以上がたってから、州警察は「マグズ・プレイス」で酒とともに、50万ドルの現金と証券を発見した。義理の兄弟であったタイリー・デイヴィッドソンが彼女の身代わりとなって逮捕された。逮捕後、合衆国内国歳入庁（国税庁）はマギー・ベイリーが一度も税金を支払っていなかったことを突き止めた。大恐慌で金を失った彼女は、以来、銀行には金を預けなかった。現金の大半を靴箱のなかに隠し、その総額は国税庁が調べたところ137万ドルで、財務省のケンタッキー州当局は、滞納税として3708ドルを科した。

さらに国税庁は、1942年から63年までの期間の税金の滞納額と罰金を合わせて、17万391ドルを支払うようマギーに命じた。1970年の裁判で、合衆国の租税裁判所判事のノーマン・O・ティーチェンスは、マギーを「ハーラン郡でもっとも手広い密造酒の販売人と聞いている」と説明した。そしてマギーが、一般の企業とは異なり、事業所や建設会社、銀行との取引を避けながら商売を行なっていたと認定した。だが、彼女が売り上げの記録を残していなかったことが幸いした。判事は17万391ドルの罰金については破棄したが、1万8000ドルの未払い分、および1945年から54年まで罰金を滞納したことに対する罰金3000ドルの支払いを命じた。結果的に裁判はマギーの勝利に終わったが、当局はこのあと彼女に対する監視を強化した。

その後の暮らしぶりを伝えるハーラン郡の記事によれば、彼女は1990年代に教会で「救われた」経験をするまで、酒の密売を続けた。当局は継続して監視を行なったが、マギーは儲けを上げて、警察の目をかわし続けた。成功の秘訣は、巧妙な隠し場所にあった。マギーはメーカーズマークやジャックダニエル、カナディアンクラブ、それに人気の銘柄を石炭庫の奥に隠していた。彼女の弁護を担当した弁護士のオーティス・ドアンはこう語った。「彼女は石炭庫の裏手に秘密の扉を設けていました。身をかがめてなかに入ると、そこには酒瓶が並ぶ部屋がありました。マギーは聡明で人を選ばず親切を行ない、誰かれ問わず家に招き、会話を楽しみました。警察が捜査に入ったときも、調べが終わるまで食べるものを出して警察官をもてなしたのです」。

1970年代の頃、マギーが新しい客のために石炭庫の隠し部屋に行ったとき、州警察のやってくる姿が小窓から見えた。彼女は急いで倉庫の内側から掛け金を降ろした。しかし掛け金を引いたために外を見ることができなくなり、出て行く頃合いを見計らうしかなくなった。隠し部屋で2、3時間、辛抱したあと、連中はもう立ち去ったものと思い込んで扉を開いた。「彼女が石炭庫の扉を開けて、身をかがめて外へ歩み出し、かがめた身を起こしたまさに眼前に、州警察が立っていたのです。こうして一行は、彼女のもっとも大きな隠し蔵の一つを突き止めたのでした。彼女はそう話しながら、笑い飛ばしていましたよ」と、ドアンは筆者に語ってくれた。

ケンタッキー州にやって来た要人が、わざわざハーラン郡に立ち寄り、彼女に会いに来ることもあった。彼女の101歳の誕生日には、ジョージ・ブッシュ大統領、ケンタッキーの指導者のタビー・スミス、リッチ・スミス、ジム・バニング上院議員、ダニエル・モンディアゴ州議会上院議員が、誕生日を祝う花束を贈った。彼女はこの地域の誇りで、地域の文化にとって大切な人物であり続けた。

ハーラン郡の丘では、たくさんの女性たちがマギーのように違法な酒で生計を立てていた。1980年代、連邦ウイスキー機構が税金を19パーセント値上げしたことで、違法蒸留酒に対する需要は高まった。だが、違法な蒸留は昔とくらべれば大した問題ではなかった。禁酒法が廃止されてから2年後の1935年、連邦当局は1万5712軒の蒸留所に査察に入った。20年後、当局は1万2509軒の蒸留所に入ったが、1985年の捜査件数はわずか8軒であった。これは、違法ウイスキーの市場が山岳地域に絞られていたことと、合法ウイスキーの価格が下がり、味もよくなっていたことが理由であった。[6]

1960年代にもっとも名が知られた女性の密造酒家は、ウェストヴァージニア州バートリーのメリッサ・レスターであった。「わたしはこの地域で最大の、潜水艦の形をした蒸留器を持っていました」とレスターは語った。彼女は月57ドルの年金をもらうようになってから密造酒づくりを始めた。「わたしの子供たちは飢えてしまうところでした。なんとかする必要があったのです。だから、坑木を売り、密造ウイスキー造りを始めました」。彼女は砕いたコーン、干しぶどう、それによそから手に入れたウイスキーで自家製のウイスキーを造った。レスターは「いいものを造っていましたよ」と語るが、実際の密造酒は、きちんと造られたものばかりではなかった。[7]

１９５０年代以後、各地域は市民の健康を守ることを口実に、違法ウイスキーを追跡する権限を当局に与えた。悪質な密造酒で失明したり、死亡したりすることにくらべれば、税収は理由としての優先順位は低かった。１９７０年代、密造酒が盛んに造られていた地域では、州と連邦政府の各当局者は、蒸留のために必要な水に目ぼしをつけて、流水域を重点的に巡回した。死亡事故を招いた蒸留所は、たいていそのような場所にあった。「わたしが蒸留所で目の当たりにした汚染状況は、にわかには信じてもらえないでしょう」。ウェストヴァージニア州の連邦捜査官グレン・バーナーはこう前置きして、１９７６年にＡＰ通信の記者に続けて語った。「おもな汚染源はネズミで、かれらはすり潰したトウモロコシを目当てにやって来るのです」。質の悪い密造酒は、合法のウイスキー蒸留会社にとっても悩みの種であった。密造酒業者が逮捕されると、かれらはしばしば査察官に、裁判官には清潔な環境で製造していたと説明するよう懇願した。連中の最後の望みは、素晴らしい密造酒を製造していたという評判にあった。

１９７０年代と80年代に行なわれた密造酒に対するおとり捜査によって、良質の密造酒はほとんど根絶やしにされたが、ときにはコニャック並みの高値にもかかわらず、客たちが逮捕の危険を冒してまで欲しがる、ポップコーン・サットンのような密造酒家が造る素晴らしいウイスキーも登場した。ただ、サットンはワイルドターキーのジミー・ラッセルのような合法的な醸造家の尊敬をえる稀有な才能の持ち主であった。[8] 第二次世界大戦のあとは、ウイスキーの未来は合法的な蒸留家、売人、会社の上役たちの手中にあった。それらはおもに男たちによってなされたが、スコッチやバーボンの香りや装丁を変えたのは女性たちであった。

12 ウイスキーの進歩的な側面

20世紀のなかばまで、ウイスキーの蒸留家の仕事には困難がつきまとった。禁酒法の施行以前にも、政府は第一次世界大戦に向けて蒸留所に立ち入り、穀物やアルコールを差し押さえた。禁酒派の女性たちがワシントンでの論戦を制するまで多くの蒸留業者が帳尻を合わせるためにやりくりしていたので、この法律が成立した場合にも事業がとん挫した業者はわずかだった。禁酒が解かれたあと、ウイスキー業界は興奮の渦に包まれ、投資資金が行き交った。蒸留業者は、とくに瓶詰めの製造ラインで働く女性たちの労働力を高く評価した。

ボトルド・イン・ボンド法は、BIBラベルが貼られたウイスキーが、蒸留されて税務署が認める倉庫で最低4年間は寝かせ、100プルーフ〔アルコール度数50%〕にした蒸留所内のウイスキーだけを瓶詰めにしてあることを保証するもので、連邦議会が1897年にこの法律を可決して以後、ウイスキー会社は樽売りから瓶詰めへと販売形態を改めた。[1] このことが女性たちに新しい機会をもたらした。ヨーロッパのぶどう畑の先例にならい、男性よりも器用な瓶詰めの担い手として、女性に注目が集まったのである。「フランスやスイスのワイン畑では、作業の大半を女性たちが担う。女性たちの指は男性よりも小さく動きも素早い」と、ヴァージニア・ペニーは1868年、『女性にふさわしい仕事500』で記している。1800年代の後半にラブロット&グラハム蒸留所で撮られた写真には、酒瓶とウイスキーの容器を前にして立つ誇らしげな女性たちが写っている。この女性たちの賃金は不明で、名前も残っていないが、彼女たちは蒸留業界の進歩的な側面を物語る存在であった。一般の企業が女性の雇用を考え始める半世紀も前に、ウイスキー会社は女性たちに活躍の場を与えていたのである。これは、世界のウイスキー製造会社に共通した事柄であった。

アメリカで禁酒法が導入されると、カナダではほぼすべての蒸留所で瓶詰めの作業に女性が加わった。G&W蒸留所に勤める女性たちは、もともと工程が同じ、ベルトコンベアによる流れ作業の缶詰工場で働いていた。オンタリオ南部にあったシーグラムの工場では、作業の質を保ったままどれだけ手早く瓶にリボンをかけられるか、女性たちが手際のよさを競った。作業管理を任された女性に、男性が報告を上げる場合もあった。クラウンロイヤル・カナディアン・ウイスキーの製造工場では、女性の工場長が仕事を割り振って現場を取り仕切り、シーグラムの名を冠するすべての酒について、淑女たちの瓶詰め作業を監督した。その現場で作業に従事していたトゥルーディー・シュナイダーによれば、瓶の首にラベルを貼ったり、リボンを結んでラベルを貼ったりと、作業内容は日ごとに違った。

アメリカでは、ジャックダニエル、ジョージ・T・スタッグ、ナショナル蒸留所、スティッツェル・ウェラー、オールドフォレスター、ラブロット&グラハムなど、数多くの蒸留会社で瓶詰めの流れ作業を女性たちが担った。1940年にバーボンかカナダ産のウイスキーを瓶で購入した場合、瓶詰め、ラベル貼り、コルクの栓締めを女性たちが担った製品である可能性はきわめて高かった。だが、ウイスキー造りで女性たちが果たした貢献はこれだけではなかった。スティッツェル・ウェラーのマーグリット・ライトとブラウンフォーマンのJ・ゴードン・バキュールは、当時、男子限定であったマーケティング会議の一員に加わり、マリー・T・ウィレットは新しいウィレット蒸留所会社の共同経営者となった。ウィレットはケンタッキー州バーズタウンにあった「懐かしきケンタッキーのわが家」から南へ1マイル下った場所で、小さな蒸留所を営んでいた。生産能力は日に300ブッシェルで、5000バレルを貯蔵できる倉庫が2棟あった。マリーと兄弟たちは1937年3月12日、最初のひと樽目にウイスキーを詰めた。

マリー・ダウリングは、D・W蒸留所という銘柄で家族がメキシコで経営していたウォーターフォール&フリージア蒸留所を支えた。メキシコのウイスキーは、ウィレットのような新参のブランドと並び、新たに存在感を示しつつあった。1930年代の後半から1960年代のはじめにかけて、ダウリング社はアメリカの蒸留会社のものよりもはるかに安価なバーボンをメキシコで生産したが、それがアメリカの市場にあふれかえることをはばむ法律は存在しなかった。「バーボン」という名称は1964年まで、地理的に限定されることなく用いられた。さらに、テキサス州の厳格な禁酒法が、「ローン・スター」と呼ばれた同州でより身近な密造酒、ファアレス・ウイスキーの評判をきわめて高めた。

1937年の『エルパソ・ヘラルド・ポスト』紙の記事によれば、マリー・ダウリングの蒸留所の貯蔵規模は8000バレルであったが、これはケンタッキー州の老舗蒸留所、ウォーターフォール&フリージアの在庫規模の3倍に相当した。禁酒法時代、D・W蒸留所は大量生産を行ない、アメリカの蒸留業者を出し抜いて熟成された付加価値の高いウイスキーを販売した。アメリカで新たに創業した蒸留所は、メキシコの製品とくらべて熟成の浅い製品を、はるかに高い値で販売することを強いられた。ダウリング社はメキシコ産のバーボンを古巣のケンタッキー州で売りさばいた。彼女が同州でケンタッキーダービーやゴルフ場に足を運ぶことがあったとしても、地元の蒸留業者のご婦人方と話を交わすことはしなかったはずである。みなが彼女をのけ者にしていたことは想像にかたくない。禍根は20年以上にわたって残った。しかしアメリカのウイスキー業者は、マリーがメキシコ産の製品に「バーボン」という呼称を用いることに対して、法的な対策を打てずにいた。1939年9月、ドイツがポーランドに侵攻すると、彼女の蒸留所の優位性はさらに高まった。

第二次世界大戦中、アルコールの生産業者の重要性は両陣営で高まった。ドイツは、フランスのワイン業者に生産の継続を指示し、フランス・ワインの5大産地から相当な額の歳入をえた。[2] スコットランドでは、全土でウイスキーの製造業者が食糧確保のために操業停止を強いられた。アイラ島にあったラフロイグ蒸留所は、重要な兵器庫となった。1939年から45年にかけて、連合国はアイルランドのブッシュミルズ蒸留所を宿泊施設として利用した。アメリカの蒸留所は、合成ゴム、パラシュート、ジープ、不凍剤、レーヨン、手りゅう弾、弾頭、飛行機の燃料などを作るための工業アルコールを生産した。禁酒法が施行されてから10年もたたないうちに、アメリカのウイスキー製造業者は戦時協力のために駆り出された。

兵士として戦地に向かった男性にかわり、女性が蒸留所のあらゆる作業を担った。蒸留所の経営者たちは、女性に労働力を移行することに手ごたえを感じたはずである。それまでに、女性たちは数十年にわたり蒸留所の働き手となっていたが、女性に求められる役割はさらに膨らんだ。

工場で働く女性の存在は、アメリカのほかの産業と比較しても新しいものであった。「リベット打ちのロージー」と呼ばれた偶像的な女子工員が二頭筋を掲げてみせる「わたしたちならできる」というポスターが、男性が行なう仕事を担う女性の象徴となった。

「この戦争を歓迎はしませんが、〔真珠湾を〕攻撃されたんですもの、協力したいという熱い想いは同じです」と、爆弾の起爆装置に爆薬を詰めるデュポン社に勤めていたニューヨークのフリーダ・ロレッタ・カルヴァーノは語った。[3] アメリカの歴史上はじめて、女性がパイプ溶接工、リベット工、検査官、無線工となった。彼女たちは母親であり、夫を戦地で亡くした者も多かったが、それでも歩みを止めず、軍需工場で飛行機30万機、艦船1万2000隻、戦車8万6000両、軍需用車両6万4000両とともに、数百万もの砲弾や兵器類の製造にあたった。[4] マスコミは重労働をこなす女性たちを特集し、ミシシッピの溶接工ヴェラ・アンダーソンを「アメリカで一番輝いている女子」として称賛した。権力者の座に着く女性たちもいた。

労働長官のフランシス・パーキンスは、労働者の団結権を守り、戦後の女性たちを助けることになるワグナー法などの法律に大きな影響力をおよぼした。1942年、ウィスコンシン州のアイリス・オルソンは、アメリカの歴史上はじめて、女性の組合幹部として名を刻んだ。戦時中、女性たちはメジャーリーグにかわって、プロ野球リーグの運営まで行なった。[5]

女性の労働者の数は141パーセントも増加し、母親で家にとどまる女性の比率は20パーセントに下がった。[6] 1944年までに1900万人もの女性が就労した。彼女たちは国内戦線のヒーローであったが、その立場は数千万人の従軍兵士たちが仕事に復帰したとき、二番手に置かれたのである。

女性たちは産業界での職や野球リーグでの居場所を奪われ、自立した立場も追われて、家庭に戻ることを求められた。戦争は終わったのである。女性たちの社会的な役割は、旧い価値観によって縮小を求められた。女性たちは、看護職や事務職といった女性に認められた職に復帰し、飛行機や艦船の製造工場で75パーセントの女性たちが仕事を失った。彼女たちは戦時中、工場を申し分なく稼働させていたにもかかわらず、引き続き働くことを求めると、一笑に付された。陸軍省のあるパンフレットは、「女性たちは二次的な働き手です。鉄にかわるプラスチックのようなものです」と紹介した。女性たちはこれに抗議した。

アラスカから大英帝国まで、女性たちは男性優位の社会において、戦時中には欠かざる存在であった彼女たちの働く権利をかけて戦う組織を作った。

第二次世界大戦後、女性たちが果たした貢献に気づかない業界がままあるなかで、ウイスキー産業は女性たちの貢献を評価した。ノーマン・ヘイドンは1945年からスティッツェル・ウェラー蒸留所で働き始めたが、瓶詰めは男性よりも女性の方が上手であったために会社は女性を雇うようになった、と話している。ヘイドンは筆者にこう語った。「みな忍耐力がありました。長時間、座ってラベルを貼りつけることができたのです」。蒸留業者はさらに大卒の女性を作業員ではない職として雇った。大学を卒業後、「わたしは仕事に応募するよういわれました」と1945年にジョージ・T・スタッグ蒸留所に化学者として勤めていたジーン・ウィッタカーは言った。

ほかの産業が女性たちを解雇していくなかで、ウイスキー工場は女性たちに対する評価を高めていた。1940年代後半、第二次世界大戦後のヨーロッパの食糧支援のために穀物を確保するべくアメリカがウイスキーの製造工場を停止しても、瓶詰めの製造ラインで働く女性たちは守られた。AFL蒸留所労働者組合の推計では、3万から10万の蒸留所で働く女性たちが食糧配給制下で職を失ったが、瓶詰め作業の担い手や販売員の地位は保全された。女性の瓶詰め職人は、この国でもっとも安全で、実入りのよい工場仕事の一つであった。

合衆国労働統計局によれば、女性の瓶詰め工程の従業員は1952年、1時間あたり1・40ドルを稼いだ。これは全国の最低労働賃金の2倍に相当した。[7] 瓶詰め作業の従事者はアメリカの多くの世帯よりも稼ぎがよく、1952年の国勢調査における「女性を稼ぎ頭とする比較的低所得の家族については、家族を養うという責任を期待されておらず、またそうした責任に直面した場合に備えが十分備わっていないという事実によって、この大部分を説明しうる」という解説に対する反論にもなっていた。

正社員として働く瓶詰め担当の女性は、年に3000ドルを稼いだ。これはアメリカの世帯年収の中央値よりも900ドル低い金額だが、男性の平均年収とほぼ同額であった。「わたしはお金のために瓶詰め作業員に応募しました。……まずわたしに任された仕事は、年末商戦のための包装作業でした」と現在はバッファロー・トレイス蒸留所として知られているジョージ・T・スタッグ社で1961年から1990年代まで働いたジュエル・ソルグは語った。「2週間後、わたしは家に戻り、夫に言ったんです。『もし生計を立てるために残りの人生もこの仕事を続けないといけないのなら、もっとほかのことをするわ』って」。1960年代の若い女性たちと同様、ジュエルは会社組織のピラミッドの最底辺の仕事を受け入れることはできなかった。瓶詰めラインで一時的に仕事をしたあと、彼女は品質検査の担当となった。そこで彼女は、ウイスキーをブレンドし、テイスターに検討・批評してもらった。そのような種類の機会は蒸留所中にあった。「もっと能力を伸ばしたいと思う人にとって、あるいは基本的な事務作業を修得したいと思う人にとって、蒸留所は比較的容易に雇ってもらうことができました」。ソルグはこう語った。女性の進歩の機会を唯一はばむものといえば、当時の文化的な論争だけであった。

1950年代、名前を伏せてインタヴューに応じたある女性は、某大手蒸留所でマスター・ディスティラーのつぎの候補となった。だが、女性がスラックスをはけないとの理由で、上司は彼女の評価を下げた。女性が大きな桶に梯子をかけて手入れをしているときに、経営者はドレス姿で作業する彼女の下にほかの作業員が潜り込んでドレスのなかを覗き見しないか心配した。女性を醸造の職には就かせるべきではないという、蒸留所のご婦人方に代々伝わる言い伝えもあった。背景には女性が生理中の場合、酵母菌に影響するという迷信があった。

またウイスキーが詰まった樽は女性には重すぎるとの理由で、倉庫内の仕事が女性に割り振られることはなかった。女性が倉庫内で作業をする場合には、男性陣は注意散漫になった。「連中は少しばかり血の気が多かったのです。……男性ホルモンが刺激されると、いつも問題が生じました。法律のことは気にせず、女たらしの男どもは即刻、退室させるに限ると痛感しました」。ヘイドンはこう語った。「多くの男たちが同僚の女性と結婚しました。夫は働き続けて、なかには夫婦で働かせてくれる蒸留所もありました。仕事もよくはかどりました」。

これらのウイスキー会社は、地元の法律事務所や政府の役所で秘書として働く以外に仕事の口のない小さな町で、女性に可能性をもたらした。

ケンタッキー州フランクフォートでソルグは、ジョージ・T・スタッグ社が定める職位を駆け上がり、樽から瓶へのウイスキーの詰め替え監督を任された。彼女は1982年まで蒸留所に配置されるアルコール・たばこ・火器及び爆発物取締局の代理人も引き受けて、樽の紛失を防ぐために倉庫内での樽の監視も担った。「ある男とだけやっかいごとがありました」とジュエルは筆者に話した。「それは、本当にささいな問題でした。かれはわたしの指示に従わずに口答えしたのです。わたしは言いました。『それなら事務所に行き、そこで決着をつけましょう』と。すると、かれは態度を改めて、持ち場に戻りました」。その男は二度とジュエルに口答えすることはなかった。「わたしは、自分が職場で望むのと同じように、みなと対等に接しました」と彼女は語った。

女性たちがみずからの権利をかけて闘うなかで、ジュエルのような女性は蒸留所の仕事で重要な戦力として存在感を増すようになり、女性は事務職以外の職種においても雇われた。女性たちは酒瓶をバーボンで満たし、樽を作り、商品を販売した。このような女性たちは、女性の雇用は進歩的すぎて理解しがたいと避けていた業界においても、支持を取りつけた。この頃、女性たちはバーボンというウイスキーのジャンルをも変えるほどの瓶を発明した。

ビル・サミュエルス・シニアは従軍期間を終えてから、ウイスキー蒸留技師の第6世代に相当する人たちと新しいブランドの立ち上げについて議論を交わした。かれは父親の蒸留所であるT・W・サミュエルスを売却して、新しい事業の立ち上げに思いを巡らせていた。だが1950年代、バーボン・ウイスキーの業界に新規参入することは、怖いもの知らずの経営判断とでもいうべき事態であった。政府の介入とアメリカ市場の低迷という状況下で、ケンタッキーで新しい蒸留所を立ち上げることは経営能力の欠落を意味したのである。禁酒を唱える女性たちが、再び政治的支持を集めはしないか？　合衆国が新たな戦争に突入することになったら、またウイスキーに用いる穀物を供出しなければならなくなるのか？　スコッチ・ウイスキーとコニャックがスピリットに分類されると、販売店でのバーボンの取り扱いはどうなるのか？　これらの疑問が、サミュエルス・シニアを思い悩ませた。ただそれも、妻のマージ・サミュエルスが「本腰でやるように」と言って取り掛かるまでの数年間のことであった。サミュエルス・シニアは退役したあとも、教育委員会の会長を務めて、州の商工会議所で働き、バーズタウン・ゴルフクラブの設立に力を貸した。だが、かれの人生には、親友だけが気づいていた、欠けているなにかがあった。すなわち、ウイスキーを造る必要があったのである。

サミュエルが夢を追い求めるにあたって、マージには2つ求めることがあった。サミュエルズ・シニアが、父親のT・W・サミュエルズ蒸留所で作っていたような刺激の強いウイスキーを作らないこと。マージはもう少しまろやかなものを欲しがった。そして、彼女はボトルを作り直すことも求めた。

1950年代、ウイスキー・ボトルは、どれも似たりよったりの形をしていた。高さは12〜16インチ。細長い首があり、首長の形状か球根の形をしていて、雑多な情報が記されたラベルが貼られていた。そのラベルには、製造に関わった人物や木、鳥や犬の情報まで書き込まれていた。バーボンを買う客は、ほとんど同じ形状をした、似たりよったりのラベルが貼ってある瓶の並ぶ棚の前を歩き回ることになった。1、2本くらいは変わった形状のボトルもありはしたが、マージがメーカーズマークのボトルの試作を開始した時分、ウイスキーのボトルには抜本的に人目を引くなにかが求められた。マージは向学心にあふれ、ルイスヴィル大学から化学の学位を授与されたこともある女性であった。彼女は瓶の形状や見た目について、秀でた感性を持ち合わせていた。それに、カリグラフィーを学び、子供たちのためにポスターをデザインしたこともあった。

ビル・サミュエルス・ジュニアは学校に通っていた1956年、学年アルバムの写真を編集する助手を務めていた。かれは階段下の地下室に暗室を調えた。マージがウイスキーの瓶詰めを行なう事実上の研究開発責任者に着任したとき、息子の写真用の設備を活用して、通常の半分の大きさの製図台を用意した。マージは紙粘土で瓶の祖型を作り、試作品用に手漉きの紙ラベルを制作した。彼女が求めていたのは、アメリカのウイスキーには見られない、芸術性の高い外観をした、フランスのコニャックのような独特の見た目のボトルであった。フランスのコニャックのボトルは、コルクを封じるために、業務用のテープではなく蝋(ろう)を用いていた。

マージは、蝋封によってコニャックが工芸品に仕上がっていることは理解していたが、彼女が求めたのは封をする役割だけではなく、人目にとまるための蝋封であった。マージは、蝋を丁寧に処理して仕上げるコニャックの瓶口とは対照的に、蝋燭のように瓶の首筋に蝋を垂れさせることにした。この蝋の仕様は斬新そのもので、誰かが意図的に考えつくようなものではなかった。マージは蝋が新しい無名のウイスキーのトレードマークになることを期待した。

彼女は台所から深底の揚げ鍋を持ってくると、階段下の実験室にこもった。「おかげでわが家は7カ月間、フライドポテトと白身魚のフライはおあずけでした」とビル・サミュエルス・ジュニアは回想している。揚げ鍋で材料を加熱し、マージは素材の粘度、厚く被せるか薄く覆うか、濃いめのこげ茶色から灰色まで、目にも鮮やかな赤色の蝋にたどり着くまでに、試行錯誤を重ねた。好みの仕上がりになるよう、プラスチックの原料も混ぜた。マージは曲線型の瓶の口を赤い蝋の試作品のなかに漬けて、熱い蝋が瓶の首を垂れるに任せた。そして、「メーカーズマーク」と名づけたウイスキーのボトルに手作りのラベルを貼りつけた。質のよい煤銀器「しろめ」の収集家でもあったマージは、つねに「作り手の印（マーク・オブ・メーカーズ）」を追求した。これをヒントに新しいウイスキーの名前をひねり出すのはたやすかった。

メーカーズマークが1959年に発売されると、Tシャツにジーンズ姿の瓶が並ぶ商品棚のなかで赤いドレスを着飾った女性のような魅惑的な瓶は、傑出して見えた。

だが、赤色の蝋については、家でちょっとした議論があった。マージが蝋の配合を考案してからすぐのこと。政府は数種類の材料について不認可の判断を下した。「政府は蝋で使用する材料について、規制を始めました。……それは親父を崖っぷちに追い込んだのです」とサミュエルス・ジュニアは筆者に語った。

手作りのラベルも問題に直面した。他社が流線形の既製品の瓶を採用するなかで、マージはラベルは手作りのものを使用することにこだわった。サミュエルス・シニアの言葉では「ラベルは破り抜い」たのであった。文字通りに手作業でラベルを破ってかたどり、手作業で貼っていくのには手間がかかり、需要を満たすのは容易なことではなかった。彼女は赤い蝋について変更を認めなかったが、ラベルを破る手作業については、型で抜くことに改めた。足でペダルを操作する、なかば自動化された機械の導入で効率は上がった。瓶の形もあまりに風変わりで作るのが難しく、しょっちゅう瓶の首に欠陥が生じたために、会社は専任のガラス瓶を検査する担当者を雇わなければならなかった。「親父は、おふくろのせいで逆流性食道炎になったようなものです。……ガラスの注文を受けるたびに、すべてを確認しました。なで肩の瓶首はどうも具合がよくなかったのです」。サミュエルス・ジュニアは語った。瓶は木っ端みじんになった。

「はじめの20年間、(瓶は)悩みの種でした。ほかから調達することができませんでしたから」とサミュエルス・ジュニアは筆者に語った。

サミュエルス・シニアの「胃痛」の種になったものはもう一つあった。それはマージが思いついた別のアイデアで、これが蒸留所にとって決定打となった。1953年、同社がバークススプリング蒸留所を買収したとき、かれらはケンタッキー州ロレットの北東、ハーディンズクリークにあった素晴らしい物件に目ぼしをつけていた。チャールズ・バークスによって1805年に設立されたその物件は、もともとは製粉所兼蒸留所で、そこがのちにベル・オブ・ロレットと呼ばれるライ麦のウイスキーと、オールド・ハッピー・ホローと呼ばれるサワーマッシュのウイスキーを造る蒸留所となった。禁酒法が施行される前の時点で、バークスの生産能力は年3400バレルあった。よい蒸留所でありながらも、とくに歴史的に注目を集めるような理由はなかった。だがマージ・サミュエルスの見方は違った。1950年代、歴史的な文化財の施設といえば、大統領の家や南北戦争の戦跡などで、そこに蒸留所は含まれていなかった。だがマージは、バークスプリング蒸留所の古いヴィクトリア調の外観は歴史好きの訪問者の心を捕らえるものと確信した。古い建物を取り壊して新しいものを建てるかわりに、マージはそれらを修繕して元の姿に戻した方がいいと考えた。蝋が垂れ下がる瓶や手作りのラベルと同様、彼女が考える蒸留所のイメージを実現させるためには金と時間がかかった。それらはサミュエルス・シニアにとって、必ずしも受け入れられるものではなかった。その材料はいずれも古い建物からかき集められて、建物再建のために用いられた。彼女は近所に住む人から意見聴取を行ない、コミュニティにとってなぜこの蒸留所が重要かを知ろうとした。

この活動は、当時は無駄にも思えたが、マージはウイスキーの成功には歴史が大切であると気づいていた。サミュエルス家は1980年、アメリカ合衆国国立公園局を通して合衆国国定歴史建造物に申請を行ない、「バークス蒸留所」の所有下にあったメーカーズマークは、1980年に蒸留所としてアメリカで最初の史跡となった。すべてはマージの復元にかける想いに負うものであった。マージの息子は、「彼女がここを守ったのです」と語っている。

彼女はバーボンを守る助っ人、と呼ぶ人がいるかもしれない。メーカーズマークの前代未聞の再起について、酒造業界では彼女の息子がその主導的な役割を果たしてきたと理解されているが、マージの瓶のデザインと特許取得済の赤い蝋がメーカーズマークの物語の起源であることは否定のしようもない。彼女が揚げ鍋で実験していた赤い蝋は、製品のトレードマークとなり、零細のコッパー・ケトル・ヴァージニア・ウイスキーからテキーラの大手ホセ・クエルヴォまで、100を超えるスピリットの銘柄がそれを真似た。相手側の弁護士はしばしばこう口にした。「ワックスをトレードマークにはできない。コニャックの製造会社は数世紀にわたってやっていたんだから」と。しかし、マージの工夫を凝らした製法と赤い蝋という案、それに出っ張ったつまみを巻き取らせるという開封方法は、アメリカの商標登録法のもとで「法に基づく保護」を受けた。

2012年5月9日、第6巡回区控訴裁判所はこう定めた。「6日間の非陪審審理のあと、地方裁判所はメーカーズマークの赤い垂れた蝋の封印は、トレードマークに該当し、クエルヴォはそのトレードマークを侵したと判断した。この裁定に基づき、地方裁判所は今後クエルヴォが永久に『赤い垂れた蝋を販売する瓶のふたに垂らすために用いること、および合衆国のすべての地域でクエルヴォがこれに該当するテキーラの製品を売り出し、流通させ、広告すること』を禁ずる」。

酒瓶を刷新し、トレードマークの権利を法律で押さえるというマージのアイデアもさることながら、蒸留所を歴史的な価値ある施設として保全し、訪問者をもてなすという彼女の視点は、ケンタッキー州を世界中から観光客が訪れる観光地にして、ケンタッキーのバーボン通りを一躍有名にする最初の種を蒔いた。2011年、メーカーズマーク蒸留所を訪れた人の数は10万人を超えた。まだ誰もメーカーズマークの名前を聞いたことがなかった60年前に、マージ・サミュエルスはこの可能性を見据えていたのである。

サミュエルス・ジュニアは、ウイスキー業界が女性を受け入れてきた過程と母の偉業とを振り返りつつ、もし社会が、はじめからかれの母に男性と同様の機会をもたらしていたらと考えずにはおれなかった。かれは言う。「わたしは、一般に女性は十分に活用されてこなかったと思っています」。しかし、メーカーズマークは特段最優先にするわけでもなく、つねに女性を男性の職に抜擢し続け、ついにはヴィクトリア・マックレー・サミュエルスを事業部長に任命した。ヴィクトリアは過去60年間でもっとも高く評価されたウイスキー・ウーマンというわけではなかった。だが、この呼称は、スコットランドでもっとも愛される女性に与えられるものの一つである。

13　ラフロイグの才女

エリザベス・リーチ・ベシー・ウイリアムソンはグラスゴー大学を卒業後、飛行機に乗ってみたいと思ってはいたものの、まさか世界中を旅することになるとは想像していなかった。ウイリアムソンは湖を越え、湾を横切り、川を渡り、さらにサウンド海峡（スコットランドの西海岸沖のアイラ島とジュラ島のあいだにある狭い海峡）を越えて、1930年代にバカンスの候補地として名前が挙がる、気候の穏やかなアイラ島にたどり着いた。ウイリアムソンが降り立ったこの島は、人口が4000人、スコットランド本土でブレンディングするために、800万ポンド相当の樽詰めされた非課税のウイスキーを出荷していた。ウイリアムソンは浜辺の散策を終えると、片岩（へんがん）と角閃石（かくせんせき）の岩場に波が打ちつける、長径700メートルほどの楕円形をした小さなテクサ島にボートで渡った。ウイリアムソンは1934年の休暇中、ラフロイグ蒸留所が出した速記タイピスト募集の求人広告を地元紙で目にした。ウイリアムソンはこれに応募し、採用された(1)。

ウイリアムソンは仕事を始めた当初、美しい島での休暇を3、4カ月ほど延長して、速記タイプの仕事をするという程度に考えていたようである。だが、オーナーのイアン・ハンターは彼女の勤務態度を気に入り、正社員になるよう誘った。その日から、ウイリアムソンはラフロイグに不可欠な存在となった。

禁酒法が廃止されたばかりで、どのスコッチ・ウイスキーの会社も、いったんは離れてしまった顧客の引き戻しを願っていた。密輸品にしろ個人の秘匿品にしろ、ラフロイグは禁酒法時代、アメリカで手に入る酒であった。さらに、アイラミストブレンドやラフロイグ・シングルモルトに代表される優れた品質のおかげで、市場でシェアを回復する態勢にあった。またラフロイグは、ロング・ジョンやハイランド・クイーン、クイーンアン、デュワーズ、ジョニーウォーカー、キングジョージ4世、グランツステッドファスト、ヘイグなど多くのウイスキーブランドに向けて、樽に入った原液をブレンディング用に出荷していた。

ラフロイグは過去に女性が社のトップを務めたこともあったが、雇用は男性が中心であった。だが、ハンターはウイリアムソンになにか光るものを感じていた。それが、ウイリアムソンにみなぎる並外れた情熱であったのか、ビジネス上の鋭い洞察力であったのかは定かではないが、いずれにしても、ハンターは蒸留所を留守にするときには、ウイリアムソンに会社を任せた。会社の鍵を彼女に託したハンターは、彼女に出荷を円滑に行ない、販売業者と良好な関係を築くことを期待した。1930年代という時代を考慮すると、この女性に寄せられた信頼の厚さは特筆すべきである。ラフロイグが今日、アイラのシングルモルトの象徴としての地位にあることを考慮すると、ハンターがウイリアムソンへ寄せた信頼の大きさは、いまから考えてみるとヘンリー・フォードが出張中、秘書にフォード社の経営を任せるようなものであった。だがこれは、ハンターがウイリアムソンに寄せた信頼の、ほんの始まりにすぎなかった。1938年にハンターが発作を起こして倒れると、かれは同社のアメリカ事業をウイリアムソンに任せた。彼女はほどなく、ラフロイグ蒸留所の経営も任される。

ウイリアムソンとイアン・ハンターが特別な関係にあったと想像し、その関係のおかげでウイリアムソンはスコットランドの蒸留会社で唯一の女性経営者になった、と疑う向きもあるだろう。秘書から経営者への転身とは、さまざまな想像を掻き立てるものである。イアンがロンドンにあった商務庁のジェフリー・カンリフ卿に宛てて書いた手紙には、ウイリアムソンがイアンとともに、偉大なビリヤードの師匠であるリソ・レビと会ったと記されている。カンリフの返信はこうであった。「アイラに戻りたいものです。ロンドンでお会いできるのを楽しみにしております。我われ一同から貴方とウイリアムソンさんに親愛を込めて。敬具、Gより」。イアンとウイリアムソンの関係は、ロマンティックというよりもプラトニックなものであった。2人の関係についての空想はゴシップであり、それ以上のものではなかったのである。(2)

事実は、イアンのあとを継いでウイスキーの香りをきわめる人物として、またラフロイグの経営面において、ウイリアムソンがもっともふさわしい資質を備えた人物であったということである。経営の難局に対処してきたイアンの経験が、ウイリアムソンを会社の指揮者に育て上げ、彼女はウイスキー・ビジネスの勘所をつかむようになっていた。

第二次世界大戦の最中、ラフロイグで働く男たちは徴兵に駆り出された。スコットランド政府がラフロイグの施設に戦争協力を求めた際には、同社の代表は軍需省にこのような手紙を書いた。「我われは秘書を務めるE・L・ウイリアムソン女史がこの事業の責任者たるべきとの思いでおります。といいますのも、彼女は10年〔原文ママ〕以上、わが社に勤めて、現下の状況における義務を遂行する能力を備え、我われの資産についての監督管理に精通しているからです」。

ウイリアムソンは第二次世界大戦の開戦直前にイアンの仕事を引き継いだ。ラフロイグがカナダとニュージーランドで商標を取得した数カ月後には、ウイリアムソンは会社経営に加えて軍との連絡業務も引き受けることとなった。政府は穀物を兵士の食料に回すためにウイスキーの生産を中止に追い込んだあと、ラフロイグ社を軍事目的で使用することを検討し始めた。もし、間違った人物がラフロイグを経営していたならば、政府は特段の配慮なしに蒸留所を接収していたことだろう。兵士たちはウイスキーを樽から直接、無茶飲みし、需品係の将校は蒸留所の設備を解体して軍需用の機械に充てていたかもしれない。このような事態は、南北戦争やアイルランド紛争を通して、実際に起こってきたことであった。蒸留所を借りた軍隊が蒸留所に貢献するようなことはめったになかった。しかし、ウイリアムソンはその剛毅さで、軍隊の要求を突っぱねたのである。

1940年7月、スコットランド王立砲兵隊が40歳のイアン・マックリーンを「砲手」として召集したとき、ウイリアムソンは兵役義務委員会につぎのような手紙を書いた。「わたしどもは兵役の一時免除を請願致します。マックリーンは過去6年間にわたって倉庫の管理人として雇用されており、少年時代からこの仕事の訓練を受けております。わが社の倉庫にはモルト・ウイスキーが8000キャスクほど貯蔵され、この地域の課税価格では300万ポンドほどになります。マックリーンの幅広い知識は、これほどの価値がある貯蔵品の保管に不可欠な存在です。また、かれはキャスクの取り扱いならびに保税倉庫からのキャスクの搬出においても、政府の法令に精通しております。かりに兵役対象年齢を超える熟練した樽職人をすぐに雇えるとしても、マックリーンが現在、行なっている仕事を任せられるようになるまでには、相当な期間を要します」。戦いは五体満足な男をすべて必要としたため、兵役が免除されることはまずなかった。だが、ウイリアムソンは軍事委員会に対する出方を心得ていた。300万ポンドとマックリーンの特殊な能力を強調した結果、マックリーンは見事に「国家にとって重要かつ緊急の仕事を事由とする免除」を勝ち取り、ラフロイグ社の倉庫管理人は命までも救われることとなった。

ウイリアムソンは軍隊に関する諸事を通常の業務として扱った。王立工兵隊の第一中隊はモルト貯蔵庫で寝泊まりし、2階を寝床にして1階で食事をした。ラフロイグに即席の映写機を持ち込み、映画鑑賞をしながら戦闘での傷を癒し、休暇を過ごして英気を養う者もいた。かれらラフロイグに常駐した兵士たちは、近くのグレネデゲール飛行場を改修し、ウエスタンアプローチ〔グレートブリテン島西岸の大西洋に拡がる長方形の海〕管区と政府の秘密を守る航空機を受け入れた。フィールドキッチン（野外で調理を行なうための炊事用の車両）が蒸留所の建物内で組み立てられ、「ラベンダー・スクエア」と呼ばれた屋外トイレがウイスキーを寝かせる倉庫の周りに作られた。最初の一式は1940年に出荷された。

200名以上の兵士が第一中隊に取ってかわり、アイラは防空兵器によって守られた特殊な地域となった。連合国軍はこの蒸留所を重要な拠点とみなし、軍用のスペースを増やしたいと考えた。

工場と貯蔵施設の会計監査代理が、モルト蔵と乾燥した穀物を保存している蔵を含む2万3200平方フィートの用地を要求したとき、ウイリアムソンは要求を縮小するよう交渉した。「我われはこの要求の必要性を完全に理解しております。……ですが、乾燥した穀物を保存する倉庫については自社の手元に置いておきたいのです。といいますのも、そこは我われの農場にとって、飼料原料と種子を保存できる唯一の場所なのです」。1943年11月、ドイツ軍による連合国軍への爆撃に際して、ウイリアムソンはラフロイグの利益に留意するために、相当な忍耐力を示した。政府の役人は、権力をもった女性と一緒に働くことに慣れていなかった。戦時協力を「乾燥した穀物を保存する蔵の全面的な使用」に優先することと注意できたであろうに。役人たちは、ウイリアムソンのような気丈で人好きのする、それでいて不屈の意志をもった女性に出会ったことがなかったのであろう。

労働省は施設についての要求を取り下げ、かわりにモルト蔵の容積について尋ねた。労働省は極秘の事由により450トンの貯蔵容量を必要としていた。ウイリアムソンは政府の役人にモルト蔵は400トンの容量があることを知らせた。これを受け、軍は保管容量を増やすための拡張工事について、喜んで工費を請け負うと申し入れた。国が違えば、戦時中にラフロイグの施設拡張を提案するなどということは、政府に反逆罪と受け取られたかもしれない。だが、ウイリアムソンは、社会制度を巧みに扱う術をはっきりと心得ていた。

2年のあいだ、ラフロイグは主要な弾薬の集積地となった。船がアイラ海峡に入ると、ラフロイグの従業員と船員が弾丸、砲弾、大型の爆弾を積み込んだ。ウイリアムソンはすべての出荷について記録をつけた。たとえば1944年5月20日には、小火器用の弾丸が入った42番容器3万2078個、砲弾入れ46334個、榴弾312個、カートリッジケース1670箱、爆弾運送用のケース1067個をSSムーア〔ホッグアイランダー〕にのせて連合国軍に向けて出荷したと記してある。[3] ドイツがラフロイグに軍需品が集積していることを知っていたら、そこは空襲の標的になっていたであろう。

ドイツ軍はスコットランドの主要な産業地域であるクライド、エディンバラ、アバーディーン、グラスゴー、ダンディーを不定期に攻撃した。ドイツ軍はダブリンにあったブッシュミルズの事業所も破壊した。アイラ島は戦争中、差し迫った危機もなく無事であった。ただ、もしドイツ軍が400トン以上の爆薬がラフロイグに集積されていることを知っていたら、ヒトラー軍のスコットランド爆撃の最優先目標となっていたであろう。ウイリアムソン指揮下のラフロイグは、1944年5月20日までに、旅団や方面軍さえ支えられるような量の火薬を保有していた。312個の榴弾は、会社の帳簿には「HE

シェル」と記録されていたが、これは爆撃を受けた場合、アイラ島の南部を吹き飛ばすのに十分な量であった。このことは、ウイリアムソンに過大なストレスをもたらしたはずである。というのも、すべての公式書類に彼女のサインが記されていたからである。グラスゴー大学の卒業生であったウイリアムソンは、秘書になり蒸留所の経営者となり、そしてアイラ島における重要な戦争遂行者となっていた。ラフロイグのモルト蔵に弾薬を隠しながら、ウイリアムソンは通常業務をこなし、ラフロイグの商標を刷新し、会計監査を乗り切り、給料を払い続けた。さらにウイリアムソンは、ウイスキーを盗まれないよう注意を払った。酒を求める渇きに満ちた船乗りや兵士たちはそこそこいたはずで、船乗りが港にいるあいだ、ウイスキーを守ることは最重要の課題であった。それはまたマックリーンが徴兵を逃れるための理由でもあり、かれは300万ポンドの在庫に目を光らせた。

連合国軍がパリからライン川に進軍し、勝利が目前になると、グラスゴーの労働省はラフロイグに対する統制を解き、ウイリアムソンはウイスキーの再生産に取り掛かった。ウイリアムソンはもう、弾薬や砲弾の貯蔵で自分自身や従業員の命を危険にさらすこともなくなった。労働省の役人は、ウイリアムソンを本来の肩書である経営者ではなく「秘書」と呼んだ。単なる勘違いであろうと侮辱的な意味を込めたのであろうと、ウイリアムソンは間違いなく従業員から信頼を寄せられて、アイラ島のすべての住人から尊敬を集めていた。ウイリアムソンは従業員のために働き、政府と交渉し、戦争下という状況と会社の経営とが肩にのしかかってもプレッシャーに屈することはなかった。1954年、イアン・ハンターが亡くなると、会社はかれが記していた従業員名簿のなかでもっとも有能とされたベシー・ウイリアムソンに託された。

ウイリアムソンが会社経営の指揮に立った時代、彼女はほかの蒸留会社との関係を深めて、ラフロイグをもっとも人気のあるブレンディング用ウイスキーにした。ウイリアムソンがダルユーイン・タリスカー蒸留所を訪れたとき、彼女は同蒸留所の経営者であったアレン・スコットにラフロイグをひと瓶プレゼントした。アレンはその感想をこう記している。「わたしはこの思いもよらないプレゼントに心から感謝しています。……わたしは目利きではなく、ウイスキーの専門家でもありませんが、これはスペイサイド産のものとはまるで違うよい香りが立ち、紛れもないアイラモルトの特徴のあるかなり強いウイスキーだと感じました」。

ラフロイグのウイスキーは力強く、スモーキーな香りが特徴的で、ウイリアムソンは消費者がいずれこの味を好むようになると確信していた。1950年代、新聞に掲載された記事の多くは、ブレンドされたスコッチ・ウイスキーのピートの香りの利点について書き立てていた。ブレンドならではの特徴的な性格はなくなってしまうが、ウイリアムソンは、ブレンド・ウイスキーのスモーキーな風味をつけずにアイラのシングルモルト・ウイスキーを造り出すという将来図を想い描いていた。彼女はラフロイグのシングルモルトを売り出そうと思っていたのである。

ウイリアムソンは、このピートの香りを高く評価する新聞の論調は、ブレンディング用に出荷したラフロイグに由来するものだと気づいていたのかもしれない。そうであれば、どうしてラフロイグのシングルモルトを新たに知らしめることに挑戦せずにいられようか。

ウイリアムソンがラフロイグの経営者になると、ほどなく彼女のシングルモルトにかける情熱はアイラ・ウイスキー全体に波及して、ボウモア、ラガブーリン、アードベッグといった、現代にもてはやされるアイラ・ブランドの種を蒔くこととなった。ウイリアムソンはラフロイグに先んじて、まずアイラ島を優先して売り込んだ。1960年代初頭のスコットランドで放送されたテレビのインタヴューで、ウイリアムソンはこう語った。「アイラのウイスキーの秘密は、ピートとそれを含む水です。これこそがアイラのウイスキーをウイスキーたらしめているものです。いずれも、この島でしか手に入りません。アイラのウイスキーはブレンディングに欠かせないものとしてよく知られています。わたしたちのウイスキーはいずれも5年から10年のあいだ寝かせてから、グラスゴーのブレンディング業者へと送り出されます。アイラのウイスキーを求める市場は大きくなっています。その需要に応えきれないほどなのです」。

彼女のメッセージにある「その需要に応えきれない」というフレーズが、世界に向けたウイスキーの市場戦略としてもっとも優れたものになった。ウイリアムソンがこの言葉を使った半世紀以上あと、メーカーズマークとパピー・ヴァン・ウィンクルのバーボンが、「その需要には応えきれない」という戦略で各社のブランドを確立した。じつに単純な人間の性（さが）である。人は手に入れることができないものを欲しがる。要するにウイリアムソンは、こう言ったわけである。「売り切れになる前に、アイラのシングルモルト・ウイスキーを買った方がいいですよ」。

ウイリアムソンの市場戦略に注ぐ情熱を目の当たりにして、またアメリカでの事業経験を評価して、スコットランド・ウイスキー協会は1961年から64年にかけてウイリアムソンをアメリカでの宣伝担当者に任命した。ウイリアムソンはアメリカ全土を旅して、バーを渡り歩きながら、酒店を見つけては顔を出し、スコッチ・ウイスキーを売り込んで回った。『シカゴ・トリビューン』紙のジョージ・ジュライバーは「イギリス唯一の女性蒸留家」と題した記事で、「彼女は大麦やモルト、それにピート水について、聞く人に早く昼休みや退社時間になってほしいと思わせるような、巧みな話術で宣伝した」と記した。蒸留所で働く女性はアメリカにもおり、女性経営者もいたが、記者たちはこのスコッチ・ウイスキーの会社を経営する女性に魅了された。記者たちは、しばしばウイリアムソンの性別を取り上げて批判的に書き立てた。これについてウイリアムソンは、1962年にAP通信の記者にこう語っている。「そう、確かに女性がウイスキーの蒸留家になるのは変わっています。でも、蒸留家になるために、変わった女性になる必要はありません」[4]。

ウイリアムソンがスコッチ・ウイスキー業界の宣伝担当者の任から退いたとき、アメリカの市場はブレンド物のスコッチ・ウイスキーからシングルモルトにその関心を移しつつあった。つぎに掲げる1965年の、AP通信の記事は、ウイリアムソンのシングルモルトへの注力が功を奏したことを物語っている。「スコッチ・ウイスキーといえば、モルトとグレインのブレンド・ウイスキーです。しかし、ブレンド・ウイスキーよりも香りが強いストレートモルト・ウイスキーが広がり始めています。モルト・ウイスキーは、詩のような名前を冠しています。グレンリベット、ラフロイグ、グレンフィディック、ストラシア、グレンモーレンジ、アルトモア、タリスカー」。今日では、シングルモルト・ウイスキーは最高級の称号を誇る一方、ブレンド・ウイスキーは棚の下の方に追いやられている。すべてをベシー・ウイリアムソンの手柄にするわけにはいかないが、シングルモルトの成功については、ラフロイグを引き継いだときの、彼女の先見の明に帰するといえよう。断言できるのは、シングルモルトのスコッチ・ウイスキーが最高級品になった時期と、ウイリアムソンがスコッチ・ウイスキーの宣伝担当者を務めていた時代が一致するという点である。

アメリカ全土を旅して回るあいだ、ウイリアムソンはカナダ人の美形のバリトン歌手、ウィッシャート・キャンベルと出会う。かれは「空気を震わす黄金の声」で知られ、カナダでもっとも愛された歌手の1人であった。2人は1961年に結婚したが、お互いの業界を象徴する2人による静かな結婚であった。だが、ラフロイグの従業員の多くは、ウィッシャートを気に入ってはいなかった。ラフロイグの温室で働いていたエディー・モリスは、筆者にこう語った。「かれは、感じのいい男ではなかったですね。……かれはウイリアムソンさんに対して、ひどかったんですよ。忘れもしません。かれは彼女に向かって、『お前は台所仕事だけやってたらいいんだ』と怒鳴りつけていたのです」。

家庭の事情はいざ知らず、ウイリアムソンは依然、ラフロイグ蒸留所を業界の星にまで高めて経営にまい進していた。彼女が結婚した年に、ラフロイグは新しい倉庫を設けて、ウイリアムソンはさらに設備の拡充を望んだ。だが、改修工事の資金は不足していた。ラフロイグの生産高を上げるためには、外部の助けが必要だった。そこで、ウイリアムソンは持ち株の3分の1をロング・ジョン・ディスティラーに売却し、残りの株の大部分も1967年に手放した。すでにウィッシャート・キャンベル夫人と呼ばれていたウイリアムソンは、外部からの投資を受け入れ、古いスティルハウスを石油燃料のボイラーと取り換え、三つ目のスピリット・スティルと二つの新しいウォッシュ・スティルを増設した。新しいボイラーは17トンの重さがあり、輸送が問題となった。おそらく、ウイリアムソンは第二次世界大戦中の対軍協力を思い出したのであろう。巨大なボイラーをアイラへ輸送するために軍用機を使用した。

新しく蒸留所に導入した設備のおかげで、ラフロイグはロング・ジョン・ディスティラーや、ストラスクライド、トーモア、グレンアギー、キンクレイスといった、ライバルのスコッチ・ウイスキーのブランドを一気に追い抜いた。その一方で、ウイリアムソンは大きな犠牲を払うことにも直面した。彼女は株を失ったことで、経営を思い通りに行なう支配力を失ってしまったのである。

ひょっとしたらそれは、ウイリアムソンが望んでいたことなのかもしれない。彼女の真の情熱は、他人を助けることにあった。ウイリアムソンは病人を助け、貧者に手を差し伸べ、とりわけラフロイグの関係者を守った。彼女は働き盛りをすぎた従業員も雇用し続け、そして各人の事情を考慮するとともに、解雇は拒否した。給料日に飲みすぎて散財してしまった従業員には金銭的な援助を施し、退職後に十分な年金がもらえない従業員がいたら、高齢でも雇用し続けた。[5] ウイリアムソンは孤児のためのクリスマス・パーティーを催し、高齢の女性たちのためにガーデンフェアを催した。モリスに言わせれば、「彼女はわたしが人生で出会ったなかで最高の女性」であった。だが、彼女の人生で博愛主義を物語るページは、しばしば忘れ去られている、と語るのは現在のラフロイグのマスター・ディスティラーであるジョン・キャンベルである。キャンベルはウイリアムソンの亡夫と血縁関係にはなかったが、「彼女はこの地域にとって、それだけ大きな存在でした」と語っている。

ウイリアムソンの博愛主義に立った努力に対して、イングランドの女王は「恵み深くお喜びあそばされ」、ウイリアムソンを1963年1月15日に、「聖ヨハネ騎士団の騎士」に叙任した。ウイリアムソンは、病気とケガを防ぎ、かつ癒すこの騎士団の使命を体現した存在であった。女王がウイリアムソンの首にメダルをかけたあと、ウイリアムソンはこう誓願を立てた。「我はここに宣言する。わが主君と祖国とに和平ある限り、聖ヨハネ騎士団と国家の首長に忠実かつ従順であらんと誓う。力の限りを尽くし、騎士団の尊厳を高め、惜しみない努力で慈善の務めを支え続けよう。キリスト教騎士団の目的を高らかに掲げ、誇り高き人として、絶えず研鑽に努めることを誓う」。

1960年代にラフロイグ社が置かれた状況は、聖ヨハネ騎士団の一員となったウイリアムソンの親切心と上手く調和するものではなかった。ウイリアムソンは数字ではないものを見て人を雇い、またビジネスにはならない理由でも人を雇った。ウイリアムソンは、家族を養う必要のある高齢の従業員を雇用し続けていたが、企業の論理に立つと、能力の低い人間の雇用を止めれば、ラフロイグはもっと儲けを出せたはずであった。「人間第一」主義に立つウイリアムソンはやがて、ロング・ジョン社が掲げる利益重視の理想と衝突することになる。

ロング・ジョン社の蒸留技術者ジョン・マックドゥガルは、トーモア蒸留所の責任者を務めていたが、アイラ島への転勤を命じられた。かれはすぐに、ウイリアムソンが過半数に満たない比率の株しか持っていないにもかかわらず、いまだに彼女が主導権を握っていることに気がついた。「ウイリアムソンは、ラフロイグの女性家長そのものでした。ロング・ジョン社が切に望んだことは、ラフロイグ社に自社のやり方を持ち込み、自社の支配を確立し、自社の企業経営方法を確かなものにすることでした。ラフロイグ社の『わたしたちはずっとこのやり方でやってきたのだから、やり方は変えない』というような古い文化を払拭することでした。そのような態度は、わたしがこの職に就いたとき、すぐにラフロイグ社に染みついていることに気づきました」。マックドゥガルは回顧録『麦汁、コイル状冷却装置、ステンレス製発酵槽』にこう記している。

ウイリアムソンは1972年に残りの持ち株を売り払い、彼女は、もてるものすべてをラフロイグに捧げてきた40年近くを噛みしめながら、ラフロイグをロング・ジョン社に委ねて舞台から降りた。1982年にウイリアムソンが死んだとき、アイラ島はラフロイグを地図の上に記して、えた以上のものを他者に与えてきた女性の死を悼んだ。「彼女が忘れられることはないでしょう」。モリスはわたしにそう語った。

ウイリアムソンの遺産は、彼女の遺志により、ホームレスに着るものを与え、飢えた人に施しをし、失業者を雇用するために使われた。彼女の博愛に勝るものなどほかにはなかった。彼女はラフロイグを軍の接収から救い、アメリカにおけるシングルモルトの地位を確立した。ラフロイグのボトルにはすべて、ベシー・ウイリアムソンへの賛辞が記されている。シングルモルトの愛好家たちの乾杯は、すべて彼女に負っているのである。ウイリアムソンがいなければ、スコッチ・ウイスキーといえばブレンド・ウイスキー、そう言われ続けていたかもしれない。

14　現代の女性たち

1980年代になると、働く女性の存在は、職場でこれまでよりもいっそう受け入れられるようになった。1984年には、学士号と修士号の授与者のうち49パーセントを女性が占めるようになった。[1]イギリスの首相マーガレット・サッチャーは、女性が国を率いることができると世界に示した。サンドラ・デイ・オコーナーは連邦最高裁判所の判事となり、民主党のジェラルディン・フェラーロは、主要政党ではじめての女性副大統領候補になった。テレビ番組のコメディドラマ『ラバーン&シャーリー』に登場する、1950年代のビール工場で働く元気いっぱいの若い女性から、同じくコメディドラマの『ゴールデン・ガールズ』に登場する、夫に先立たれ自分の人生を謳歌する女性にいたるまで、大衆文化においても女性は存在感を示すようになった。

女性の給料は男性にくらべると明らかに少なかったし、性差別に直面することもあった。だが1950年代にくらべると、政治的にも大衆文化における位置づけでも、状況はすっかり好転していた。ところが、ウイスキー産業についてみれば、1970年代から80年代は失われた20年とでも呼ぶべき状況にあった。女性たちは依然として瓶詰めの作業場で働き、店先に立ち、まれに男性が独占していた職種に就く女性もいたが、成長軌道にあった蒸留業者は従来の路線を守っていた。見方によっては、他業種がつねに女性を雇用してきたウイスキー業界に追いついたにすぎない、とも理解できる。ウイスキー・ウーマンにとって、1990年代がルネサンス時代となるはずであった。

ウイスキー造りをする地方の大学を卒業した若い女性たちは、化学とマーケティングの分野に仕事を求めて蒸留会社にやって来た。彼女たちはみな必要に迫られてこれらの仕事に就いたわけではなかった。ある意味では、仕事の方が彼女たちを見出したのである。なかにはウイスキー産業の申し子ともいえる女性も、致し方なく一家の稼業に生涯を捧げる女性もいた。女性たちがウイスキー産業に足を踏み入れた経緯はさまざまであったが、ともあれ1990年代はあらゆる点で、ウイスキー業界で女性の躍進が顕著に見られる10年間となった。このような女性たちが風味から包装まで、ウイスキー産業のすべてを変えていった。レイチェル・バリーは、スコットランドで近代以後、初となる女性マスター・ブレンダーである。彼女は1995年、はじめてこの称号を手にしたが、バリーとウイスキーとの出会いはさらに時間をさかのぼる。バリーは蒸留業が盛んであったスコットランドの地方都市、アバディーンシャーで育った。バリーの祖父母は農家を営み、ウイスキーの製造は行なっていなかったが、みな、蒸留酒が地元にとって重要であることを理解していた。1970年代から80年代のこと、バリーは祖母が地元グレン・ゲリオック蒸留所のウイスキーに乳脂肪分たっぷりのクリームを混ぜて飲んでいたことを覚えている。「わたしのウイスキーとの出会いは、7歳のとき耳痛のために飲んだ熱いトディ〔ウイスキーに湯・砂糖・香料を加えた飲み物〕でした」。バリーはこう回顧している。

彼女が薬代わりにはじめてウイスキーを口にしてから10年以上が経過した1991年、バリーは愛好家の1人としてスコッチ・モルト・ウイスキー協会に入会した。エディンバラ大学で化学を学ぶうちに、バリーはウイスキー造りに魅了された。ウイスキーはどのように色づくのか。スモーキーな味わいはなぜ生まれるのか。木片がどのようにウイスキーの風味を高めるのか。バリーは化学者の視点からウイスキーをとらえ、風味を生み出すあらゆる過程を徹底的に調べ尽くした。バリーは卒業後、スコッチ・ウイスキーがキャスクのなかで熟成する過程を研究するために、スコッチ・ウイスキー研究所に職をえた。ウイスキー職人は先達が行なってきた通りに、樽のなかに麦汁を注ぎ込み、何年にもわたって熟成を重ねていた。バリーはスコッチ・ウイスキー研究所の科学者とともに、昔ながらの製法を顕微鏡で観察した。バリーはインタヴューで筆者にこう語った。「熟成については、ほとんどなにもわかっていませんでした。……わたしたちは、過去2～300年にわたって使われてきたものと同じ材料を使っていました。しかし熟成という過程は非常に新しい現象だったのです。1500年代から1600年代にかけて、熟成の過程は行なわれていませんでした。いわゆるアクアヴィタエですね。熟成の過程で、風味の60～70パーセントが生み出されます。わたしが突き止めようとしたのは、どの程度の風味がキャスクに由来し、どの程度が熟成に由来するのか、という点でした」。バリーは最適なスコッチ・ウイスキーの味を追求するなかで、感覚科学の技術も発展させることになった。バリーは言う。「ある意味でこれは、感覚と分析、この両者のバランスのなかでとくに女性に向いた仕事といえるでしょう」。

バリーは100以上のアロマをウイスキーのなかから見つけ出したが、これはスタインウェイのグランドピアノ［の音色を聞き分けること］にも匹敵する作業といえる。バリーはキャスク内の熟成の過程を分析し、記録し、実証することに没頭した。それは彼女の研究に関心を寄せたある傑出したスコッチ・ウイスキー会社が1995年に近代以後で初となるスコッチ・ウイスキーの女性ブレンダーとして彼女を雇い入れるまで5年続いた。

グレンモーレンジ蒸留所で、蒸留とウイスキー製造の責任者を務めていたビル・ラムズデン博士とバリーは、科学的手法を導入したことでウイスキー産業に変化をもたらした。このウイスキー製造チームは、チョコレート・モルトと通常のモルトの割合を変えて実験を行ない、キャスクもいろいろなものを試した。バリーは30年もののウイスキーと若いウイスキーを、ラム酒の樽、バーボンの樽、シェリー樽を用い、モルティングの方法を変え、まだ誰も味わったことのない史上最高のウイスキーを造るべく、誰も試したことのない方法を実践した。グレンモーレンジ・サナルタ・PXはアメリカン・ホワイトオークのキャスクのなかで10年間、寝かせてから、シェリー樽の王様として知られるスパニッシュEX－ペドロヒメネスのキャスクへと移されて、さらに2年の熟成を重ねた。グレンモーレンジ・シグネットは、新たにチョコレート・モルトの工夫が施され、特注のアメリカン・ホワイトオークのキャスクで寝かされた。どちらも口にした人をしびれさせる味に仕上がっている。バリーは古い伝統の殻を打ち破っただけでなく、新機軸をも立ち上げたのである。バリーが新しい試みを始めるまで、ウイスキー業者はみな、ただ麦汁を同じ種類の樽に詰めて、標準とされる6年かそれ以上の期間、寝かせるだけであった。バリーがもたらした革新的なシグネットについて、彼女はこう説明する。「わたしたちはタンブルローストした大麦のチョコレート・モルトを使うところから始め、それから、あらゆる工程を刷新していきました。通常のモルトとローストしたチョコレート・モルトの割合をいろいろ試しました。キャスキングの方法、それに熟成の長さをいろいろと工夫しました。つねにサンプルを検証し、改良し、事前にイメージしていた豊かで力強く、個性的な風味の、コーヒーのような香りと味わいの、これまでになかったモルト・ウイスキーを造り出すために選別を行ないました」(2)。バリーが実験を試み、キャスクの種類に変化をつけることでなにかしらの違いが生じることが証明されたあと、みながこのような技術を使うようになった。だが、ウイスキーの進歩を刷新したことが、彼女が成し遂げた最大の成果とは言い切れない。

グレンモーレンジ・シグネットの「蒸留者」によるテイスティング覚書
香り：プラムプディングと豊かなシェリーの香り、オレンジピールの砂糖漬けが溶けあった強いアルバエスプレッソ
味わい：豊かな甘さと、焼けるようなスパイスと爆発的に弾ける苦味のモカとのコントラスト
後味：明るい柑橘系のレモングリーンのようなミントの新鮮な春風(3)

1997年、グレンモーレンジがアードベッグの蒸留所を購入すると、バリーはアードベッグが所蔵するウイスキーの在庫の調査を担当するようになった。アードベッグはアイラ島にあった。そのため、ピートによる強い香りづけの工程は、バリーがグレンモーレンジでウイスキー製造に関わっていたときとくらべて、よりスモーキーなウイスキーに取り組ませることとなった。月に一度、バリーはみずから率いるチームで、ウイスキーに進化と革新をもたらすための議論をもった。彼女のチームが担当するアードベッグのウイスキーは、過去20年のあいだに造られたもののうちで最上級品と評されていた。「アードベッグ・スーパーノヴァ」は、2010年のジム・マレーによる『ウイスキー・バイブル』で100点中97点の評価を受け、さらにアードベッグを代表する銘柄の「アードベッグ10年」と「アードベッグ・ウーガダール」は2008年と2009年にワールド・ウイスキー・オブ・ザ・イヤーに輝いた。取材時、バリーは筆者にこう漏らした。「仕事のすべては『純粋な研究』でした」。16年にわたって、

バリーはウイスキーの愛好家たちに、「つぎは何だ」という期待を抱かせ続けた。その問いへの答えは２０１１年の秋、故郷にほど近い場所で造られた、別のウイスキーとして現れた。

グレンモーレンジやアードベッグにかわって、バリーはグラスゴーを拠点とするスコットランド随一の小規模蒸留業者、モリソン・ボウモアに奉職することになった。モリソン・ボウモア社は3軒の蒸留所を持ち、そのなかにはグレンギリーもあった。これはバリーがはじめて味わったウイスキーを造った蒸留所でもあった。２０１２年1月、バリーはマスター・ブレンダーとしてボウモア社に加わった。ボウモア社は世界でもっとも愛好されているウイスキーをいくつも生産していた。バリーはマクレランズとグレンギリーとオーヘントッシャンそれぞれのシングルモルトをブレンドし、彼女が得意とする多種多様な香りを加えていった。操業責任者のアンドリュー・ランキンが筆者に語ったところ、「レイチェルは業界のなかでも、もっとも経験豊富なマスター・ブレンダーの1人」とのことであった。肩書を引き継ぎながら、バリーは新しい仕事場でもウイスキーの謎を解き明かすことに没頭した。筆者のインタヴューでバリーは、「ボウモアはこれまでに出会ったなかでも、もっとも謎めいたウイスキーです。果実から塩まで、すべてを取り込んで、もっともアロマの広がりに幅があるのです」と語った。

ボウモア・アイラ・シングルモルト・スコッチ・ウイスキーは、シトラスと蜂蜜の熟れた風味をもつレジェンドに始まり、美しいピートのスモークと蜂蜜の風味を舌へもたらす12年もののシングルモルト・ウイスキーがこれに続く。15年もののダーケストは、スモークを下地にして、洗練されたレーズンとチョコレートの風味が舌へと運ばれてくる。18年ものと25年ものは市場に出回るアイラ産の高級ウイスキーのなかでもっともよく売れている一品で、ピートのスモークと果実、それにトフィーとの繊細なバランスを保っている。さらに、限定版のウイスキーも存在する。「ブラックボウモア１９６４年」は、おそらく20世紀に造られたもっとも複雑なウイスキーで、ひと瓶5000ポンドの値段がついている。さらに1964年のフィノの生産数はわずか72瓶で、いずれの瓶も1万3500ポンドの値段で売られている。ウイスキー愛好者は、「レイチェル・バリーはどうやって、こうした輝く星のようなウイスキーをさらによいものにすることができるだろうか?」と尋ねずにはいられないだろう。彼女は筆者に、このように語った。「わたしはこれまでのボウモアとくらべて、もう少し官能的なスモークをもち、十分な塩味をもつものを追い求めています」。

ボウモアは、この卓越した好奇心に満ちた才能を、単にブランドを維持するためだけに雇ったわけではなかった。なぜウイスキーは暖かい昼間と冬の寒い夜とでは違った香りがするのか、レイチェル・バリーがその香りの秘密を解き明かそうとしていたとき、ボウモア・ブランドでは発見が相次いでいた。それは人のおかげか、ウイスキーのおかげか。「どの程度、大気の状態が影響するのか、空気中の水分子なのか、気圧のせいなのか。それがどの程度、グラスに影響するのか。そして、どの程度わたしの鼻に影響するのか。わたしにはまだ未知なのです」。この化学者はこう言った。「ウイスキーのなかに、なにかしら啓示の瞬間があるような気がするのです」。

ヘレン・マルホランドは、ウイスキーのなかに答えを探す、もう1人のブレンダーであった。1990年代のはじめ、彼女がまだ学生だった頃、ヘレンはブッシュミルズ・アイリッシュ・ウイスキーの研究所で6カ月間、働く機会があった。インターンシップ期間が終わると、ヘレンは学校に戻り、化学の修士号をえるべく奮闘した。ヘレンが働きたい場所はただ一つ。ブッシュミルズだった。ヘレンは非の打ち所がない鼻と、ウイスキーが有するあらゆる性格を突き止める能力で、ブッシュミルズのスタッフに強い印象を残し、テイスティング部門で昇進を重ねた。2005年、ヘレンは現代アイルランドではじめて、マスター・ブレンダーに任命された。ヘレンのブレンディングの才能と、使い終わったラム酒やバーボンの樽のなかに微妙な違いを見つける能力は一流だった。ヘレンの鼻と味蕾はブラインドテイスティングでウイスキーがどの日に蒸留されたのかを当てるほど優れたものだった。マルホランドは筆者にこう語った。「ウイスキーはわたしの人生そのものです。わたしの人生のすべてはブッシュミルズ蒸留所を中心に回っています。ここのウイスキーは、わたしの子供たちのようなものです。かれらの誕生を目にし、貯蔵容器の水のなかからモルトが上がってくる様子も見ます。そしてどうやってスピリットになるのかも見ます。かれらが熟成するまで眠るキャスクもわたしが選びます」。

マルホランドの働きによって、伝統あるブッシュミルズのラベルは評判を保ったばかりか、歴史に残るもっとも興奮を掻き立てるアイリッシュ・ウイスキーを造り出した。マルホランドがマスター・ブレンダーになる前、彼女はブッシュミルズの研究チームがモルトの結晶化を発見することになる実験室で働いていた。この発見は、湿気を含んだ麦芽大麦を、その状態を保ったままゆっくりとローストすることで結晶化させて、自然の甘さを引き出す工程においてなされたものであった。彼女は、「ああ、わたしはいまでも、あの結晶化したモルトの美しい匂いを覚えています」と語った。

ブッシュミルズの400周年が近づくと、マルホランドは倉庫に眠っている結晶化させたモルトの在庫を、特別版ウイスキーに用いることにした。この結晶化させたモルト・ウイスキーは、バーボンを保存するために用いた樽と、スパニッシュ・オロロソ・シェリーに用いたキャスクとの組み合わせによって熟成され、双方のキャスクから甘くピリッとした風味を引き出した。マルホランドは両方のキャスクをテイスティングして、さまざまな樽のウイスキーとブレンディングを試みながら、コーヒーとトフィーの風味、それにオレンジピールとバニラ、蜂蜜の風味をもつように、完璧な組み合わせが見つかるまで試行錯誤した。マルホランドは結晶化させたモルトと、ブッシュミルズの普通のウイスキーやグレイン・ウイスキーとを混ぜ合わせて、「ブッシュミルズ1608」を造り出した。このウイスキーは、2008年のワールド・ウイスキー・アワードで「最優秀アイリッシュ・ブレンド・ウイスキー」の栄誉に輝いた。「ブッシュミルズ1608は、わたしがはじめて造った製品でした」と彼女は語り、こう続けた。「いままでのブッシュミルズのウイスキーとはまったく異なるものを造りたかったのです。同じ特徴を保ちつつ、わが社が造る魅惑的で壮大で、力強いモルト・ウイスキーとはまったく違ったウイスキーを模索したのです」。

マルホランドはブッシュミルズ1608造りについて、こう説明する。「チョコレートバニラのクリーミーさをウイスキーのなかに見つけようとしたのです。それは、かりにほかの誰かが試みたことがあったとしても、同じブレンドにはなるはずのないものでした。わたしはクリーミーな舌触りやチョコレートの香りがお気に入りです」。このウイスキーは20世紀でもっとも優れたアイリッシュ・ウイスキーとの呼び声も高いが、なによりマルホランドが果たしたもっとも偉大な貢献は、ブッシュミルズの新しいパッケージングを大いに宣伝したことにあるだろう。

ウイスキー愛好家は、まず変化を好まない。ブッシュミルズは新しいパッケージングを公表するのに先立って、頑固で保守的な愛好者たちがデザインの刷新に理解を示すか、確かめる催しを試みなければならなかった。広告会社のスマーツ社は、新しい10年もの、16年もの、21年ものの、それぞれのシングルモルト・ウイスキーの新パッケージングのお披露目に際して、ブッシュミルズの伝統と正当性についての議論に、弁の立つ広報役として、ヘレン・マルホランドを引っ張り出した。そこでマルホランドは、こう話した。「わたしたちは自社のシングルモルトに絶大な自信をもっています。そして今年、わが社のウイスキーが世界的に認められたことを嬉しく思っています。新しいパッケージングは、この誇りの上に立っています。加えて、ブッシュミルズを世界一のシングルモルトのアイリッシュ・ウイスキーに導いた、地元のモルト蒸留技術の400年についての比類のない歴史を物語る上でも欠かすことはできません」。さらに彼女は、こう続けた。「わが社のシングルモルトは素晴らしい味わいです。そして、わが社のシングルモルト・ウイスキーは、どんな人にも響くものがあるはずです。もちろん、シングルモルトを飲もうと思ったことがない人にとっても、それはいえます。わたしたちのウイスキーは、三度の蒸留によって、喉越しがすっきりしたものになるのです。スコッチのモルト・ウイスキーとは異なり、スモーキーの風味は一切ありません。ほかのウイスキーとはまったく異なる形で、モルトの風味を真正面から味わうことができます。このシングルモルトのパッケージングが、わが社が自信をもってお届けするウイスキーの品質に馴染むものであることを嬉しく思っております」。

この催しのあと、マルホランドの情熱とブッシュミルズの歴史を物語る力によって、同社のシングルモルトは20パーセントの売り上げ増となり、さらに同社の新しいパッケージングを報じる記事の数も200を数えた。スマーツ社の概算ではヘレンの演説は世界中で8300万人に届いた。ブッシュミルズのマスター・ディスティラーであるコラム・イガンは筆者にこう語った。「ヘレンは素晴らしいですよ。でも、きちんと評価されていませんね。……ヘレンには情熱があり、もって生まれたウイスキーへの熱意があります。マルホランドはビジネス上のリスクアセスメントをこなし、テイスティング研究班にいる女性たち全体のメンター役もこなしています。本当に、ヘレンのような人物はそうそういません。彼女がここにいることはとても幸運なことでした。もしヘレンを超える人物を見つけることができればメダルをさしあげますよ」。

2000年代は、女性がマスター・ブレンダーやその見習い人として働くようになった萌芽期であった。彼女たちはテイスティングの研究室でひと口ウイスキーを口に含むと、男性では当てることのできない成分を特定した。こうして、世界に名だたるウイスキーブランドの数社が、感覚に関係する研究室に女性を雇い始めた。元グレンモーレンジのブランド大使だったアンゲラ・ドラージオは、2004年にスウェーデンのウイスキー会社マックミラのマスター・ブレンダーに就任した。ドラージオは、木の香りが多くなりすぎないよう、モルトの風味がそのまま残るフレッシュなウイスキーを造った。彼女はことあるごとに、「おや、女性のブレンダーですか」という言葉に出くわした。だが、ドラージオには「男性だけでなく女性にも受けのよいウイスキーは、会社の役員をはじめ、蒸留会社、ブランド、消費者、ウイスキー・バー、それにイヴェント会場まで含めて、みなにとって利益になるはず」だとの思いがあった。(4)

デュワーズのスコッチ・ウイスキーのマスター・ブレンダーであったトム・エトキンが2006年に引退すると、品質管理部門とブランドの感覚研究室で働いた経験のあるステファニー・マクロードがそのあとを引き継いだ。彼女はデュワーズの7代目の、そして女性としては同社で初となるマスター・ブレンダーとなった。

カーライン・マーティンは、2007年にディアジオで、ジョニーウォーカーのブレンダーの1人として、またベル・スコッチ・ウイスキーのただ1人のマスター・ブレンダーとして起用された。カーディフ大学で化学の学位を修得したジリアン・ハウウェルは、ウェールズで唯一の蒸留所を運営していたとき、『マネジメント・トゥデイ』誌でビジネス界でもっとも影響力のある女性の1人とされた。ハウウェルは、ペンデリン蒸留所がシングルモルト・ウイスキーを世界的に売り出すことに貢献した。ところが彼女は、2012年はじめに蒸留所を辞め、グレンモーレンジでビル・ラムズデン博士と一緒に働く道を選ぶ。

ラムズデンのウイスキー造りの才能を見分ける目は、性別によってふさがれることはなかった。「女性だからという理由で、雇う人をえり分けたりしたことは一度もありません。そうではなく、わたしが探し求める職歴に見合った人の多くが偶然、女性であったというだけのことです。ですから、わたしは男性と女性、どちらかがより優れた働き手であるという見方には賛成しかねます」。ラムズデンはこう語り、さらに続けた。「ここにいるあいだにわたしが雇うことにした多くの女性たちは、みな優れた嗅覚と味覚をもっていました。ですが、大規模な統計データが手元にあるわけではありませんので、一般に女性の方が男性よりも優れた味覚をもっているか否かについての言及は控えることにしましょう」。

ウイスキーのなかに生まれる

クリスティ・ラークが将来、一番やりたくない仕事がオーストラリアのタスマニア島で家族が営む蒸留所で働くことだった。16歳のとき、彼女は週末と休日に貯蔵庫で働いた。1996年、彼女はラーク・ディスティラーの一員になると決めた。「ウイスキーはわたしの両親が造ってきたものですから」。ラークはそう語った。

ラークは航空管制官養成学校に通っていたが、大きなストレスのかかる環境下で飛行機の着陸を監視することに魅力を感じなくなっていた。2004年、ラークは両親の仕事になにかを見出した。そして、彼女は家業に加わることを決め、蒸留所の下働きとして、ウォッシュの管理、瓶詰め、ラベリング、その他細々した仕事をこなした。マッシュに膝まで浸かりながらスピリットの階段を上った。彼女は言う。「家業に飛び込むという決断は、決して後ろを振り向かないということでもありました」。

彼女の造るウイスキーは確かに特徴的で、アメリカやスコットランド、アイルランドとは違う、タスマニアを感じさせるものだ。ブランディングの観点からいえば、ラークのウイスキーは酒屋の棚に並ぶライバルを丘の上に見上げて戦うことになるが、品質としてはタスマニアのピートに特徴があり、アロマの刺激のなかにかすかに甘い風味を含んでいる。「ラークはタスマニアのシングルモルト・ウイスキーなのです。個性と風味には誇るべき独自性がありますね。本当にタスマニア産のものだけで少しずつ手作りされ小さな樽で熟成されています」。そうラークは筆者に語り、さらに続けた。「わたしたちの蒸留過程は、非常に手のかかるものですが、ディスティラーとしてすべての過程で匂いを嗅ぎ、テイスティングを行ない、どの段階で重要な工程を行なうのか決めています。大手の企業とは違い、わたしたちはあらかじめ決められた手順を踏むことはしません。そのため、蒸留するたび、少しずつ違いが出てきます。わたしは完成するウイスキーの味を左右することができることに、なにより興奮を覚えています」。

クリスティ・ラークと同様、ケイト・シャピラ・ラッツもウイスキー業界に生まれた。独立した家族経営の会社としては最大の、ケンタッキー州にあるヘブン・ヒル・ディスティリーの社長で、蒸留酒の会社も経営するマックス・シャピラの娘に生まれたシャピラ・ラッツは、一般的な普通のグラスが1個もなかった家のことを回想する。「わたしの家にあるグラスといえば、古いヘブン・ヒルのハイボールグラスか、ローボールグラスでした」。

シャピラは、自分が実業界入りを果たしたいと思っていると自覚していた。母親は、10代の娘はいずれ化粧品会社の社長になるものと考えていた。シャピラは大学で、自分の隠れた外国語の才能に気づき、流暢なスペイン語とフランス語の会話力をものにした。ルイスヴィル大学でMBAを取得後、シャピラはP&G社で伝統的なものを好む消費者向けの商品を世界規模で売る事業に関わった。2001年、彼女は実家の稼業にマーケティングの責任者として加わった。彼女の帰還はバーボンの復興期と重なった。ヘブン・ヒルズで彼女が取り組んだ仕事の一つは、同社の主力商品のウイスキーで、会社にとって「もっとも重要」なエヴァン・ウイリアムズ・ブランドの戦略的なマーケティングを創り上げることであった。彼女のマーケティングチームは、多様性が高まる市場で、エヴァン・ウイリアムズを魅力的なウイスキーに育て上げることに成功した。

いまやシャピラは、ヘブン・ヒルズ社のテキーラ、ラム酒、リキュール、すべてにおよぶ品揃えについて、マーケティングを統括している。シャピラは、バーネット〔ドライジン〕、パマ〔ルビー色をした柘榴のリキュール〕、ヒプノティック〔空色のフルーツ・リキュール〕といったウイスキーとは異なる酒類と競合して自社の市場を開拓し、自身のキャリアの大半をウイスキー業界の外で過ごした。ウイスキーの売り上げは、油のよく効いた機械のように円滑で、シャピラ・ラッツはとくに新製品の立ち上げや、重要な戦略上の決定を下すときにだけ加わった。2012年に彼女のチームは新しいバーボンのブランドの名称、コンセプト、位置づけ、パッケージ、そしてマーケティング計画を考案した。新しいブランドはラーセニーといった。

ウイスキーの歴史がポピュラー・カルチャーのなかである程度の位置を占めてくるなか、ヘブン・ヒル社はラーセニーにまつわる話題を作った。シャピラ・ラッツのチームは、このラーセニーという名前〔「窃盗罪」の意味がある〕を、自分のウイスキーを造るためにバーボンを盗むという不正を働いた徴税人にちなんでつけた。ラーセニーについての成功物語は、マーケティングの成功の頂点といえた。

ラーセニー・バーボンの名前は、ジョン・E・フィッツジェラルドとその名前を冠したバーボンにまつわる、いささかいわくありげな歴史に由来する。……実際、オールド・フィッツジェラルドの銘柄の話は、いまは亡きジュリアン・パピー・ヴァン・ウィンクル・シニアをきっかけに有名になったのだが、その話がラーセニー・バーボンの歴史の根底にある。この業界に伝わる話によると、ジョン・E・フィッツジェラルドは、ケンタッキー州フランクフォートに、南北戦争が終わって間もない頃に蒸留所を建設した。当初は汽船、汽車、それにクラブに提供するためのバーボンを造っていた。この話は、1880年代から禁酒法時代にかけて、「オールドフィッツ」のブランドを所有していたS・C・ハーブストと、禁酒法時代に同ブランドを買収し、自身のサイン入りラベルを作ったパピー・ヴァン・ウィンクルによって引き継がれる。ところが、ジョン・E・フィッツジェラルドは、パピーの孫娘、サリー・ヴァン・ウィンクル・キャンベルが1999年に書いた本『なにはともあれ、つねに素晴らしいバーボンを――パピー・ヴァン・ウィンクルとオールド・フィッツジェラルドの物語』によると、まったく無名の蒸留家であった。実際のところかれは、保税倉庫の鍵を使ってもっともよい樽からバーボンをくすねていた徴税人であった。(5)

ウイスキーの愛好家は、このような歴史上の小話を好んだ。このような逸話に目をとめて、ボトルのパッケージ上で披露することにかけて、女性は素晴らしい才能を発揮した。

シャピラ・ラッツがヘブン・ヒルに復帰した頃、ウイスキー会社はマーケティングやPR部門の各事業で女性を雇い始めていた。なかにはブランドを統括するマーケティングの責任者や、ウイスキーに絞ってPRを行なう会社を2000年に立ち上げたローラ・バッディッシュのような女性もいたが、マーケティングやPRを担当した女性のほとんどはスピリットの宣伝を任された。マーケティング業界で働くことについて、シャピラ・ラッツは筆者にこう語った。「ポピュラー・カルチャーに対する情熱を持ち合わせ、青色の方が赤色よりもなぜよいのかと考えるような独創性をもつ必要があります。一般に男性はこうしたことにあまり関心を示しません。こう言ってしまうと変に聞こえるかもしれませんが、男の子と女の子、子供の頃にどちらの方がクレヨンでの塗り絵に多くの時間を費やしたでしょうか。分析や戦略的思考以上に、これこそわたしたちがマーケティングでやっていることの核心ともいうべきものです。独創性のあるものほど、女性に訴えかけてくるものなのです」。

ウイスキー業界の家系に生まれた女性は、家族が背負うウイスキーの歴史を引き継ごうとする強い傾向をもっている。ガブリエラ・キラルテの祖父は、かつてメキシコのシウダーフアレスでD・M蒸留所を経営していた。彼女は祖父が交わしていた手紙や祖父の行動記録、そして歴史的なバーボンのコレクションを保存している。なかには1964年に議会がバーボンはアメリカの蒸留酒であると宣言したあとメキシコの蒸留会社に宛ててアメリカ政府から送られてきた、バーボンという商品名を使用しないように求める一連の書簡もあった。彼女は新聞記者やウイスキー雑誌の記者に、自社の蒸留所の記録をとどめておくために取り組んだ闘いについて話した。

彼女の祖父が残したものが忘れ去られ、メーカーズマークやブラントンのシングルバレルなどの新しいブランドがつぎつぎと生まれていた1999年に、サリー・ヴァン・ウィンクル・キャンベルは『なにはともあれ、つねに素晴らしいバーボンを』を自費出版した。当時は、パピー・ヴァン・ウィンクルの名前はほとんど業界外には知られていなかった。「バーボンが小粋な飲み物だと思われる前はそんなものでした」とキャンベルは筆者に語った。

オールド・フィッツジェラルドの蒸留所は、別名スティッツェル・ウェラー蒸留所として知られているが、同所は1972年に売却された。それはヴァン・ウィンクル一家にとって、とても辛い瞬間であった。30代になった人がよくやるように、キャンベルは自分の幼少期を振り返りつつ、蒸留所が遊び場だったこと、そして「遊ぶには天国で、売らなければならなかったときは一家にとって辛い瞬間で、家族のあいだではながいあいだ、その話題に触れることはなかった」ことを思い出した。閉鎖から20年をへて、その古い建物を訪ねたときのことを、キャンベルは筆者にこう語った。「すっかり荒れ果てていて、まったくの別物に見えました。わたしが書き残さない限り、素晴らしい会社であったことや家族の雰囲気、そして一族がしてきたことすべてが失われてしまうことに気がついたのです」。

キャンベルは古い写真、手紙、記事、スクラップブック、それに祖父の蒸留所を保存するために役立つかもしれないものを探し求めた。「わたしは孫のためにも家族の歴史を失ってしまいたくなかったんです」と彼女は語るが、キャンベルは自分の本が祖父の遺産やパピー・ヴァン・ウィンクルのバーボンを復興しようとする彼女の兄弟にとって、どれほど貴重なものであるかには気づいていなかった。彼女が『なにはともあれ、つねに素晴らしいバーボンを』の装丁家、編集者、印刷会社への支払いを済ませると、主要なウイスキー雑誌はこの本について好意的な書評を掲載し、来客案内所の本の在庫は一気になくなった。

その間、彼女の兄弟であったジュリアン・ヴァン・ウィンクルはバーボンをブレンドして、世界が渇望するウイスキーを造り上げるという並外れた能力を発揮した。[6] ジュリアンは年間7000ケースを出荷した。品揃えはオールド・リップ・ヴァン・ウィンクルから、パピー・ヴァン・ウィンクルの23年ものまで、幅広い銘柄におよんだ。そして、いずれも店先に並ぶやいなや、すぐに売れてしまった。かれが造るバーボンは、さながらパピーが唱えていた呪文のような売れ方をした。「おれたちはいいバーボンを造る。儲けが出るならそれはいい。損が出ても造らにゃならん。なにはともあれ、つねに素晴らしいバーボンをだ」。

キャンベルはウイスキーを造るわけでも、マーケティングをするわけでも、酒店にウイスキーを売り込むわけでもなく、祖父の記憶が消え失せてしまわないように本を書いたのだったが、この本は現在では4刷を数え、結果的に時代を超えてもっともよく売れたバーボンの本となった。『なにはともあれ、つねに素晴らしいバーボンを』は、彼女の兄弟がパピー・ヴァン・ウィンクルの名をよみがえらせる一助となり、その素晴らしいウイスキーの才能を補う力強い歴史書となった。「祖父、父、叔父はみな亡くなって、叔母にも死が迫っています。……過去のことすべてが実を結んだのは奇跡でした」。本が出版されると、キャンベルはパピー・ヴァン・ウィンクルとともに働いたという面々から、数百通の手紙を受け取った。「パピーは有名になり、そしてわたしの兄弟のバーボンも有名になりました」。

ジャックダニエルのリン・トリーも、ウイスキー造りを続けている実業家の1人である。彼女の曽祖叔父ジャックダニエルは1911年に亡くなり、テネシー州リンチバーグの蒸留所を甥に遺した。かりにジャックがかれの姪にあたる、リンにとっての祖母に蒸留所を遺贈していたら、トリーが言うところでは、彼女は億万長者になっていたかもしれなかった。だが、蒸留所が遺贈されなかったからといって、リンが自身の家族の歴史について語ることを止めたりはしなかった。そして彼女は、ジャックダニエルのマスター・テイスターもこなした。

トリーがテイスティングの道を志したのは、１９８０年代のはじめのことであった。いまや彼女はジャックダニエルのシングルバレル・セレクトのような最高級品を担当する5人のテイスターの1人となり、さらに蒸留所にほど近いレストラン、ミス・マリー・ボーボーズハウスの所有者にもなっている。充実したキャリアの道を歩んでいたリンであったが、彼女は実現できなかった夢を一つ抱え込んでいた。「もし年をとっていなければ、ディスティラーになる道を歩んでいたと思います」。

もう一つの伝説的なブランドであるウィレットは、メアリー・ウィレットがいた１９３０年代以来、つねに女性を雇ってきた。いまでは、トンプソン・ウィレットの孫娘で、イーブン・カルスビーンの娘にあたるブリット・シャヴァンが、伝統あるバーボン界でしかるべき地位を保てるよう努めている。ウィレットは１９７０年代にウイスキー造りをやめてしまい、１９８４年にウィレットの義理の息子にあたるイーブン・カルスビーンが、よその蒸留所からウイスキーを買い付けて、ケンタッキー・バーボン・ディスティラーの名前で瓶詰めを始めた。ウィレットはよその蒸留所の求めに応じてウイスキーを融通して瓶詰めをしていたが、一方で自社のウィレット、ノアズミル、オールド・バードストーム、それにジョニードラムといったブランドの宣伝も行なった。

２０１２年1月、ケンタッキー・バーボン・ディスティラーズは名前をウィレット・ディスティラー・カンパニーと改め、蒸留を再開した。ジムビームやヘブン・ヒルが導入しているようなタワースティルのかわりに、美しいウイスキーをひねり出すポットスティルを使い、ウィレットは手作りの優雅なウイスキーを生み出す蒸留所となった。ブリット・カルスビーン・シャヴァンはビジネス面を担当し、マーケティング力は小規模ながら、『ウォールストリート・ジャーナル』紙とウェブサイト「ドリンクスピリット・コム」において、ジムビームと同数の「いいね」を獲得するまでにいたらせた立役者であった。彼女は、家族経営ゆえに「面倒な」こともあると認めながら、夫、兄、弟、そして父とともに働いている。だが、「みな共通の目的をもち、情熱をもって働いています」と話した。[7]

ホリス・ブレットは、ウイスキー造りを始めた家に育った。元税理士でベトナム戦争帰りのトム・ブレットは1980年代の後半、先祖がやっていたウイスキー造りを再開した。ホリスはこう回想する。「わたしが幼かった頃、みなが話すことといえばすべてウイスキーについてのことでした」。今日では、ブレットはバーボン業界でもっとも重要なブランドの広報大使の1人となっている。彼女は父親とともに世界中を旅して回り、バーテンダーに自家製のバーボンを売り込み、現代にかつてのもぐり酒場のような雰囲気を再現してみせた。ブレットはオープン・レズビアンであり、単身でゲイの市場を獲得した、おそらく現代でもっとも肝の据わった情熱家である。彼女はレズビアン雑誌『カーヴ』で「バーの流行り廃りは、『マッドメン』のような催しや、祖父たちの時代の忘れ去られたカクテルの時間に影響を受けるものなのです」と語り、こう続けた。「わたしは、一般の消費者がこれまで以上に、褐色のスピリットとともに複雑で成熟した経験を楽しむようになることを願っています」。

ブレットが主催したパーティーは、客は当世風の豪華な衣装に身を包んでいた。その後、何軒かのウイスキー蒸留所が彼女のアイデアを真似て、「マッドメン」や禁酒法時代のパーティーを模した催しを行なった。ホリス・ブレットは禁酒法時代や1960年代の広告宣伝に魅了されたモダン・ポップカルチャーを掘り起こした第一人者であった。だが、彼女は自身については、いまだ父の小さな娘にすぎないと口にしている。「わたしたちは、繊細であり、かつ純粋なんです。パパとわたしはパートナーで、酒を酌み交わすときこそが、嘘偽りのない瞬間なんです」。

重役たち

ウッドフォードリザーヴ社で中間管理職としてブランドマネージャーを務めるローラ・ペトリーから、ウイリアム・グランツ社でCEOのポストに就くステラ・デイヴィッドにいたるまで、女性たちはアメリカのみならず世界市場においても、著名なウイスキーブランドを牽引している。男性がほぼ独占しているようなポストでも、ディアジオでCEOを務めるディアドラ・マーランや、ブラウンフォーマンの操業担当副社長のジル・ジョーンズといった女性たちが活躍している。

2012年に180万ドルを稼いだディアドラ・マーランは、キャプテン・モーガン、ジョニーウォーカー、スミノフ・ウォッカ、ギネス・ビール、クラウン・ロイヤル・カナディアン・ウイスキー、バイレイズ、ブレット・バーボン、そしてホセ・クエルヴォテキーラといった銘柄を抱える、世界でもっとも大きなスピリット会社ディアジオの財務記録の監督責任者である。ディアジオは2012年、課税前利益として51億ドルを計上した。マーランはもともと、シーグラム・アンド・サンズ社で上級財務担当として働いていた。スピリット業界におけるトップの財務担当役員との評判も高く、2009年にはクランフィールド大学が選ぶ名誉ある「注目すべき百人の女性たち」のリストにも名前が挙がった。「ディアドラは最高の財務戦略家で、決断力のあるリーダーであり、信用できるアドバイザーなんです。彼女は飲料用のアルコールのビジネスによく通じています」[8]。ディアジオ・ノースアメリカの社長兼CEOのイヴァン・メネゼスは、2009年にそう語っている。

マーランは財務面を任されているが、ジル・ジョーンズは、ブラウンフォーマンの生産工程を円滑に稼働させて、ジャックダニエル、ウッドフォードリザーヴ、シャムボード・リキュール、コーベル、それにサザンコンフォートといった銘柄の効率的な生産を任されている。だが、マーランと同様ジョーンズも、自身の仕事は経営に影響をおよぼすことがないようにする点にあるとの認識にあった。「操業にともなうすべての事柄は、結局のところ数字になって現れます」。ジョーンズはこう筆者に語った。ジャックダニエルが樽からタンクへと移されるとき、ジョーンズのチームはその量の分析を行なう。もし、数字が小さいようであれば、すぐに原因を探る。モルトが原因か、樽の運搬中の問題か。熟成期間の問題か。対処法はあるか。新しい種類のウイスキーに、新しい樽が必要である場合、彼女はこう問いかける。「このプロジェクトに新しい樽を使う場合、どのような濾過装置を導入すべきか、と。技術者が言い出しそうな質問が頭に浮かぶのです。『あなたは科学者ではないのに、ときどき、妙な質問をしますね』と」。ジョーンズはこのような質問を、北京からドバイにいたるまで、世界80カ所を超えるブラウンフォーマンの工場に立つ現場責任者や技術者に対して行なう。ジョーンズのチームは、ボトリング作業の効率を高めることから、樽から漏れるウイスキーを減らすことまで、革新を図り、改善を行なう。

たとえば、彼女のチームはブラウンフォーマンのウイスキー樽に要する金額の削減に貢献した。例年、樽は暑いケンタッキーの蔵のなかで熟成されるが、3～5パーセントのウイスキーが蒸発によって失われた。これは、「天使の分け前」と呼ばれている。彼女は詳細は伏せたが、「企業秘密」の樽の製法によってこのウイスキーの消失を減らしたのだと明かした。ウイスキー会社はこうした「企業秘密」については口が堅いものである。というのも、競合する他社がよくアイデアを盗み、同じやり方を、さも自社の手柄であるかのように行なうからである。ディアドラ・マーランもジル・ジョーンズも、巨大な大衆を相手にした商売を担い、株主の要求に応える必要がある会社に勤めている。彼女たちの努力一つで、株価が上下することだってありうるのである。

ウイリアムグラント社のCEO、ステラ・デイヴィッドは、ウイリアムグラント＆サンズがウイスキーの愛飲家に向けてなにを提供しているのか説明する段になると、まず自社は一般客を相手に商売をしているわけではないという点を挙げる。「個人とのつながりはいまなお重要です」とデイヴィッドは言う。ウイリアムグラント＆サンズは、グレンフィデック、ヘンドリック・ジン、その他、多くのブランドを所有しているが、ステラ・デイヴィッドは証券会社からのプレッシャーはまったく感じていない。「長期的な視野に立っていると話すと、みな単に遅いだけだと考えるものです。しかし、真実はその反対です。わたくしどもは長期的な視点でものごとを考えますが、動くときはきわめて俊敏かつ素早いペースで動きます。やるなら異なる方法でやらなければなりません。もし違ったやり方でないなら、存在する意味がないじゃないですか」(9)。

デイヴィッドの戦略は、一つにアイリッシュ・ウイスキーの波に乗ることにあった。ウイリアムグラントは、タラモアデュー・アイリッシュ・ウイスキーを1億7100万ユーロで買収し、さらに3500万ユーロを投じて、蒸留所を拡張するために58エーカーの土地を取得した。新しいポットスティルウイスキーとモルト・ウイスキーの蒸留所によって、もともとあった蒸留所が1954年に閉鎖して以来、街ははじめてウイスキーの生産を取り戻すことになった。ステラ・デイヴィッドが同社の復興を当該3年間で最優先に掲げる事業と位置づけたことで、タラモアデューの売り上げは毎年15パーセントの伸びを記録し、ウイリアムグラントの成長に大きく貢献した。これは、アイルランドにとっても歓迎すべき成長であった。『アイリッシュ・タイムズ』紙は、ステラ・デイヴィッドこそが、停滞するアイルランド経済の成長の「ボタンを押した」当人であると称賛した。ウイリアムグラント社のCEOとして、デイヴィッドはすべてをウイスキーに注いでいた。「つまるところ、タラモアでタラモア・ウイスキーを造ることができるのは、なによりもの魅力です。ブランドをそもそも生まれ故郷に戻すことができるということは、ある意味でとても説得力のある話ですから」とステラ・デイヴィッドは語っている。[10]

アナ・マルムヘイクも、アイリッシュ・ウイスキーと故国の遺産の重要性を理解している1人である。彼女はペルノ・リカール社の子会社であるアイリッシュ・ディスティラー社の会長兼CEOである。マルムヘイクはジェムソンの世界一のアイリッシュ・ウイスキーと、レッドブレスト、パワーズ、グリーンスポットなどを含む、多くの輝かしいブランドのリーダーである。マルムヘイクは2011年の後半にCEOに任命されたばかりだが、かつての最愛の恋人とでも呼べるアイリッシュ・ウイスキーの現場に立ち戻ることができた。イエロースポットは、1960年代には酒屋の陳列棚からは消えていたウイスキーで、バーボン樽、スパニッシュチェリー樽、スパニッシュマラガの白ワイン樽で寝かされた、12年もののアイリッシュ・ウイスキーである。イエロースポットの復活は、とくにアイリッシュ・ディスティラーが年間を通しての出荷に専心すると、ウイスキーの専門誌でも驚きをもって歓迎された。「我われはイエロースポットを弊社の品揃えに再び迎えることができ、喜んでおります。わが社はシングル・ポットスティル・ウイスキーが世界に受け入れられると信じ、イエロースポットがその関心に再び火を灯してくれるものと確信しております」とマルムヘイクは語った。[11]

巨大なウイスキー企業を2人の女性が経営し、あらゆる重要な決断を下しているにもかかわらず、ウイスキー会社の女性たちは、「ちょっと待ってください、あなたは女性だったんですね」という、1960年代にベシー・ウイリアムソンが耐え忍んだのと同じ烙印に直面している。女性はもはや、役員室の新参者などではない。1人ひとりの名前など挙げきれないほどに多くの会社で、女性は経営者になっているのである。

15 ウイスキーにまつわるさまざまな努力

現代のウイスキー愛好家たちは、世界の主要都市に赴き、あらゆる地域を旅する。そして、さまざまな場所で、ウイスキーを出すレストランを発見する。ハイウェスト・ユタ・ウイスキーをスモークしたトラウトの一品料理に合わせるブルックリンのレストラン「チャー・ナンバー・フォー」から、タリスカーの10年ものを子羊のすね肉煮込みに合わせるボストンの「エンディコットハウス」にいたるまで、いまやレストランはウイスキーをワインと同様に扱っている。有名シェフのチャールズ・ファンやエメリル・ラガス、それにアンソニー・ボーディンは、飲むにせよ料理に使うにせよ、バーボンをこよなく愛していると告白した料理界のロックスターたちである。そして、キッチンカーやファストフード業界までもが、バーボンのもつマーケティング力を用いて客を引きつけようとしている。

このような料理界での流行に10年も先立って、ケンタッキーのシェフで、ホーリー・ヒル・インのオーナーでもあり、ハイドパークのクリナリー・インスティテュートの卒業生でもあるウイタ・マイケルは、ウイスキーをチャツネ、クレム・フィッシュ・フエメ、ブリネ、それにバーベキューのソースに加えていた。「お客からもらったコメントで一番多かったものは、バーボンを料理に使っているのにものですもの。『バーボンの味がしない』というものでした。そりゃソースを2時間じっくり煮込んでいるのですもの。バーボンの味なんて残るわけないでしょう」。マイケルは筆者にこう言って、さらに続けた。「これこそ、わたしがデミグラスソースにバーボンを使う理由なんです」。ウッドフォードリザーヴのシェフ・イン・レジデンスは、バーボンを料理に使うにあたっての、ある暗黙のルールを作り上げた一派の1人であった。その暗黙のルールとは、もしバーボンを味わいたいのであれば大量に使え、というものであった。

彼女はバーボン・ビジネスにおける新しい波を体現する1人であった。その波は、消費者のウイスキーに対する関心の高まりと、関係団体との相互作用による成長なくしては生じなかった、ある種の洗練された動きといえる。「樽からスティルにいたるまで、みなすべてに触れて、そして味わい、口にして、学び、理解することを望んでいます。アメリカの料理に生じている大きな波は、ウイスキーへの愛着がたどってきた遠い道のりを思い起こさせるものでもあります」。

1980年代、一般にウイスキーとともに出てくる食事といえば、ジャック・アンド・コークにハンバーガーとフレンチフライといったものであった。ウイスキーが洒落たものだという感覚はまったくなく、その可能性を認識できた者もほとんどいなかった。ウイスキーはといえば、ストレートで出されるかロック、またはコークで割られたり、たまにカクテルに使われたりするといった程度であった。スピリット会社はおもにプロによるテイスティングに狙いを定めており、大衆の消費者のことは気にかけていなかった。ウイスキー・メーカーは、雑誌での好意的な評価、紙媒体の広告、小売業者の店頭広告による購入者への売り込みに頼っていた。ウイスキー会社は1996年にいたるまで、テレビコマーシャルすら打たなかった。この20世紀に行なわれた消費者に対する活動に欠けていたのは昔ながらのテイスティングだった。

ウイスキーをテイスティングしてもらおうと努力する人は誰もいなかった。しかしこれは、ジョン・ハンセルとその妻アミー・ウェストレイクが消費者相手のテイスティングを実行しようとしたことで変化を迎えることとなる。

夫妻は、現在『ウイスキー・アドヴォケイト』誌と名称が改まっている『モルト・アドヴォケイト』の定期購読者とともに、読者参加型のウイスキーの試飲会を企画した。だが、そのような企画を経験したことのある人は誰もおらず、このアイデアはほとんど見向きもされなかった。ある伝説的なウイスキー誌の記者は、ハンセルに向かって「だめだ、上手くいきっこない。成功にはほど遠い」と忠告した。

ニューヨークのマリオット・ホテルにこの話を持ちかけたときのことを、ウェストレイクは筆者にこう語った。夫妻は「非常に大きなリスク」を抱えて、「もし、この催しが成功しなければ、購読者の面前で、広告主の面前で、そしてニューヨーク市のマスコミの面前で失敗をさらすことになります。……リスクは限りなく大きかったですね。失敗するリスクに、経済的に破綻するリスク。ホテルには保証金が必要ですし、チケット代金やブースの出展料を手にする前に、大枚をはたく必要があったのです」。

ジョンとアミーは1998年当時、個人事業主として商売を行なっていた。夫妻の依頼を受けた弁護士は、かれらがウイスキー蒸留所と交わした契約書を見るなりこう尋ねたという。「お2人とも、正気ですか？　会社組織ではないんですよね？」というのも、万が一にでもイヴェントの参加者が、帰路に飲酒運転で誰かの家族をひき殺すような、かれらが個人的に責を負う事態が生じた場合、裁判所が責任を認めると、夫妻は家、銀行口座の預金から老後の資金まで、すべてを失う可能性があったのである。そこでウェストレイク夫妻は、改めて会社組織としてウイスキー会社との契約を結び直した。

夫妻が主催した最初のウイスキー・フェストは、開催を1カ月も前にしてチケットが完売した。幸運にも、広報を担当した人物がウェストレイクに大口の引き合いを約束してくれたのである。だが、雑誌の誠実な読者たちを失望させることはアミーの望むところではなかったため、夫妻はできる限り多くの人が参加できるよう努めた。マリオットの部屋は、これまで飲んだことのないウイスキーを試してみたい、あるいはみずからが愛するウイスキーの造り手に会ってみたいという熱心なウイスキーの愛好者たちで一杯になった。その一方で、異なった現象も起こっていた。蒸留家たちが、このウイスキー・フェストを大学の同窓会のようなイヴェントとみなしていたのである。「ウイスキー野郎たちを一つのイヴェントで一堂に集めようとする人なんていませんでしたからね。かれらはそういったイヴェントに参加できて、互いに交流する機会をもつことができたことで本当に興奮していたんです」とウェストレイクは語った。

じつのところ、アミーとジョンはビール・フェスティバルで同様の現象が起きていることを知っており、その上でウイスキー・フェストを主催したのであった。「ウイスキー・フェストというものはありませんでした」と、ウェストレイクは語っている。だが、ウイスキー・フェストは、ビール・フェスティバルのような酔っぱらうためのイヴェント以上のものになった。ウイスキー・フェストではセミナーやテイスティングを行ない、なぜライ麦がバーボンのスパイスとなり、ピートがスコッチをスモーキーなものにするかを消費者に解説した。ウイスキー・フェストは酔っぱらうことを目的としたものではなかった。関心はもっぱら、味覚力やテイスティング力の研鑽にあった。第一回のアメリカでの催しは、すべてのウイスキーとウイスキー・メーカーを祝福するものとなった。

ウイスキー・フェストは毎年、規模を拡大して行なわれた。アミーとジョンは、ウイスキー・フェストを新しい市場に売り込もうとした。だが、ニューヨークでは成功したにもかかわらず、いつもかれらのコンセプトが理解されたわけではなかった。アミーがサンフランシスコの小売業者に出向き、店の顧客に向けてウイスキー・フェストの宣伝を行なってもらおうと持ちかけたとき、この小売業者は秘書にこう言ってアミーとの面会を断った。「彼女と会うことに、興味はないねぇ」。彼女のコンセプトを理解してくれる小売業者もいたと、ウェストレイクは言う。とはいえ、そうではない場合、2分と面会時間をもらえないこともあった。しかし、彼女はまい進し続けた。ハンセルはこのアイデアを思いついてから2回の開催をへて、『モルト・アドヴォケイト』誌の専属編集者兼発行人という立場に戻った。こうしてウェストレイクは、ウイスキー・フェストの実質的なCEOとなった。

ウイスキー・フェスト礼賛

ウイスキー・フェストは、ウイスキーのイヴェントの聖杯だ。なんといってもたくさんのウイスキーが飲める。なかには1本150ドルから200ドルするものだってある。唯一の問題は、時間が十分にないことだ。わたしがウイスキー・フェストに行けなかったのは一度きり。太ももの筋肉を痛めて、イヴェントの当日、施術を受けなくてはならなかったときだけである。

ピーター・シルバー、グリニッジビレッジ 2004年

2004年には、ウイスキー・フェストを真似したイヴェントが開催されるようになっていた。それなりの規模の小売業者や蒸留業者であれば、いずれもウイスキー・フェストに参加した。ある蒸留業者の広報担当者が筆者に語ったところ、「ウイスキー・フェストは熱心なウイスキー愛好家たちを魅了す

るなにかをもっていますね。それを無視するような馬鹿な真似などしませんよ」とのことであった。ウイスキー・フェストは、いまやレストランや小売業者と結びつき、各地でウイスキー・ウィークと呼ばれる催しを行なっている。そこでは地域の消費者に広く参加を呼びかけて、地元のメディアも大々的に取り上げている。とある街で30のイヴェントを開催する場合、チケットの販売を任される側は計画を立てるために催しの中身を確かめようとする。これが口コミを呼び、噂は信じられないほどに膨れ上がる。ウエストレイクが言うには、まったく疑いの余地なく、くらべようもない達成感を覚えているが、それでも頭痛のタネは残ったという。「最初の数年でわたしが一番恐れていたのは、誰かが馬鹿げた真似をしでかすんじゃないかということです」。

まれに生じる無責任な酒飲みのやっかいごとを回避するために、ウェストレイクは公共交通機関が発達した都市を選び、ウイスキー会社にも酒は4分の1オンス以上は提供しないよう指示した。彼女が言うには、「わたしたちは、酒の量をコントロールしなければ、数時間後に参加者がまるで話にならないような状態に陥ってしまうのではないかと心配しました」。だが、あるウイスキー会社がルールを破ることは黙認された。第1回のウイスキー・フェストで、ワイルドターキーのブースに歩み寄る客に、マスター・ディスティラーのジミー・ラッセルはグラスの淵までなみなみとウイスキーを注いだ。このウイスキーを淵まで注ぐルールは「ジミー・ラッセル」ルールと呼ばれるようになり、第32回目を数えるいまでも、ジミーはそのやり方を踏襲している。このようなことを別にしても、ウイスキー・フェストは一度も問題を起こすことなく、いまではアメリカでもっとも成功した蒸留酒の消費者イヴェントになっている。ウイスキー業者はこのイヴェントで新製品のお披露目をし、ジムビームのマスター・ディスティラーで、ジムビームの曽孫にあたるフレッド・ノーが言うには、「これほど多くの熱心な消費者と一堂に会することができる唯一の場所となっている」。ジョン・ハンセルとアミー・ウェストレイクによる大規模な消費者向けのウイスキーイヴェント開催の試みは、業界を様変わりさせた。

配管工や大工から医者や弁護士まで、ウイスキー市場は幾何級数的な勢いで成長し、グローバル企業はウイスキー愛好者が、ウォッカやジンのファンよりも情熱的であることを理解した。ウイスキー・フェストが拡大するのにあわせ、スコッチ・ウイスキーやアイリッシュ・ウイスキー、それにバーボンの売り上げも大きく伸びた。ウイスキー・フェストは、メーカー各社にとって、新しい製品をお披露目し、消費者と意見を交わす場所になった。たくさんの愛飲家と触れ合うことができるウイスキー・フェストがなければ、そしてレストランとの提携がなければ、世界は濃厚なリブアイと力強いバーボンとの出会いを楽しむこともなかったのかもしれない。ハンセルとウエストレイクは、禁酒法時代が明けてから作られた厳しい法律によって蒸留家たちが逸してきた、ウイスキーを披露するという機会をもたらしたのである。

第1回のウイスキー・フェストのあと、リアノン・ウォルシュはウイスキー・オブ・ザ・ワールド・イン・サンフランシスコを主催した。このウイスキー・ショーに先立って、ウォルシュはコネマラ山地の尾根に広がる85エーカーの土地で、クルーノーガル蒸留所というアイリッシュ・ウイスキーのブランドを立ち上げた。彼女は質のよい水が豊富な、蒸留用の開けた土地を手に入れていた。ウォルシュはバイオダイナミック農法を実践している農家に渡りをつけ、もっとも品質のよい大麦を手に入れて、観光用のバスまで用意した。「わたしにとって重要なことは、ついにアイルランドにおいて、本当の意味でハイエンドなウイスキーを造れるようになったということです……。確かに、この辺りにはよいアイリッシュ・ウイスキーはあるのですが、結局のところは、国外にもっとも出回っているアイリッシュ・

ウイスキーといえば二流品なのです」。ウォルシュは筆者にこう言って、さらに続けた。「わたしの会社では、わたしがアメリカ市場で一番、受けがよいと考える味を目指してウイスキーを造りました」。ドットコム・バブルが弾けると、クルーノーガル蒸留所の資金は60パーセントが枯渇した。ウォルシュは新たな出資者を募り、あきらめるようなことはしなかった。「わたしは、あがき、あがいて、あがき続けて、そしてようやく……いまがあるのです。当時、わたしの夫はこう言っていました。『君は別の目標を見つける必要がある。さもないとウイスキーに身を滅ぼされてしまう。経済的に、いや別の面においてもそうだ。』」

彼女は目標をウイスキー・オブ・ザ・ワールドに設定し直した。クルーノーガル蒸留所に注がれていた彼女の情熱とエネルギーは、この新しいウイスキー・ショーに結実した。

彼女は筆者に語った。「わたしはポーチに腰かけて、蒸留所の行く末に不安を覚えていました。こう考えていたのです。『なにかしないといけない。それもウイスキーで。みながあの会社はなにかやってくれるぞ、と思ってくれるようななにかを』。それは、6月のある晴れた日のことでした。わたしは夫に向かってこう言ったのを覚えています。『わたし、ウイスキー・ショーをやるわ』って」。

ウォルシュがサンフランシスコにこだわったのは、彼女がこの街を愛していたからであった。現在、ベイエリアで広まっているウイスキーへの熱狂は、まさにウォルシュが仕掛け人であった。すぐに『プレイボーイ』誌を含む、あらゆる有名雑誌がこのイヴェントの宣伝に乗り出した。彼女は１９９８年の秋、翌年3月に開催を予定していたショーのチケットを販売した。最初のイヴェントが終わったあと、ウォルシュが注目したのは女性の割合が全体の3パーセントにすぎないという点であった。そこで、「ほとんどの家庭で、財布のヒモを握っている」、女性をターゲットにすることを優先課題に据えた。

「ウイスキーはまだ、女性に広く根付いてはいませんでした。女性がウイスキーを飲むことには、だらしないイメージがつきまとっていました。そういった負のイメージを払拭して、その姿勢を改めるときが来たのです」。

ウォルシュはウイスキー・オブ・ザ・ワールドのイヴェントで、ウイスキーを酔うための手段としてではなく、手作りの工芸品として紹介するように努めた。ウォルシュの狙いは、女性のあいだに根強く残る、ウイスキーは酒場での喧嘩の種だというイメージを拭い去る点にあった。これについて、彼女は筆者にこう説明した。「すべての販売業者に、つぎのような文面の契約書にサインさせました。そこには、すべてのテイスティング・テーブルに着席できる客の数は最大3人、それに知識豊富なウイスキーの専門家を最低でも2人立たせること、と書いてありました。言うなれば、ベティ・ブープを思い起こさせるようなことや、露出の多い女の子を立たせてウイスキーを注がせるなんてことができないようにしたわけです」。

ウォルシュはコンパス・ボックス・スコッチ・ウイスキーのようなブランドのアメリカ参入を手助けしたことで知られるが、なにより彼女の最大の功績は、2009年のウイスキー・オブ・ザ・ワールドの女性入場者の割合を50パーセントにまで高めたことだろう。それは、彼女がこの催しを人に譲る1年前のことであった。ウォルシュは言う。「わたしは、チケット購入者への特典として、ベスト・ドラム・ウイスキー・クラブを始めました。これが、かれらの配偶者に手を伸ばすにあたって、本当に役立ちました。わたしたちは、かりに妻がウイスキーを飲んだことがなかったとしても、彼女たちに会場へ足を運んでもらうための方法を編み出したのです。そして、彼女たちをウイスキーを飲む人たちへ変えてみせようとしたのです」。

メレディス・メイは、マスコミではじめてウイスキー・オブ・ザ・ワールドのスポンサーとなった『パターソンズ・ビバレッジ・ジャーナル』誌（現在の『テイスティング・パネル』誌）の責任者だが、その彼女が筆者に語ったところ、「リアノン・ウォルシュは真のパイオニア」であった。ウォルシュが表舞台から姿を消した年、ウイスキー業界で古参のもう1人のプロフェッショナルな女性が、1998年から温めていた夢を実現させた。ペギー・ノエ・スティーヴンスは、ブラウンフォーマンのマスター・テイスターで、ウッドフォードリザーヴの立ち上げに手を貸した人物でもあった。彼女はブラウンフォーマンで働いていたときに、女性に限定したバーボン愛好者向けのクラブを始めることを思いつく。着想から10年以上がたった2011年、女性向けのカクテル文化が広まるなかで、「バーボンにはマルガリータのようなカクテルがない」という理由で、彼女はバーボン・ウィメンを立ち上げた。2000年のはじめから2005年頃にかけて、有名シェフ・ブームのなかで、カクテルはスターの地位に上り詰めた。この頃、バーテンダーはミクソロジスト（mixologist：混ぜる（mix）を科学的（logy）に追究する人。この言葉は1800年代にはじめて登場した）と呼ばれて、創作カクテルを作るようになっていた。ニューヨークやサンフランシスコといった主要な都市では、自家製のシロップと庭で育てたハーブを用いる、1杯が12ドルから16ドルもするカクテルが出回り始めていた。バーテンダーたちは、オールドファッションやマンハッタンのような古典的なカクテルを見直し、そのレシピにかれら一流の捻りを加えて、かつては男性限定であった飲み物を女性にも広めるようになった。

このようなカクテルブームが始まるまで、女性はみな、バーボンはとっつきにくい飲み物と考えていた。スティーヴンスは筆者に語りながら、こう続けた。「女性にとってバーボンは、記憶のなかで父親が飲んでいた飲み物だったのかもしれません。大人になっても、バーボンは一度も出されたことがない飲み物の一つだったのでしょう。そこに突然、このカクテルブームが登場したのですよ」。ラスベガスのパトリシア・リチャーズや、シカゴのブリジット・アルバートといった著名な女性バーテンダーが、女性向けのカクテルにウイスキーを取り入れて、カクテルの魅力的な素材としてウイスキーを見出した。だが、スティーヴンスは、バーボンをより親しみやすい飲み物にするために、もっと地道なやり方を選んだ。彼女はバーボン・ウィメンを設立したのである。これは、アメリカ・ワイン協会のような消費者団体であった。創立者たちは、女性のウイスキー愛飲家の力になることを目指した。レキシントン出身で、創立メンバーの1人であったメアリー・クイン・レイマーは、AP通信の取材にこう語った。「バーボン、それにバーボンのある生活を楽しむ女性が、きちんとした消費者として理解される水準にまで達したと、ようやく安心できるようになったと感じています。バーボンはもう男性だけのものではないのです」。

ウイスキー・フェストやウイスキー・オブ・ザ・ワールドが、啓発目的でお客を呼び込んだのに対して、バーボン・ウィメンの目標は、女性に焦点を絞った教育を通して、バーボン会社に女性を対象としたマーケティングの機会を与える点にあった。創設の初年度には300人の会員が集い、国中に支部が置かれた。バーボン・ウィメンは淑女に向けて、バーボンが優雅で女性的であると触れ込んでいった。また、ディスティラーには女性こそがマーケティングの対象になるべきだと説いた。スティーヴンスは業界内の人脈を活かして、女性を対象にしたマーケティング戦略への関心を高めた。彼女はマーケティング担当者の内情を熟知していた。これまで、女性は潜在的なターゲットとしては長らく見向きもされなかった。スティーヴンスがわたしに語ったところ、「いまや女性は無視できない存在になっていますが、これまでバーボンは要するに男性――マーケティングの第一目標――の飲み物と思われてきました。

多額のマーケティング費用を投じればよいのです」。

このマーケティングに資金を投じて女性客をつかむという考え方は、なにも新しいものではない。マーケティングの担当者は、いわゆる「ママ・ブロガー」たちと一緒に仕事を行ない、コンサルタントたちは数百万ドルを投じて、女性にアピールする方法を企業に教えている。スティーヴンスは現在、イメージ・ブランディング・コンサルタントとして、ほかの業界で採用された手法を用いて、バーボン会社が女性客を取り込むための手助けを行なっている。「わたしは、女性限定の社交クラブのように見られるのは心外です。そうしたクラブは山ほどあります。女性の組合や、ビジネスの講演を聴くような組織も山ほどあります。それにくらべて、バーボン・ウィメンは、唯一無二の存在なのです」。

スティーヴンスの目標は、新しいウイスキーを試し、広告を検証し、女性を呼び込むためのイヴェントについて議論して、アメリカの女性たちに見分ける力をもたらす点にあった。彼女はこう説明する。「わたしたちは、真面目な組織であると受け取られるように、しかるべき手順を踏みながらグループを結成しました」。スティーヴンスはウイスキー会社に勤めているとき、同じような戦術を使ったが、彼女の作戦が注目を集めることはなかった。というのも、そもそもマーケティング用の資金は男性を想定したものであったからだ。女性が普段からウイスキーを口にするようになったいまでは、ウイスキー会社も女性の声に耳を傾けるようになっている。

女性限定のスコッチ・ウイスキー・クラブは世界中で立ち上げられている。ニューデリーでは、インド初の女性ウイスキー・クラブ「スピリット・オブ・ネロ」がウイスキーのワークショップを後援した。インドのウイスキー鑑定家で、ライフスタイル・コンサルタントのサンディープ・アローラは、「女性はウイスキーの優れた愛好家として存在感を示しつつある」と書いている[1]。アローラによれば、かれが主催したウイスキー試飲会に集った人の少なくとも40パーセントが女性であった。

ウイスキー・ウィメンは、ベネズエラ、日本、中国、ヨーロッパ全域、それにアメリカ中にある。女性たちとウイスキーとを結びつけたのは、ソーシャルメディアの多くの投稿であった。そのなかにはワイルドターキーの親会社であるカンパリの「ウィメン・アンド・ウイスキー」のフェイスブック・ページがある。このページには、「女性が集まり、教え、学び、この力強い褐色のスピリットをさらに深く理解するために作られました。世界の名だたるウイスキーの力を頼りに、わたしたちはその香りを楽しむ旅路へと踏み出します。それも女性のためだけに準備された旅にです」とある。カンパリ社の女性に狙いを定めたマーケティングは、ウイスキー業界の女性の古強者たちがつねに試みてきたことであった。

1990年代には、ペギー・ノエ・スティーヴンスら数名のマーケティングを担当する女性たちが、女性をターゲットにすれば相当数の顧客基盤となりうると、男性のマーケティング担当を説得しにかかった。だが、今日にいたるまで、女性をターゲットにしたマーケティングは存在していない。このことは、女性のウイスキー愛好家たちを当惑させている。『ハフィントン・ポスト』の記者ブルーク・キャリーは、「真の男はジェムソンを飲む」、あるいは「ブッシュミルズ、それは兄弟の1人のようだ」と、あからさまに訴えているようなジェムソンやブッシュミルズの広告について検討した。そして、キャリーは『ハフィントン・ポスト』のサイトで、ジャックダニエルが女性をターゲットにするのは、クッキーのレシピにウイスキーが使われているときだ、「なぜなら、女性がハードリカーを消費するのは、デザートのなかに入っているときだけだから」と記した。

男性は女性よりも25パーセント多くウイスキーを飲むことに加えて、保守的なウイスキー会社の重役たちは、女性を対象にマーケティングを行なうことにともなう余波を恐れた。蒸留酒業界は、1950

年代に生じたアルコールの宣伝に反対する運動を招かないように、広告には女性を起用しない、あるいはテレビ広告を放映しないことで合意していた。1958年11月の通達で、蒸留酒協会（現在の全米蒸留酒評議会）は、会員に向けてこう語っている。「いかなる場合も、尊厳を保ち、謙虚で社会の理解をえられる場合を除き、女性が酒を手にしている姿を広告やイラストに記載することは認めない」[2]。

だが、アメリカの家庭における女性の役割にも変化が訪れた。ビール業界が有名人を起用して華々しいテレビコマーシャルを放映し、ウイスキーの市場に切り込むという事態が生じると、ウイスキー業界も広告手法を時代に合わせることの必要性を理解した。ディスカスの広報担当上級副社長フランク・コールマンが筆者に語ったところ、テレビコマーシャルの禁止は、「金科玉条のごとくに守られるべきものというわけではありません。なぜならテレビコマーシャルは現代の社会ではコミュニケーションの中心にある交差点となっているからです。……ビール業界はテレビコマーシャルの出稿数を増やしましたが、これは蒸留酒がマーケットシェアを失った時期と重なります。とくに、80年代後半と90年代についてはそういえます」。

ディスカスは、「世間に受け入れられる」基準はすべての性別に適用されるものとして、1987年11月、酒を手にした女性の起用を禁止する自主規制を撤廃した。そして、その10年後にはテレビコマーシャルも解禁した。1996年、クラウン・ロイヤルは、テキサス州のテレビ局「コーパス・クリスティ」のコマーシャル枠を買い入れた。その後、クラウン・ロイヤルの広告はより大きな地方テレビ局、ケーブルテレビ局へと広がりを見せ、ウイスキー業界が考えもしなかったような、ナスカー（アメリカ最大の改造車による自動車競技大会）や野球、朝のトーク番組のスポンサーにも拡大した。ビール業界が蒸留酒のテレビ広告にケチをつけることはあったが、連邦取引委員会は蒸留酒とビールに違いはなく、同様に法律上の許容範囲にあると明言した。

蒸留酒会社は、女性を対象としたテレビコマーシャルとマーケティングの自主規制を撤廃した。だが、ウイスキー会社はこの女性という新しい顧客層にアピールするために、既存の商品ではなく、新しい味とブランドを作り出そうとした。

16　女性のための、女性による

ワイルドターキーの重役陣は、役員室に腰を落ち着けると、口を開いてこう言った。「わが社は女性たちにどうやって訴えかければよいだろうか?」1970年代、マスター・ディスティラーのジミー・ラッセルは、バーボンは女性には強すぎるが、ワイルドターキーのバーボンなら絶好のフレーバーを提供できると考えた。アイリッシュ・ウイスキーのブランドは、どこも甘さを増した製品を生産した。なかでもロック・アイリッシュ・ウイスキーのハニーリキュールがよく知られていた。初期のアメリカのウイスキー蒸留所も、口当たりをよくしたスピリットを生産していた。だが、こうしたウイスキーは、ワイルドターキーが1970年代の後半、アメリカンハニーを世に出したときには、長く忘れ去られた存在になっていた。フレーバー・ウイスキーというアイデアは、ウイスキーの愛飲家には馴染みの薄いものであった。ラッセルは筆者にこう説明した。「実際、女性にまず始めてもらうために行ったのがウイスキーの風味づけでした。女性を巻き込みたかったのです。今日では、男性も女性と同じくらいこれを飲んでいます」。

ワイルドターキー・ハニーならびにコットン・キャンデシーからバブルガムにいたるまでの350種

類以上のフレーバー・ウォッカが、フレーバー・ウイスキーの試金石となった。ウイスキー党の保守層はこうした類のウイスキーを小ばかにして、ウイスキーにフレーバー付けをし、そしてそれをウイスキーと呼ぶことは違法ではないかとの疑義を呈した。だが、アルコール・たばこ税貿易管理局は、法的な規定を満たしている限り、フレーバー・ウイスキーもウイスキーであると認めた。[1]

ディアジオ、ジムビーム、ペルノ・リカール、カンパリ、それにブラウンフォーマンなどのよく売れているウイスキーブランドの親会社は、株式を公開しており、つねに株主を重視した価値を追求した。2000年を迎えても、ウイスキーブランドは女性をマーケティングの対象から除いていた。女性は夫がウイスキーを買うときに限り、顧客として考慮された。

ワイルドターキーに続き、ジムビームがレッド・スタッグを発売すると、すぐに大きな反響があり、続いてイヴァン・ウイリアムズがこれまたよく売れたハニー風味の製品を発売した。2009年までに、数多くのハニー風味やシナモン風味のウイスキーが市場に出回り、新しいフレーバー・ウイスキーは急成長する商品となった。ブッシュミルズのアイリッシュ・ハニーからシナモン風味のアーリータイムズ・ファイアイーターにいたるまで、フレーバー・ウイスキーはウイスキーの新しい間口となった。ウイスキー産業による統計では、フレーバー・ウイスキー部門は2010年から2011年にかけて、136パーセントの成長を示し、2012年の第一四半期にはフレーバー・スピリットの売り上げは155パーセント増加した。[2]

もっとも人気を集めたフレーバーは群を抜いてハニーであった。ジャックダニエルでテネシーハニーのブランドマネージャーを務めるケーシー・ネルソンは、筆者にこう語った。「ハニーという言葉の消費者の受け止め方は、ウイスキーを飲まない人にとってはスムーズで、甘く、口当たりがよいというものになりつつありました。ですから、ジャックダニエルに少量のハニーを混ぜるという配合を採用して、わが社は女性を含む、より幅広い消費者にアピールしようとしたのです」。

フレーバー・ウイスキーが新しい客のもとに届き、アルコール・たばこ税貿易管理局が認可を与えて、この酒を巡る状況は整ったが、批評家たちはフレーバー・ウイスキーがウイスキー本来の純粋性を損ねることになるのか、あるいは今後もよく売れ続けるのか、見極めきれずにいた。この業界に関わる女性の多くは、女性をターゲットにしたフレーバー・ウイスキーについて、性差別主義的で、女性には純粋なスピリットの複雑性を理解できないという考えを根付かせることになると信じていた。ある会社の重役は筆者にこう語った。「わたしは業界がこぞってフレーバー・ウイスキーを造るのではなく、女性に向けて、目の前にある偉大なウイスキーを教え込むことに注力してほしいと考えています」。ニューヨークのフラティオンルームのウイスキーソムリエ[3]、ヘザー・グリーンは、フレーバー・ウイスキーについて、女性の鋭敏な感覚を軽視していると確信していた。彼女はこう問うた。「なぜ、もっとも低い基準の製品を女性に向けて造るのでしょう?」これは、多くのアナリストが呈してきた疑問であった。欧州種類市場監視センターも、「一般的に酒類生産者は、女性を引きつけるためにアルコールを甘くする必要があると信じている」とコメントを出したほどである。

だが、グリーンやバーボン・ウーマンの創設者であるペギー・ノエ・スティーヴンスのような一流の女性テイスターは、男性が見逃しがちなわずかな差異をウイスキーのなかに見出す。たとえば伝説的なバーテンダー、ジョイ・ペリンは、男性が気づかない果実の香りを自分はいつもかぎ分けることができると言っている。「わたしはつねに、パイナップルの味を発見できる数少ない1人です」。これは男性が繊細な味わいや違いに気づかないことを意味するものではない。そうではなく、果実や香水の香りは、女性にとって男性よりも自然と感じられるということである。

ある研究によると、排卵はエストロゲンの分泌を促し、嗅覚の感度を鋭敏にする。「匂いは男性と比較して、女性の脳においてより大きな部分を活性化させる」。カーディフ大学の教授ティム・ジェイコブは2002年、このように発表した。[4] ジェイコブの発見は、以後、いくつかの研究でも確認されている。脳の研究についていえば、コロンビア大学の研究が、男性はおもに言語理解をつかさどる左半球を使うのに対して、女性は嗅覚と言語、そして情動反応をつかさどる両半球を使うことを発見した。一連の研究によって、両半球をバランスよく用いる女性は感情的なメッセージをより敏感に感じ、またそれを優れた言語能力で表現できることが示されている。コロンビア大学の報告によれば、女性は「より鋭敏な嗅覚、味覚、そして聴覚」をもつとされる。[5]

『フレーバー・アンド・フレグランス・ジャーナル』誌で2009年に発表された研究は、嗅覚に優れた女性が、体臭を無視することができない点を明らかにした。フィラデルフィアにあるモネール・ケミカル・センシズ・センターの行動神経科学者、チャールズ・ワイソッキーはこう語る。「わたしたちの研究は、人間の汗がとくに女性にとって重要な情報を伝えることを示しています」。かれはさらに、こう続けた。「この事実は、女性が汗の匂いを感じないようにすることが難しいと説明することになるのかもしれません」。[6]

女性の方が男性とくらべて、ウイスキーの味の違いがわかるという研究はないが、女性は世界中のウイスキーのテイスティング研究班にいる。こうした優れたテイスターたちは、ウイスキーが瓶に入る前に、不純物や強調したいフレーバーの香りを分析する。テイスティング班が全員が女性というブッシュミルズから、女性が率いるメーカーズマークのテイスターたちにいたるまで、蒸留会社は女性の鼻を男性の鼻よりも信用している。

バーカウンターの奥では、女性のバーテンダーが女性のテイスターの舌をさらなる高みへと引き上げている。完璧な食材を揃えたシェフのように、ミクソロジストは互いを補い合うフレーバーを用いることで、スピリットを飲まないであろう客に向けたウイスキー・カクテルを作り、ウイスキーの新しい扉を開いてきた。

ウィン・ラスベガスのミクソロジスト部門長、パトリシア・リチャーズは世界でもっとも重要なスピリット・バイヤーの1人である。彼女がウィン・ラスベガスやウィン・アンコールのメニューに新しいカクテルを加えると、香港の富豪やハリウッドスターたちが、彼女の創作品を試しにやってくる。そして、彼女に製品を見つけてもらうことは、そのブランドにとって計り知れない宣伝となった。パトリシアは2011年、ウィンが新たに出店するレストラン「シナトラ」のためにシナトラ・スマッシュというカクテルを作り出した。そのカクテルの材料は、5粒か6粒の新鮮なブラックベリーに、2オンスの新鮮なスイート&サワーミックス、それに3分の1オンスのバニラ風味のソノマシロップ、2分の1オンスのブリオッテ・クレーム・ドゥ・カシス、そして2オンスのジェントルマン・ジャック・テネシー・ウイスキーであった。

ラスベガスとフランク・シナトラに所縁があったジャックダニエルは、「罪の町」〔ラスベガスの別称〕のカクテルでの力を失っていた。2011年の時点で、ジャックダニエルを用いたカクテルを独創的だといって取り扱うバーなどほとんどなかった。さらに、ジャックダニエルを飲む客はロックかコーラ割りを頼む客ばかりで、バーテンダーがジャックダニエルをカクテルに使う機会はあまりなく、かわりにブレットやウッドフォードリザーヴ、リデンプションライといった、新しいエッジの効いたカクテル・

ウイスキーを用いていた。リチャーズのシナトラ・スマッシュはいくつかの雑誌で特集されて、ウィンもこのカクテルを世界中に宣伝した。リチャーズがこのカクテルを作ったとき、彼女はバーテンダーたちに、テネシー・ウイスキーは忘れ去られるべきものではないことを思い出させ、そしてジャックダニエルのカクテルを広めた。

新しい時代のカクテルについていえば、女性のバーテンダーが伝統的なドライベルモットの「マンハッタン」よりも甘味を強調したものを作るようになっていた。アトランタのワン・フリュー・サウスで働く、受賞歴もあるバーテンダー、ティファニー・バリエーは、バーボンのカクテルの多くでブラウンシュガーを用いている。これは南部のバーテンダーに共通する特徴であった。バリエーは筆者にこう語った。「わたしたち南部人は、鍋の底に指を走らせてそれをなめることはよくしますが、わたしはとくにカクテルが甘いときにそうします」。

ポートランドでは、ミクソロジストのスザンヌ・ボザースが甘味づけにクロスグリのリキュールを使ったテネシー・ウイスキーのカクテルを考案し、「テネシー・ローズ」と名づけた。『ニューヨーク・マガジン』誌は、グレンフィデックとハニー・シロップを使い、ナツメグを加えてクリームを浮かべた甘口の伝統的なカクテル「アソル・ブローズNo.3」をよみがえらせたジュリー・ライナーを称賛した。バーを支える女性たちは、ミクソロジーやバーテンダーを単なる仕事ではなく、一生の仕事にすることに貢献してきた。パトリシア・リチャーズは、大手ホテルチェーンではじめて、女性でミクソロジーの責任者に任命された人物であった。ジュリー・ライナーはホノルルでカクテルを作る仕事から始めて、ついにはマンハッタンのフラトリオン・ラウンジとブルックリンのクローヴァー・クラブでオーナーを務め、飲料品統括者にまで上り詰めた。サザン・ワイン・アンド・スピリッツ社のミクソロジー地方統括責任者、ブリジット・アルバートは、バラク・オバマが２００８年に大統領に就任する式典のために「ジ・アメリカンドリーム」を考案した。

多くの有名な女性バーテンダーたちが、ウイスキーを使った飲み物を甘い味に仕立て上げ、また受賞者を数多く輩出する状況にある今日を想うと、わずか50年前のアメリカに女性の存在を許さないバーがあったことは信じがたいことである。そして、いまや女性たちは「危機に瀕するカクテルを保護するための女性連合」というおもしろい団体を組織して、女性のカクテルを考案する能力に大きな注目を集めさせるまでになっている。そして、急激に膨れ上がりつつあるミクソロジー分野の指導者にもなったのである。もちろん、蒸留酒産業における女性の成長は、バーのカウンター越しに限られた話ではない。

女性は蒸留酒産業のあらゆる職種でその地位を固めたばかりか、みずから事業を手掛ける者も出始めた。２００８年に好事家の蒸留家、チェリル・リンスは、デラウェア・フェニックス蒸留所をニューヨーク州のウォールトンに設立した。そこはかつて、農家が経営する蒸留所が数多く見られた地域であった。リンスが造り始めたのはアブサンだった。「ウイスキーは、その歴史がわたしを魅了した唯一の、もう一つのスピリットでした。というのも、ウイスキーはアメリカのスピリットですし、この地域のコミュニティで造られていたお酒でしたから。ここのウイスキーは、ライ麦ウイスキーや、ウィート（小麦）・ウイスキーでした。この地域の入植は、１７９５年から１８３０年頃にまでさかのぼります」。リンスは筆者にこう語り、さらに続けた。「わたしはウイスキーの熱狂的なファンではありませんでした。また、ウイスキーの愛飲家でもありませんでした。ですが、ウイスキーはわたしの興味を引いたのです」。その興味によってリンスは、世界でもっとも愛される選りすぐりの小規模蒸留家の１人に生まれ変わった。彼女が造るライ・ドッグ・ウイスキーは、サンフランシスコ・ワールド・スピリッツ・コンペティションで金メダルを勝ち取り、カクテルエンスージアスト（カクテル熱狂者）・コムで100点中96点を獲得した。リンスがウイスキー造りの指針にしているのは、1818年のキャサリン・フライ・スピアーズ・カーペンターのサワーマッシュのレシピであった。

ウイスキーを造る女性がみな、古いレシピを求めて書庫を掻き分けているわけではない。彼女たちは、個人経営の蒸留所のネットワークにおいて、個性を競い合っている。サマンサ・ウンガー・カッツは、「レイディーズ・オブ・アメリカン・ディスティラーズ」を「小規模ディスティラーの戦略的発展に参加する女性たちをサポートするために」設立した。2012年4月に開かれたマンハッタン・カクテル・クラシックで、レイディーズ・オブ・アメリカン・ディスティラーズは、「危機に瀕するカクテルを保護するための女性連合」のボストン支部と協力して、「型破りな酒場の経営者から現在のカクテル達人にいたるまで、女性はバーとカクテルの発展に、重要であるが見すごされがちな影響をもたらしてきた」[7]と訴えた。ニューヨーク市でキングス・カウンティ・ディスティリーのオーナーを務めるニコール・オースティンのような女性たちは、女性は男性同様に効率的に経営を行なう蒸留業者で、なおかつ腕のいいバーテンダーであることを世界に向けて示すこと、これを使命と自負していた。また、事業を立ち上げたばかりの蒸留家に向けたコンサルタント業を営むリアノン・ウォルシュは、新たに設立される蒸留所の半分は女性が経営しているとの見積りを出した。

バーボン・ウィメンが2011年に設立されて以後、女性たちはアメリカ版ムーンシャイン、アイルランドのポティン、ブレンド・スコッチ・ウイスキー、そしてフレンチ・ウイスキーを造り始めた。ノースカロライナ州のアッシュビルでは、トロイ・ボールという名前の女性がトロイ・アンド・サンズ・ディスティラーを設立し、コーン・ウイスキーを造っている。「わたしたちの製品は伝統に則った

100パーセントのコーン・ウイスキーで、伝えられるところのムーンシャインのようです」。ボールは『ガーデン・アンド・ガン・マガジン』誌でこう語り、さらに続けた。「わたしたちはフレーバーを大事にするため、惜しむことなく手間暇をかけますし、製品も少量しか造りません。蒸留はコーンの自然なフレーバーを保てる方法で行ないます」。

アイルランドで生まれ育ち、現在はアメリカで暮らすアシュリー・キャセリーは、愛する自国のスピリットであるポティンをアメリカの地でぜひ目にしたいと思っていた。キャセリーは筆者のインタヴューにこう答えている。「わたしはしばらくのあいだ飲食業界で働いていました。正直なところ、アイルランドの飲酒文化が悪名を馳せており、一方でアイルランドの豊かな飲食文化にはほとんど関心が払われていないことに驚き、少なからず落胆しています。ギネスとアイリッシュ・ウイスキーであれば、ここアメリカでも知られていますが、見ぬふりをされたり、脇に追いやられたりした歴史が多々あるのです」。キャセリーはポティンが身近にあるアイルランドの農場で育った。彼女はこう回想する。「わたしには、数本のポティンを携えた父と一緒にクリスマスに出かけた楽しい思い出があります。父がそのポティンをどこから手に入れたのか、まったくわかりませんでした。いつもけっこうな量を手に入れていました」。

2000年以降、アメリカで320以上のクラフト・ディスティラーが開業し、地産地消の動きが盛んになり始めると、キャセリーはこれを、アイルランドの手作りスピリットをアメリカへと持ち込むチャンスととらえた。2012年、彼女はクラウドファンディングのウェブサイト「キックスターター」で資金を募った。6カ月でキャセリーは4万ドル以上を集め、ポティンがアイルランドで違法とされた1661年にちなみブランドを1661と名づけて、輸入を開始した。「スピリットを復活させるというこの計画には、あまり自信がありませんでした。それでも、ここ10年ほど、手作りの製品を育てたいという願いは好意的に受け止められていますし、それもアメリカに限ったものではありません」。キャセリーはさらに、こう続ける。「よその国と同じように、アイルランドの特産品はもっと理解されるべきですし、国としてももっと正当に評価されるべきだと思うのです」。

キャセリーと同様、カリン・カスティロも2012年12月、夢見たスコッチ・ウイスキー造りのために、キックスターターで資金を募った。カスティロは元ロイターのアプリ・デザイナー兼グローバル・クリエイティブ・ディレクターだった。彼女はあるとき、仲間とスコッチをストレートで注文したとき、男性の偏見に直面した。「バーテンダーは戻ってくると、わたしたちが注文したものを、背後の男性客たちに渡そうとしたんです。バーテンダーはわたしたちが、かれらのために注文したと勘違いしたのです。間違いに気づくと、かれはほかの客のところに歩いていきながら、含み笑いをごまかそうとしました」。こうカスティロは語った。[8] 彼女はゲール語の6からとった名前のシアというブレンド・スコッチ・ウイスキーのために、5週間で4万5000ドルを集めた。カスティロのブレンド・ウイスキーは、つねにスコッチの売り上げが安定しているという点も付言しておこう。

アリソン・パテルは、ウイスキーよりもワインが有名なフランスの地でウイスキーに賭けた。パテルは言う。「フランスには本当に驚くべき蒸留酒の歴史があります。コニャック、アルマニャック、それにカルバドスは、みな素晴らしいブランデーです。わたしが考えたのは、こうした蒸留技術をウイスキー造りに応用できないか、ということでした。コニャック地方でいままで培われてきた技術を応用して、ウイスキーを造ることを考えたのです」。

パテルはコニャックを3世代にわたり造り続けている蒸留職人たちとともに、コニャック地方で大麦を育て、コニャックでやっているように蒸留を行なった。そのシングルモルトはコニャックの樽に入れられると、ドライアプリコットのはっきりとした香りを含む、果実の強いアロマを身に着ける。80プルーフでボトル詰めされるブリンヌ・フレンチ・シングルモルト・ウイスキーは、世界でもっとも特徴的なウイスキーの一つといえる。それもそのはず、その蒸留を行なうシャランタイスの銅製の蒸留器は、ユダヤのマリアが発明した蒸留器と同じ形をしているのである。

パテルのブリンヌ・フレンチ・ウイスキーは、2012年の10月から市場に出回ったばかりだが、彼女はすでに供給不足の問題に直面している。アメリカの市場において、フレンチ・ウイスキーは3銘柄しか流通していないため、このきわめて小さい分野で脚光を浴びる気満々である。パテルが願うのは、日本やインドのウイスキーと同様に、人びとが自分のウイスキーに情熱を注いでくれることである。ウイスキー市場側の準備は整っている。パテルの起業家精神なくして、このシングルモルト・ウイスキーは存在しえなかった。ブリンヌのウイスキーを広めようとする情熱を、彼女はみずから「1人の女性によるウイスキー劇」だと表現した。

キャセリーのポティン復活に注ぐ情熱、カスティロの初心者向けのブレンド・スコッチ・ウイスキーの創作、パテルの忘れられたフレンチ・ウイスキーを世に出す試み、これらすべては、女性がいかにウイスキー業界の未来にとって重要な存在であるかを物語る。キャセリーの濃厚なポティンとパテルの柔らかなシングルモルトは、それぞれのウイスキー会社に融資をする銀行に、事業の成功を超える可能性を示してみせた。したがって、これから起業の機会をうかがう女性たちのために、新しいドアを開いてみせたといえよう。

女性たちが見せるこういった起業への情熱は、なにも驚くべきものではない。もとをたどると、女性たちは始原の蒸留家たちのなかにも存在したのである。だが、この事実を指摘するためには、女性団体が組織されるのを待たねばならなかった。この点が、いかにウイスキーの歴史において女性が忘れ去られてきたかを物語る。思えば女性たちは、長きにわたって社会の表舞台から追いやられてきた。そして、性差別の規範がこれを支えてきた。ウイスキー業界も、今日にいたるまで深刻なセクシャル・ハラスメントの訴えに直面してきた。それは、会社の重役がスカートのなかに手を突っ込んできたというものから、あるネット・ブログの書き手が特定のウイスキーブランドの良し悪しを品評している場で、年長のウイスキー・ライターが割って入り、彼女の頭を叩きながら、「はいはい、お嬢さん、こういうことは男に話をさせようよ」と言った、というものまで多岐にわたる。こうした出来事は個別に生じており、業界を象徴するものではないにしても、先進的なウイスキー業界においても性差別は克服できていないことを物語る。

しかし、この本を執筆するにあたり、インタヴューを行なった女性の90パーセント以上は、セクシャル・ハラスメントを受けたことがないと語った。これをブッシュミルズのアイリッシュ・ウイスキーのマスター・ブレンダー、ヘレン・マルホランドに尋ねたとき、彼女は「わたしのキャリアを通して、そんな経験をしたことは一度もありませんでした。ただの一度もです」と答えた。

セクシャル・ハラスメントは、ウイスキー業界ではまれなことなのかもしれない。だが、この業界で役職に就いている人の大半が男性だという事実は否定できない。現在でも、ケンタッキー州には女性のマスター・ディスティラーは存在しないし、スコットランドには数名、女性のマスター・ブレンダーがいるものの、ブレンダーの仕事の大半は男性によって占められている。

さらにいえば、もっともよく売れているウイスキーブランドの大半は、男性の名前にちなんだものである。ジャックダニエルズ・テネシー・ウイスキー、ジムビーム・バーボン、それにジョニーウォーカー・ブレンディッド・スコッチ・ウイスキーがそれぞれの部門のトップである。果たして、女性の名前を冠したブランドは誕生するのであろうか。たとえば、ヘレン・マルホランド・リザーヴ、あるいはレイチェル・バリー・セレクト、マージ・サミュエルス・ウィート・ウイスキーなどはどうだろう。閑話休題。おそらくウイスキー・ウーマンは、自身の名前を冠したブランドは望まないだろう。この本を書く上で学んだことが一つある。それは、女性は功績をチーム全員のものと考える、ということである。マルホランドは筆者にこう語った。「もし名前を冠したウイスキーができれば、大変に名誉なことでしょうね。でも、1人の人間だけが、その栄誉に値するわけではないでしょう」。

男性、あるいは女性のいずれかだけが、スピリットの栄光のすべてに寄与してきたわけではない。ウイスキー産業は、女性が果たしてきた功績について喧伝する数多くの機会に恵まれている。褐色のスピリットは、一般には男性の飲み物と考えられがちであるが、ビールと醸造の創造に多大な貢献をし、ウイスキーの販路を切り開き、法を破ってウイスキーを運搬し、現在の有名なブランドを育て上げ継承してきた女性の存在がなければ、ウイスキーは存在していないだろう。こうした否定しがたい事実は、この業界の男性的なレッテルと矛盾している。このようなレッテルが、女性についての歴史的に正確性を欠いた描写を定着させているのだ。さらにいえば、ごく最近になって女性はウイスキーを飲み始めるようになった、などというまったくのでたらめは、スコットランド、アイルランド、それにアメリカで客人をもてなすのにウイスキーを出してきた女性たちを踏みにじる言いがかりである。エリザベス・グラント（1797～1885）の日記をもとに1899年に刊行された『ハイランド淑女の思い出』という本のなかには、このような一節がある。「きちんとした女性は、一日のはじめにひと口の酒をたしなみます。わが家では毎朝、コールドミートとともにウイスキーの瓶と銀の盆いっぱいにのせたグラスがサイドテーブルに出されます」。

コールドミートのことはさておき、なぜウイスキー業界は女性の遺産を認めないのであろうか。禁酒法時代にいたるまでの、そして禁酒法時代の出来事が、バーやウイスキー業界で働く女性に対する見方を損なってしまった。禁酒法について行なわれた女性の論争が、ブレンド・ウイスキーを好んでいたアメリカ人の嗜好をシングルモルトへと誘導したベシー・ウイリアムソンや、ジョニーウォーカーにとってもっとも重要な蒸留所を作ったエリザベス・カミングのような重要なウイスキー・ウーマンに影を落としている。禁酒法のあとウイスキーブランドは、酒場での売春というイメージが再来することを恐れて、女性をマーケティングの対象から外した。今日でも、このウイスキーと女性の性に関する暗黙の了解は、バック・オーウェンの「シガレット・ウイスキー&ワイルド・ワイルド・ウィメン」やデイヴィッド・アレン・コーの「ウイスキー・アンド・ウィメン」、そしてトビー・キースの「ウイスキー・ガール」の歌詞にも見出される。

しかし、いまや社会の大勢は、女性蔑視主義の男性にも禁酒主義の女性にも与しない。ウイスキー会社はいまこそ、女性の遺産との再会を果たすべき時にある。

男女に平等の権利が与えられている社会にあって、女性は男性と同様、ありとあらゆる面でウイスキーに対して重要な役割を果たしてきた。我われはもはや、このスピリット業界の歴史において、女性の存在を無視することはできない。女性を祝福する時は満ちた。

女性の名前を冠したウイスキーが競い合う時代を始めようではないか。

謝辞

本書の刊行にあたり、感謝しなくてはならない人は数多い。だが、まずはペギー・ノエ・スティーヴンスに御礼を申し上げたい。彼女がバーボン・ウィメンを設立していなければ、本書『ウイスキー・ウーマン』を書くことはなかったであろう。

この信じられないほど広大なテーマについて調べ始めたわたしは、すぐにこれが研究者が20年を費やして行なう類の仕事であることに気がついた。この仕事に1人で取り組んでいたならば、多くの重要な女性について書き漏らすことになっていたはずである。わたしは乏しい予算でチームを作る必要があったが、実際のところ、予算などあるはずもなかった。

ベス・デンプシーには、素晴らしいデータベース「プロクエスト」へのアクセスを認めてくれたことに感謝する。プロクエストは数多くの重要な女性密輸人を発見するのに大いに役に立った。

ブッシュミルズはわたしのアイルランドへの旅を支援してくれた。この旅を通して、アーカイブスや図書館、ブッシュミルズの蒸留所で多くの時間を費やすことができた。

アンセストラル・ディードのCEOであるクリスティーナ・ベッドフォードは、13世紀の薬屋で働いていた女性蒸留家や、アクアヴィタエという語を含むラテン語文献からの翻訳を発見する手助けをしてくれた。

ウィーチ・スコティッシュ・アンセストリー・サービスの設立者であるジョン・マックギーは、とくにダルモアとラフロイグを訪問する目的で行ったわたしのスコットランドでの調査を助けてくれた。幸運であったのは、かれがごく少量のアイラ・ウイスキーで気前よく買収されてくれたことだった。

以下に記すアーカイブは、ウイスキー・ウーマンを発見するのに大変に役に立った。ベルファストの北アイルランド公文書館、ルイビルにあるフィルソン歴史学会、ダブリンのアイルランド国立図書館、ケンタッキー歴史協会、アイルランドの国立公文書館、シカゴの国立公文書館、スコットランドのパースにあるＡＫベル図書館のアン・キャロル。そして、とくにスコットランド国立記録館。ここのアリソン・リンゼイは、１４９４年のスコットランドの財務記録を精査し、資料に触れさせてくれ、かつ説明までしてくれた。

また、マイク・ヴィーチ、ロビン・R・プレストン、チェット・ゼラーの3氏は、希少な初期アメリカの女性醸造家を探し出すために手を貸してくださった。

ルイビル大学のインターン、ケイト・ヴァンスは、信じられないほど才能にあふれた人物だった。ケイトは、女性がバーで働くことを禁じた禁酒法以後の法律について、資料収集を手伝ってくれた。ケイトは、大学生がグーグルを上回るリサーチができることを証明してみせた。

友人のリチャード・オフレイは、この本の最初の5章を読んでくれた。大いに感謝している。

この本が形になるにあたっては、わたしの担当をしてくれたコピー・エディターのエレイン・ダーハム・オットーに負うところが大きい。

以下の広報責任者の各氏にも感謝したい。バッファロートレイスのアミー・プレスク、ディアジオのジリアン・クック、ブラウンフォーマンのリック・ブベンホッファー、そしてメーカーズマークのマシュー・エヴァンス。

オスカー・ゲッツ・ウイスキー歴史博物館のメアリー・エリン・ハミルトンにも多大な感謝を捧げたい。補助金申請書類作成の合間を縫って、ほこりをかぶった写真をわたしと一緒に探してくれた。本書〔原書〕の表紙はその成果である。

わたしの以前の代理人であったネイル・サルカインド――いまは引退生活を満喫していることを願っている――は、ネブラスカ大学出版局の子会社であるポトマックブックスで働く素晴らしい人たちを紹介してくれた。ネブラスカ大学出版の編集者ブリジット・バリーにも大きな感謝を捧げたい。本書のデザインに才能あるスタッフを充てて、指示を出してくれた。おそらく、もっとも大きな感謝を捧げるべきはポトマックブックスのサム・ドランスとエリザベス・デマーズの両氏である。2人は本書の出版を決断してくれた。

サラ・ロースキ、グレテル・シャーピー、マリー・フリン、ジェシカ・ロス、ブレア・ラーソン、オータム・グリムスレイの各氏には、女性がつねに男性と同様かそれ以上に仕事をこなすという事実に目を開かせられたことに感謝している。あなたがた6名の若い女性と長期にわたり仕事をさせてもらったおかげで、みなさまが思う以上にわたしの考え方は改められた。

訳者あとがき

本書は*Whiskey Women: The Untold Story of How Women Saved Bourbon, Scotch, and Irish Whiskey*の邦訳書である。原書はネブラスカ大学出版局が扱う版元ポトマックブックスより２０１３年に出版された。

原著者のフレッド・ミニック氏は作家で、ウイスキー評論家としても知られる。もともとは戦場取材の経験もあるジャーナリストで、その後、『ＵＳＡトゥデイ』『ニューヨーク・タイムズ』などの一般紙、および『ウイスキー・マガジン』『ウイスキー・アドヴォケイト』『ソムリエ・ジャーナル』『バーボン・レヴュー』といった専門誌に寄稿するライターとして活躍した。２０１３年に出版した本書『ウイスキー・ウーマン』を皮切りに、*Bourbon Curious*（『バーボン奇譚』２０１５年）、*Bourbon: The Rise, Fall, and Rebirth of an American Whiskey*（『バーボン――アメリカン・ウイスキーの盛衰と再興』２０１６年）、*Rum Curious*（『ラム酒奇譚』２０１７年）、*Mead: The Libations, Legends, and Lore of History's Oldest Drink*（『ミード――伝説の古代酒』２０１８年）などの酒に関する本を多数、世に出している。いずれもウイスキーを切り口に歴史をひも解く好著であるが、このミニック氏独自の「ウイスキー文化史論」の源流は本書『ウイスキー・ウーマン』にたどられる。

『ウイスキー・ウーマン』は、古代メソポタミアから21世紀の現代にいたるまで、女性たちの活躍に注目して酒の歴史を説き起こした初の一般書である。ミニック氏が「はじめに」で「女性はつねにウイスキーの歴史の一部であり続けたが、しかるべき敬意を受けてはこなかった」と書くように、本書は歴史に埋もれた知られざる女性たちの活躍を掘り起こす。しかし、本書の狙いは、単に男性中心の酒の歴史を相対化する点に絞られるわけではない。どの章を開いてもわかる通り、この本に差別の告発を気負う堅苦しさはない。本書が描くのは、性差別を乗り越えようとした女性たちの苦節ではなく、むしろ性差を超えた、人間がもつ情熱、知恵、忍耐、それにヴァイタリティとでも呼べるものである。

徴税人の横暴に決して屈することなく密造を続けたアイルランドの女性蒸留家たち。貧しい隣人に施しを惜しまなかったアイルランドのポティン蒸留家ケイト・カーニー。マーガレット・サザランドは父から譲り受けた稼業のダルモア蒸留所を泣く泣く人手に渡したが、ベシー・ウイリアムソンは第二次世界大戦の戦禍からラフロイグ蒸留所を守り抜いた。メーカーズマークの赤い蝋封を考案したマージ・サミュエルスは、ウイスキー商売は酒ではなく歴史と物語を売るものだと実証してみせた。

禁酒法時代には、さらに個性的な主人公が出そろう。禁酒を訴えるために過激な実力行使に出たキャリー・ネイションは、手斧を携え、酒場に1人乗り込み、酒瓶を片っ端から木っ端みじんに叩き割って回った。「バハマの女王」ことガートルード・リスゴーは、禁酒法時代、酒の密輸で巨万の富を築く。禁酒法の廃止に一役買ったのも女性であった。資産家の令嬢ポーリン・モートン・セービンは、「禁酒党」から「飲酒党」に転向し、議会で同法の廃止を訴えた。

酒の密造、密売に関わる女性たちは、その多くが貧しさから、子供や家族を養う必要に迫られて裏稼業に手を染めた。本書が描く酒と女性の歴史は、一面では女性と貧困という、現代日本が直面している社会問題にも通じる。ただ、当の女性たちに貧しさを恨む卑屈さはない。密造を疑い、家庭で消費するには規模が大きすぎる25ガロンの蒸留器の存在を問いただす査察官に対して、「うちの亭主はザルなのよ」と言ってのけたボストンの女性のように、本書に登場する女性たちには、時代や社会に飲み込まれずに生きるヴァイタリティがみなぎっている。

酒の歴史に登場する女性たちは、みな独自の考えに立って時流を見据え、信念を貫いて時代を生きた人たちであった。禁酒法を支持する者、それに反対する者、あるいは禁酒法で儲ける者、選ぶ道はさまざまであるが、その誰もが信念を貫き、みずからを信じて生きたがゆえに魅力をもつ。

その魅力を最大限に引き立てたのが、原著者のミニック氏である。女性たちに対する「わたしの考えは改められた」と謝辞で記す通り、かれは本書の執筆を通して個性的な女性たちと向き合い、みずからの偏見に気づきつつ、その考えを改めていった。この謙虚な姿勢は、本書のすべての章を通してみられるが、そこには素晴らしいウイスキーとその歴史を現代にまで受け継いできた、彼女たちに対するミニック氏の尊敬の念が込められている。

本書の魅力を客観的に評価する、受賞歴も紹介しておきたい。本書は2013年、『フォワード・レヴュー』誌の女性研究部門「金賞」、2014年「ブック・オブ・ザ・イヤー」のスピリット部門「ファイナリスト」、同じく2014年「インディペンデント・パブリッシャー・ブック・アワード」の女性問題部門「銀賞」、2016年「イーター・コム」主催の酒に関する本の部門「最優秀賞」を受賞している。

酒には人類の歴史と無数の物語が詰まっている。本書のページをめくるなかで気になる銘柄に出会ったら、その酒とともに改めて物語を味わい直してみるとよい。霧に映し出される無声映画のように、熟成された樽酒がもたらす限りない余韻のなかに、本書に登場する主人公たちの姿がよみがえることだろう。

訳の分担は、藤原崇が1章から6章、および13章から16章と「はじめに」「謝辞」を担当し、浜本隆三が7章から12章、および全体の訳文の調整を担当した。翻訳に際しては、とくに杉山博昭、鈴木莉那の両氏に助言を頂いた。記して感謝申し上げる。

本書は浜本にとって、酒に関する『アブサンの文化史――禁断の酒の二百年』（2016年、白水社）と女性史に関する『ジェット・セックス――スチュワーデスの歴史とアメリカ的「女性らしさ」の形成』（2019年、明石書店）の二つの訳書のテーマが融合した一冊であった。文化史には、例えると二次元の現実を三次元化するような面白さがあるが、こと本書の個性的な人物と酒が中心の物語となると、さらに翻訳の作業は楽しい時間となった。本書に登場する知らない銘柄を買い込み、味わいながら原文と向き合うと、酔いが回って四次元化することもしばしばであった。

本書の編集は拙訳書『ジェット・セックス』に続き、岡留洋文氏が担当してくださった。いつも通り、原文と訳文をすべて突き合わせて、隅々まで目を配ってくださる岡留氏の丁寧なお仕事ぶりに大変に助けられた。記して感謝申し上げる。

また、本書の翻訳企画に関心を寄せてくださり、出版にいたるまで惜しみないお力添えを賜った明石書店の大江道雅社長に、心より感謝申し上げる。

訳者を代表して

浜本　隆三

Business.com, May 25, 2012.

15　ウイスキーにまつわるさまざまな努力

(1) Ishani Duttagupta and Neha Dewan, "First Exclusive Women's Whisky Club to Host Whisky Appreciation Session," *Economic Times*, October 12, 2011.
(2) "Code of Responsible Practices," DISCUS, November 1958.

16　女性のための、女性による

(1) アメリカのアルコール・たばこ税貿易管理局によると、フレーバー・ウイスキーは「砂糖を加えた、または加えていない、天然の風味材料でフレーバーがつけられており、最低でも30%（60プルーフ）以上のアルコール度数で瓶詰めされている。主要なフレーバーの名前は、「チェリー・フレーバー・ウイスキー」などのクラスとタイプの指定の一部として表示される。ワインを追加することはできるが、完成品の容量の2.5%を超える場合は、クラスとタイプおよびワインのパーセンテージ（容量）は、クラスおよびタイプの指定の一部として記載されている必要がある」。
(2) "Step Right Up! Introducing Early Times Fire Eater; Flavored Spirits Are Growing," brochure, Brown-Forman, 2012; Brandy Rand, "Bourbon's New Frontier: The Innovation Path Leads to Growth," *Beverage Media Group*, August 29, 2012.
(3) 現時点においてはウイスキーのソムリエ資格認定講座は存在しない。ワインの場合はワインとテイスティングについてより深く学べる講座がある。ヘザー・グリーンが言うにはいつかウイスキーのソムリエ講座を始めたいとのこと。
(4) "Women Nose Ahead in Smell Test," BBC.co.uk, February 4, 2002.
(5) Columbia University, "Male Vs. Female: The Brain Differences," http://www.columbia.edu/itc/anthropology/v1007/jakabovics/mf2.html.
(6) Charles J. Wysocki et al., "Cross-Adaptation of a Model Human Stress-Related Odour with Fragrance Chemicals and Ethyl Esters of Axillary Odorants: Gender-Specific Effects," *Flavour and Fragrance Journal* 24, no. 5 (2009): 209-18.
(7) "LUPEC Takes NYC, Dig Boston," https://digboston.com/experience/2012/04/lupec-takes-nyc-2012/.
(8) "Sia Scotch: The Sprits of Entreprenurship—Literally," ActSeed.com, 2012.

たは “Bessie Williamson” collection of History of LaphroaigおよびLaphroaigCollector.com の記録管理者である Marcel van Gills Offringa に拠る。

(2) イアンとベシーが不倫しているという噂は確かにあったが、ラフロイグは小さな町だった。本書の執筆のためにインタヴューした人びとは、イアンには友人がほとんどいなかったと言っており、かれはおそらく彼女との友交を楽しんだだけだろう。

(3) ベシーの書類で言及された連合国の船はSSムーアだったが、それ以外にこの船の記録は見つからなかった。アメリカのSSロビンムーアは1941年にドイツのUボートに沈められ、イギリスのSSイーストムーアは1942年に破壊された。アメリカのモリスは駆逐艦で、1944年に貨物の輸送はしなかったと思われる。彼女は「S.S. 係留中」と誤って記したか、船の記録が失われたかのどちらかだろう。

(4) Eddy Gilmore, “Normal Woman in Liquor Business for Past 29 Years,” *Hattiesburg American*, December 17, 1962, 6B.

(5) Gils and Offringa, *Legend of Laphroaig*, 72.

14 現代の女性たち

(1) National Center for Education Statistics, “The Educational Progress of Women,” in The Condition of Education 1995, NCES 95–768.

(2) scotch-tasting-bums.com 参照。

(3) http://www.glenmorangie.com/our-whiskies/signet 参照。

(4) MissWhisky.com 参照。

(5) “Heaven Hill Distilleries Announces the Launch of Larceny Kentucky Straight Bourbon Whiskey,” press release, July 23, 2012.

(6) ジュリアン・ヴァン・ウィンクルは、切望していたワイン・アンド・スピリッツ・プロフェッショナル・ジェームズ・ビアード賞を2011年に受賞した。かれはブレンディングについては祖父譲りの「つねに素晴らしいバーボン」を造るための才能をもっている。

(7) DrinkSpirits.com 掲載の Britt Chavanne とのインタヴュー。

(8) 2009年8月11日の報道発表“Deirdre Mahlan Named Senior Vice President and CFO of Diageo North America,” より。

(9) Olly Wehring, “The Wehring Interview—William Grant & Sons.” In just-drinks.com, 2011.

(10) Ciarán Hancock, “Whiskey Galore for Tullamore,” *Irish Times*, June 1, 2012.

(11) Martin Crymmy, “Relaunch of Yellow Spot Part of Yearly Expressions,” TheDrinks-

Chicago Tribune, April 6, 1986, A3.

(7) Associated Press, "Woman Moonshiner Recalls First Arrest on Her Birthday," *Hartford Courant*, May 2, 1980, C39.

(8) インタヴューでワイルドターキーの蒸留技師ジミー・ラッセルは、伝説的な密造酒家のポップコーン・サットンについて親愛の情を込めて語った。

12　ウイスキーの進歩的な側面

(1) この本の狙いはウイスキーにおける女性の役割を説明することなので、アメリカン・ウイスキーにとっての1897年のボトルド・イン・ボンド法の重要性については詳しく説明しなかった。この法律は、ウイスキーの樽を長持ちさせるために水やその他の液体を加え、ウイスキーに着色する精留器についての解決策だった。*Practical Druggist and Pharmaceutical Review*誌の1897年10月号の145ページで、編集者はつぎのように書いている。「この法律は十分に検討されており、誠実さを追求するもので、多くの欺瞞に終止符を打つでしょう」。ボトルド・イン・ボンド法とバーボンの歴史の詳細については、Michael R. Veachの*Kentuckey Bourbon Whiskey: An American heritage, or Chuck Cowdery, Burbon, Straight: The Uncut and Unfiltered Story of American Whiskey*を参照のこと。

(2) Don and Petie Kladstrup の *Wine and War: The French, the Nazis, and the Battle for France's Greatest Treasure*は第二次大戦中のフランスのワイン製造所について記録した偉大な本である。

(3) National Parks Service: Women's History Project.

(4) "Partners in Winning the War: American Women in World War II," National Women's History Museum, http://www.nwhm.org/onlineexhibits/partners/2.htm.

(5) 1992年の映画『プリティ・リーグ』〔原題は*A League of Their Own*〕は、トム・ハンクス演じる監督のジミー・ドゥーガンとジーナ・デイヴィス演じる捕手のドティ・ヒンソンが第二次世界大戦中、女性の野球選手の重要性に気がつく場面から始まる。

(6) Arnesen, *Encyclopedia of U.S. Labor and Working-Class History*, vol. 1, A-F, 1206.

(7) U.S. Statistics, Bureau of Labor, *Monthly Labor Review*, 1952, 1.

13　ラフロイグの才女

(1) とくに断りのない限り、ラフロイグについての引用、参照、事実、そして数値に関してはグラスゴー大学のアーカイブ所蔵のLaphroaig Distillery collections、ま

(3) *Advertising of Alcoholic Beverages*, 45.
(4) *Advertising of Alcoholic Beverages*, 257.
(5) *Advertising of Alcoholic Beverages*, 314.
(6) Sagert, *Flappers*, 49.
(7) Shteir, *Striptease*, 111.
(8) Patterson, *The American New Woman Revisited: A Reader, 1894–1930*, 15.
(9) Cobble, *Dishing It Out*, 166.
(10) Marion Porter, "Solo Women Get Only Drop of Sympathy from Barmen," *Louisville Courier-Journal*, August 29, 1945, 2.
(11) Burrell, *Women and Political Participation*, 75.
(12) 92年夏ブルーベリー・サワーのジョイ・ペリン・カクテルより。
ブルーベリーを入れた1792リッジモンドリザーヴウイスキー 2オンス
ブラウンシュガーシロップ スプーン1杯
ブルーベリーシロップ スプーン1杯
レモネード 2オンス
これらを氷とシェイクして、くし形に切ったレモンとブルーベリーをグラスの端に添える。
(13) ジョイ・ペリンに関する逸話の出典はこちら。"Mixing before It Was Cool: Joy Perrine Is a True Pioneer behind the Bar," by the author, *Tasting Panel Magazine*, December 2011, 38.

11 禁酒法廃止後の女性密売人

(1) "Timely Baby Foils Law with Cushing Woman Bootlegger," *Ada Evening News*, November 9, 1955, 2.
(2) Wright, Hamilton, "Woman Bootlegger, 64, Gets 6 Months in Jail," *Abiline Reporter-News*, B1.
(3) "Father Complains Son, 15, Drunk; Hold Woman as Bootlegger," *Carroll Daily Times Herald*, February 23, 1951, 1.
(4) U.S. District Court for the Northern District of Ohio, Eastern Division, United States of America v. Lillian Marie Poles, Aka Lillian Stancel Poles, Aka Ludmila M. Fretch, in CR 63–252, edited by Eastern Division Northern District Court of Ohio, 18. National Archives, Chicago, 1963.
(5) Norman Haydenとのインタヴュー。
(6) Jim Nesbitt, "Making Georgia Shine: There Still Are Stills Up There in Those Hills,"

ロパガンダを使うことになったのだろう。報道機関が別の「密造酒売りの女王」を戴冠させようとすると、政府の方では伝統的な女性像を強化しようとした。

(42) "Woman Bootlegger Problem That Is Worrying Dry Agents," *Linton Daily Citizen*, March 27, 1922, 1.

(43) 高名なシャトー、ラ・ロマネは年間90万ボトルを生産する。Terroir-France.com参照。

9 禁酒法を廃止に追い込み、ウイスキーを守った女性たち

(1) Wheeler et al., "Topics of the Day: First Returns in the Digest's Nationwide Poll," *Literary Digest*, July 15, 1922, 5–7.

(2) "Cross-Currents in the Digest's Prohibition Poll," *New York Morning Telegraph*, August 12, 1922, 6.

(3) Pauline Morton Sabin, "I Change My Mind on Prohibition," *Outlook*, June 13, 1928, 254.

(4) "Leader of 1,000,000 Wets," *Charleston Daily Mail*, November 27, 1932, 13.

(5) "Prohibition and The League of Nations—Born of God or The Devil—Which? The Bible Proof," 1930 press release, Women's Organization for National Prohibition Reform, Pennsylvania Division Records, Hagley Museum and Library, 1928–33.

(6) Root, *Women and Repeal*, 13.

(7) Maxine Davis, "Thinks Plank Is Temperance," *Oelwein Daily Register*, June 30, 1932, 1.

(8) Schapsmeier and Schapsmeier, *Political Parties and Civic Action Groups*, 477.

(9) "Women's Part in the Repeal of the Probi Law," *Thomasville Times Enterprise*, November 11, 1933, 3.

(10) Brown, *Ratification of the Twenty-First Amendment*, 298.

10 禁酒法廃止後の法を巡る闘い

(1) 1950年代は、アルコール業界全体を団結させる役割を果たした10年だった。禁酒支持者は何度もアルコールの広告を禁止しようとしたが、醸造業者、蒸留家、およびワイン製造業者は共通の目的のために協力した。かれらの一体感は、アルコール広告の未来を形作った立法公聴会のあいだにおける同様のメッセージにおいても明らかなものだった。

(2) Committee on Interstate and Foreign Commerce, *Advertising of Alcoholic Beverages*, 85th Cong., 2nd sess., April 22, 23, 29, and 30, 1958, 217.

(24) "Views from Two Cities: A Young Woman Bootlegger Says She Made Nearly $30,000," *Mitchell Evening Republican*, January 27, 1925, 4; Society for American Baseball Research, SABR.org.

(25) Jana G. Pruden, "The Only Woman Hanged in Albert," *Edmonton Journal*, 2011. Online: http://www.edmontonjournal.com/news/hanged/lassandro.html.

(26) ラッサンドロの裁判に関する手紙や公判記録はカナダ国立図書館・文書館で "Lassandra or Lassandro, Florence" の項目の下にある R188–54–4-E Regarding the Lassandro trial, letters and court documents can be found at the Library and Archives of Canada under "Lassandra or Lassandro, Florence," R188–54–4-Eならびに"Emilio Picariello alias Emperor Pic and Florence Lassandro—Coleman, Alberta—Murder," under HQ-681-K-1として入手可能。

(27) "English Girl Owner of Noted Rum Ship," *New York Times*, September 12, 1925, 3.

(28) Goodwin, *The Fitzgeralds and the Kennedys*, 444. オクレントは*Last Call*でケンタッキーの密造酒商売について考察している。

(29) Lythgoe, *The Bahama Queen*, 87.

(30) "Miss Lythgoe Queen of the Bootleggers,'" *Gleaner*, October 25, 1922, 5.

(31) McCoy, *The Real McCoy*, 78.

(32) Lythgoe, *Bahama Queen*.

(33) "Bootlegger Queen," *Gleaner*, September 25, 1923, 11.

(34) "Miss Lythgoe Queen of the Bootleggers," *Gleaner*, October 25, 1923, 5.

(35) Gertrude Lythgoe, "Chance to Share Latin Republic Offered Woman of Rum Runners; Many Suitors Propose by Mail," *Winnipeg Free Press*, June 14, 1924, 7. 無料冊子の読者のなかには、同紙の編集者がこれらの手紙を用いていると批判する者がいる。

(36) "Rum Runner Queen Freed," *Indiana Evening Gazette*, December 9, 1925, 1.

(37) Virginia, Swain, "She Craves Peace and Safety after Gold-Strewn Career," *Ogden Standard-Examiner*, May 30, 1926, 6.

(38) "Woman's Profits as a Bootlegger Put at $5,000," *Evening World*, August 24, 1921.

(39) "Bustle Squeezers: That Is What Women Bootleggers Are Called in Montana," *Hutchinson News*, April 2, 1930, 6.

(40) "Few Women in Bootleg Game," *Morning Herald*, November 19, 1926, 11.

(41) Independent Stave社提供の写真のなかには、まさにニューヨークの取締官が言う、できない仕事に女性が携わっている場面が写っている（口絵参照）。筆者が思うに、女性は、酒の密売をやめさせようとする取締官の努力に対してあまりにも有害であったので、取締側は女性の酒の密売者に対する世論を変えようとプ

(6) Associated Press. "Woman Moonshiner Given Three Months," *Hattiesburg American*, March 2, 1922, 7.
(7) "Woman Moonshiner Gets Leniency from Donahey: Made Liquor in Order to Feed Children Deserted by Father, Her Defense," *Charleston Daily*, November 30, 1924, 1.
(8) "President Harding Frees Muskegon Woman Bootlegger," *Marshall Evening Chronicle*, October 10, 1922, 1.
(9) "Woman Moonshiner Pleads for Her Boy," *Biloxi Daily Herald*, January 18, 1924.
(10) "Judge Would Deport Woman Moonshiner," *Chicago Tribune*, February 10, 1923, 5.
(11) Associated Press, "Woman Makes Booze to Keep Her Husband at Home at Night," *Billings Gazette*, May 10, 1925, 7.
(12) *The World Almanac & Book of Facts*, 1929, 304.
(13) Subcommittee of the Committee on the Judiciary, 69th Senate, National Prohibition Law, April 5–24, 1926.
(14) "Moonshine Mary Is Convicted in Death," *New Castle News*, March 19, 1924, 1.
(15) "American Poteen: Where Prohibition Has Failed," *Irish Times*, May 6, 1925, 7.
(16) "Women Bootleggers Foxy: Keeps Oklahoma Officers Busy Trying to Catch Females Who Sell Whisky to Indians," *Washington Post*, May 28, 1911.
(17) "How Are We Going to Handle Woman Bootlegger?" *Boston Daily Globe*, April 22, 1922, E8.
(18) "Officials Face Problem of Eliminating 'Women Bootlegger,'" *Hamilton Evening Journal*, December 17, 1924, 20.
(19) "Woman Bootlegger Problem That Is Worrying Dry Agents," *Linton Daily*, Marcy 27, 1922, 1.
(20) "Woman Bootlegger Is a Serious Problem: Pretty Girl Is Useful as Liquor Camouflage," *Charleston Daily Mail*, January 6, 1924.
(21) United Press, "State, Federal Officers Drawn into Investigation of Protective Payments; Woman Bootlegger Says State Senator Endorsed Check to Fix Case," *Moorhead Daily News*, November 20, 1931, 1.
(22) オハイオ州ゼインズヴィルにいたとされる女性密売者についての公刊された記録は1ダース以上にのぼる。ほとんどの話がAP通信社の1930年2月19日の記事「ゼインズヴィルのブロンド密売人を求めて。酒を積んで着陸した飛行機の御用は女の探索へとつながる」から始まる。彼女が捕まったかどうかは定かではない。
(23) "Alcohol Company and 27 Indicted; Special Grand Jury Names Federal-Agent and 'Queen of the Bootleggers,'" *New York Times*, January 16, 1926, 1.

（3） Maguire, *Father Mathew: A Biography*, 464.

（4） Clay, *Works of Henry Clay*, 3:102.

（5） Lady Emeline Stuart Hartley, "Results of Petitioning: Voice of the People," *Journal of the American Temperance Union* 12–14 (1848): 145.

（6） Stanton, *History of Woman Suffrage*, 1:473.

（7） Clubb, *Maine Liquor Law*, 5.

（8） Stanton, *History of Woman Suffrage*, 1:167.

（9） Murdock, *Domesticating Drink*, 25.

（10） Harper, *Life and Work of Susan B. Anthony*, 1:108.

（11） Williams, *Prohibition and Woman Suffrage*, 3.

（12） *Nation, Use and Need of the Life,* 165–66.

（13） *Nation, Use and Need of the Life*, 172.

（14） "Carry Nation in an Old Veterans' City Cigar Store," *Elyria Chronicle*, November 25, 1907, 1.

（15） Butler-Andrews, "That Little Hatchet," in *Nation, Use and Need of the Life*, 408.

（16） Snedon, "The Hatchet Crusade," in *Nation, Use and Need of the Life*, 413.

（17） James Burran, "Prohibition in New Mexico, 1917," *New Mexico Historical Quarterly* 48 (April 1973): 140–41.

（18） Current, *Wisconsin: A History*, 54.

（19） Gordon, *Women Torch-Bearers*, 167.

（20） Gordon, *Women Torch-Bearers*, 170.

8　禁酒法時代に活躍した女性の密造酒家と密輸人たち

（1） Thayer, "Whisky, Oceans of Whisky, And Not a Chance to Sell It," *Boston Globe*, December 21, 1919, E8.

（2） R. A. ドーリングからW. L. ウェラー＆サンズに宛てた1926年12月8日付の手紙。この手紙はthe private collection of Sally Van Winkle Campbell, the granddaughter of Pappy Van Winkleよりえた。ドーリングの他の書簡はStitzel-Weller collection in the United Distillers archive in Louisvilleが所蔵。

（3） "Aged Woman Moonshiner Stands Guard in Lonely Hills to Defy Officers," *Tulsa Daily World*, August 17, 1920.

（4） "Woman Moonshiner Taken at Kenosha," *La Crosse Trubune and Leader-Press*, November 25, 1920, 5.

（5） "White Woman Moonshiner," *Biloxi Daily Herald*, October 3, 1923.

6　客層と初期の客

(1) Villard, *John Brown*, 97.

(2) 本章はおもに以下の2冊を参照。*The History of Prostitution* by William W. Sanger, et al., and *Whiskey and Wild Women* by Cy Martin. 二つとも同様に重要な本。*The History of Prostitution*は女性が自分の身体を売る理由を統計的によくとらえており、*Whiskey and Wild Women*は逸話を提供してくれる。

(3) Martin, *Whiskey and Wild Women*, 59.

(4) Martin, *Whiskey and Wild Women*, 67–68.

(5) Sanger et al., *History of Prostitution*, 373, 606.

(6) 水上の売春宿の主、ナンシー・ボッグスについてのさらなる情報はKarl Klooster, "Legend & Lore: Nancy Boggs' Barge," *Oregonian*, May 23, 1988を参照のこと。

(7) "The Social Evil: A Practival View of Female Depravity. Debauchery in Paris and European Cities. The Evil in This City—Statistics and Facts for the Legislature. What Is and What Is Not—Remedial Measures," *New York Herald*, February 7, 1870.

(8) Tait, *Magdalenism*, 164.

(9) ニューヨークの売春婦たちは1857年に200万ドル以上の酒を売った。1847年のデータは入手できなかったが、おそらく1857年と似通った数字を叩き出しているであろうという妥当な結論に達した。この4州の純歳入はSparks, Bowen, and Sange, *American Almanac of Useful Knowledge* 18（1847年出版）のなかで言及されている。インディアナ州の歳入については1848年の*Annual Report of the Officers of State of the State of Indiana*の189ページの記述に拠った。

7　禁酒主義の女性たち

(1) 歴史的に禁酒法はアメリカの恥として見られているが、この法律が成立にいたった経緯を記憶にとどめるのは重要なことだ。Samuel Coulingの手になる*History of the Temperance Movement in Great Britain and Ireland*やElizabeth Cady Stantonの*History of Woman Suffrage*といった1800年代に書かれた歴史書から読み始め、わたしは当時のアルコールに対する複雑な感情を理解し始めた。こうした歴史を読むことは禁酒法につながる最初の議論を形成した人物であるとわたしが信じるセオバルド・マシューを発見する助けにもなった。

(2) "Extracts from His Various Speeches at Dublin: Of Irishmen in America," *American Temperance Union* 4, no. 7 (July 1840): 110.

ジョージア州のハート郡は彼女の名前にちなんでつけられた名前である。ハートは、その後大統領候補にもなったヘンリー・クレイと結婚したルクリーシア・ハート・クレイの祖母でもある。

（14）Washington et al., *Writings of George Washington from the Original Manuscript Sources, 1745–1799*, 11:144.

（15）Colonel Reed to President of Congress, July 25, 1776, in *American Archives*, ed. Force, 1:576.

（16）Smith, *Medical and Surgical Memoirs*, 363.

（17）Wiley, *Life of Johnny Reb*, 40.

（18）Varhola and Varhola, *Life in Civil War America*, 124.

（19）Pember, *A Southern Woman's Story*, 30.

（20）この逸話は以下でも紹介されている：Paul Pacult's American Still Life, 27. その他の情報は、ジムビームのマスター・ディスティラーでジェイコブ・ビームの子孫であるフレッド・ノエとの筆者のインタヴュー、ならびにジェイコブ・マイヤーの遺言より。

（21）Tariff bill, *Register of Debates in Congress*, April 15, 1828.

（22）Eli Huston Brown III Collection, Filson Historical Society, Louisville.

（23）ここで挙げた許可書はpre-pro.comにあったもので、ここには1860年から1920年にわたる2800以上の蒸留業者の卸売り許可書が記載されている。このデータベースはSnyder Whisky Research Centerのために収集された財務省の記録を使用して構築された。

（24）Kay Baker Gaston, "George Dickel Tennessee Sour Mash Whiskey: The Story behind the Label," *Tennessee Historical Quarterly* 57 (Fall 1998): 150–66.

（25）Zoellerとのインタヴュー。

（26）"The Mountain Moonshiner," *Forest and Stream*, July 14, 1906, 689.

（27）Arkansas Traveler, "A Woman Distiller, Arrested for the Illicit Manufactur of Whiskey," *Sunday Herald*, June 21, 1885, 6.

（28）"A Woman Moonshiner, Mollier Miller, the Head of a Once-Desperate Gang," *Hartford Republican*, October 5, 1894, 1.

（29）"A Woman Moonshiner, Betsy Mullens Carries on Her Business in Defiance of Raiders," *Hartford Republican*, March 5, 1897, 4.

（30）"Woman of 80 a Moonshiner, Arrested after a Struggle in Mountains of West Virginia," *Boston Globe*, January 2, 1907, 10.

（31）Shirley, *Belle Star and Her Times*, 65.

（4）David, *Extracts from the Records of the Burgh of Edinburgh, 1557–71*, 262.
（5）M'Laren, *Rise and Progress of Whiskey Drinking in Scotland*, 20.
（6）Comrie, *History of Scottish Medicine*, 64.
（7）"The Definition of Whiskey in Olden Times," *Lancet* 1 (1905): 240.
（8）In Burns, *Works*, 417.
（9）Great Britain, Board of Inland Revenue, "Report of the Commissioners of Inland Revenue on the Duties under Their Management, for the Years 1856 to 1869 Inclusive," 12.
（10）Coyne, *Ireland: Industrial and Agricultural*, 499. 題名とは異なり、1902年版では本文でイギリス全土の違法蒸留を詳しく網羅している。
（11）Spiller, *Cardhu*, 32–33.
（12）Barnard, *Whisky Distilleries of the United Kingdom*.
（13）Spiller, *Cardhu*, 24.
（14）Spiller, *Cardhu*, 23.
（15）National Archives of Scotland, reference CS 318/345.
（16）"Sequestration Processes: Margaret Sutherland, Parks of Inshes, Inverness-shire, 1865," National Archives of Scotland, General Register House, Edinburgh, CS318/8/345.
（17）マスター・ディスティラーのリチャード・パターソンへのインタヴューより。

5　初期のアメリカ女性

（1）Ewell, *Medical Companion*, 257.
（2）Huish, *The Female's Friend, and General Domestic Adviser*, 452–53.
（3）Taylor, *On Poisons, in Relation to Medical Jurisprudence and Medicine*, 326.
（4）B. Achelor, "Ague Treatment," St. Louis Medical Journal 11 (January 1884): 449.
（5）Johann Georg Hohman, "To Make Good Eye Water," *Faithful & Christian Instructions*, 1850, 16.
（6）*Virginia Gazette*, March 4, 1773.
（7）Meyers and Perreault, *Colonial Chesapeake*, 209.
（8）Carpenter Family Papers, 1780–1860, Kentucky Historical Society.
（9）"Currente-Calamosities to the Editor," *Southern Literary Messenger* 5 (1839): 96.
（10）Gould, *American First Ladies*, 67.
（11）Bear and Stanton, *Jefferson's Memorandum Books*, 1:519.
（12）Yetman, *Voices from Slavery*, 232.
（13）ナンシー・モーガン・ハートの英雄譚は記録によく残されている。*Revolutionary Women* と *Patriots in Petticoats* の2冊の本が彼女の愛国心について触れている。

(30) "The Chronicle of the British & Irish Baptist Home Mission, Extracts from the Secretary's Notes, Taken during the Late Visit to Ireland," *Baptist Magazine*, January 1872, 638.

(31) Great Britain, Parliament, House of Commons, *The Consequences of Extending the Functions of the Constabulary in Ireland to the Suppression or Prevention of Illicit Distillation*, 1854, 96, 243.

(32) "Captures in Dublin: Women Carrying Rifles," *Irish Times*, February 6, 1923, 6.

(33) "Stills and Poteen in Court," *Irish Times*, January 4, 1934, 5.

(34) From The Emigrants of Ahadarra, in *The Works of William Carleton*, 2:497.

(35) ブッシュミルズのマスター・ディスティラー、コラム・イーガンに2012年に行ったインタヴューによる。

(36) Muspratt, *Chemistry, Theoretical, Practical, and Analytical*, 94.

(37) "Bushmills, Bundle of Copy Deeds, Memorandum and Articles," Public Records Ofice of Northern Ireland, 1801–1891.

(38) *Supplement to Colonies and India*, June 5, 1889, 4.

(39) Bielenberg, *Locke's Distillery*, 45.

(40) ロックに関する逸話、引用、情報はいずれもアイルランドの国立図書館に所蔵された会計簿、通信文、その他、文書管理ナンバーMs.20,00と20,275の文書より。それらの文書に加えてさらに、Andy Bielenbergの素晴らしい著作である*Locke's Distillery: A History*からロックのアイリッシュ・ウイスキーに関する情報をえた。アイルランドの国立図書館で週末を過ごそうという方のために記すと、ロック関連の記録は手書きで四つの大きな革製のバインダーに収められている。

(41) 筆者によるスティーヴン・ティーリングへのインタヴューより。"The Test of Time," *Whisky Magazine*, October 2012.

4 黎明期のスコッチ・ウイスキーと女性たち

(1) 修道士ジョン・コーがどこに住んでいたのかというのは、スコッチ・ウイスキーの歴史を巡るもっとも激しい論争のうちの一つである。多くの出版物はコーがリンドーア修道院の出身であるとしているが、スコットランド国立資料館によると、この誤りはかつて資料館で働いていた職員による二つの誤った情報にさかのぼることができるようだ。確かなことは、ジョン・コーがファイフ出身という点である。

(2) Scotland Exchequer, *Accounts of the Lord High Treasurer*, 1473–1498, 373.

(3) エディンバラ市より贈られた大義の紋章より。James IV, 1506, *Society of Antiquaries of Scotland*, 261.

ペースト状のオートミールをつなぎ目に厚く塗り重ねること

(6) Cusack, *An Illustrated History of Ireland*, 203.

(7) G.B., "On the Early Use of Aqua-Vitae in Ireland," *Ulster Journal of Archaeology* 6 (1858): 291.

(8) 1729年3月7日、ウイスキーのために*London Journal*紙一面に掲載された広告。

(9) "Home Affairs," *London Read Weekly Journal*, February 19, 1737.

(10) *London Read Weekly*, May 27, 1738.

(11) Manning, *Donegal Poitín: A History*, 8.

(12) Rev. Edward Chichester, "Oppressions and Cruelties of Irish Revenue Officers," *Christian Parlor Magazine*, Boston, 1818, 3.

(13) Manning, *Donegal Poitín*, 50.

(14) "Collection of Legal Documents Relating to Illegal Poteen Making in County Carlow," edited by Excise Agency, 1818.

(15) Chichester, *Christian Parlor Magazine*, Boston, 1818, 7.

(16) Manning, *Donegal Poitín*, 27.

(17) Manning, *Donegal Poitín*, 33.

(18) "The Poteen Evil," *Irish Times*, March 11, 1932, 5.

(19) "Justice Blames the Women: The Poteen Evil in Donegal," *Irish Times*, September 9, 1932, 5. この文書は引用がなされた時点よりも100年前のものだが、筆者は1800年代の判事が女性に対して1900年代初頭の判事たちとほぼ同様の見解を有していたのだという妥当な結論にいたっている。

(20) Manning, *Donegal Poitín*, 53.

(21) Manning, *Donegal Poitín*, 64.

(22) Chichester, "Oppressions and Cruelties," 46.

(23) "On Illicit Distillation in Ireland," in Select Committee on Irish Grand Jury Presentations, Reports, Also Accounts and Papers Relating to Ireland, 1816, 111.

(24) William Tate, "On Reform of the Excise of Department," *Tait's Edinburgh Magazine* 4 (1837): 232.

(25) Diner, *Erin's Daughters in America*, 27.

(26) Public Records Office of Northern Ireland, 2012.

(27) Forbes, *A Short History of the Art of Distillation*, 22–23.

(28) Cornelius Soule Cartée, "Answer to Kate Kearney," in *The Souvenir Minstrel: A Choice Collection of the Most Admired Songs, Duets* (Philadelphia: Marshall, Clark, 1833), 66.

(29) Edward Newman, "Notes on Irish Natural History, More Especially Ferns," *Magazine of Natural History* 4 (1840): 72.

（15）Bodin, *On the Demon-Mania of Witches*, 181.

（16）Hugh, "Distilleries of Nelson County," 362.

（17）Evans, Salih, and Bernau, *Medieval Virginities*, 157.

（18）Chambers and Chambers, *Chambers's Miscellany of Instructive & Entertaining Tracts*, 18:4.

（19）Burns, *Witch Hunts,* 145.

（20）Goodare et al., "The Survey of Scottish Witchcraft," http://www.shca.ed.ac.uk/witches/（2003年1月保管、2013年4月14日参照）.

（21）Sandby, *Mesmerism and Its Opponents*, 105.

（22）この数字は以下の資料による：London livery company apprenticeship registers, 1531–1685, Brewers Company collections, MXCC10, the National Archives London; Patrick Wallis, "Apothecaries' Company 1617–69," London Livery Company Apprenticeship Registers, vol. 32, Society of Genealogists, 2000, 12–36.

3　不屈のアイルランド女性

（1）Ure, *A Dictionary of Arts, Manufactures, and Mines*, 396.

（2）Ó Cléirigh, *Annals of the Kingdom of Ireland by the Four Masters from the Earliest Period to the Year 1616*, 785.

（3）H. Ferneley to Toby Bonnell on the mode of making usquebaugh, September 4, 1671, National Library of Ireland, MS_UR_011879.

（4）*Clogher Record* 4, no. 3 (1962): 203–04.

（5）ポティンのレシピの、ある19世紀の訳：

大きな穴を掘り、そこに入れた袋に燕麦と大麦を入れて完全に水に浸す。

穴から引き出し、中身を発芽するまで床一面に広げておく（これがモルティングの工程）。

そして火で乾燥させる。

この工程が終わったら、手で部分的に粒をすり潰す。

モルティングされた粒を水を満たした大桶のなかに入れて発酵させる（酵母に関する言及はないが、おそらくこの時点で酵母を加えていたはず）。

スティルにそれを注ぐ。スティルにはまず錫の容器があり、その上の部分が木製のカップと呼ばれている。カップはアームとつながり、そのアームはワームと呼ばれる24ヤードの長さのコイル状の銅のパイプにつながっている。スティルの中身が沸騰し、その蒸気はカップからアーム、そしてワームを通り、そこで液体に変わり、そこからスキレット（フライパン状の器）の上に滴り落ちる。

それを3回蒸留する。注：カップの下とワームのあいだの気密を保つために、

C/1/66/296, National Archives, London.

(18) MacFarlane, *Witchcraft in Tudor and Stuart England*, 153.

(19) Marchant, *In Praise of Ale*, 504.

(20) Bennett, *Ale, Beer, and Brewsters in England*を参照。

(21) Peter Damerow, "Sumerian Beer: The Origins of Brewing Technology in Ancient Mesopotamia," Cuneiform Digital Library Journal, http://cdli.ucla.edu/pubs/cdlj/2012/cdlj2012_002.html.

(22) Abigail Tucker, "The Beer Archaeologist," *Smithsonian Magazine*, July/August 2011.

(23) 近年の考古学的発見に基づく新説は、中国で紀元前7000年あたりにビールが造られていたと指摘する。

(24) Rayner-Canham and Rayner-Canham, *Women in Chemistry*, 1.

(25) Kremers and Urdang, *Kremers and Urdang's History of Pharmacy*, 7.

(26) *A Short History of the Art of Distillation* (1970), 2巻において、バーンズはマリアが発明したと考えられている蒸留用の器具は「蒸留液と蒸気を通してフラスコで受ける管」だと書いてある。より工夫が凝らされたデザインの蒸留スティルは世界中で手に入る。

2 最初の蒸留

(1) Rayner-Canham and Rayner-Canham, *Women in Chemistry*, 2–4.

(2) Forbes, *A Short History of the Art of Distillation*, 384.

(3) Rayner-Canham and Rayner-Canham, *Women in Chemistry*, 3–4; Holmyard, *Alchemy*, 48.

(4) Apotheker and Sarkadi, *European Women in Chemistry*.

(5) Patai, *The Jewish Alchemists: A History and Source Book*, 61.

(6) Forbes, *A Short History of the Art of Distillation*, 21.

(7) Schreiner, *History of the Art of Distillation and of Distilling Apparatus*, 29.

(8) Prioreschi, *A History of Medicine: Medieval Medicine*, 351.

(9) "Aqua Vitae Instructions," in *The Red Book of Ossory*, Representative Church Body Library, Dublin, 1317–60, 62. Latin to English translation by Ancestral Deeds.

(10) Markham and Best, *The English Housewife*, 125.

(11) A. L. Martin, *Alcohol, Sex, and Gender in Late Medieval and Early Modern Europe*, 26.

(12) Leonard Guthrie, "Lady Sedley's Receipt Book, 1686, and Other Seventeenth-Century Receipt Books," *Proceedings of the Royal Society of Medicine* 6 (1913): 150–73.

(13) McIntosh, *Working Women in English Society*, 53.

(14) Singer and Williams, *A History of Technology*, 2:144.

注　釈

1　ウイスキー以前

(1) 麦汁はスコッチ・ウイスキーを造るために用いられる。穀物は濾過され、麦汁だけが蒸留される。他方、バーボンは穀物を濾過しない。バーボンは発酵したグレインマッシュをそのまま蒸留する。
(2) イラク北部にある紀元前4000年のテップガウラの発掘現場から出土した楔形文字。ペンシルヴェニア大学の考古学人類学博物館所蔵。
(3) Hartman and Oppenheim, *On Beer and Brewing Technique in Ancient Mesopotamia*, 12.
(4) "Terracotta Plaque with an Erotic Scene," 紀元前1800年、大英博物館所蔵。
(5) Leick, *Sex and Eroticism in Mesopotamian Literature*, 95.
(6) Miguel Civil, trans., "A Hymn to the Beer Goddess and a Drinking Song," in Studies Presented to A. Leo Oppenheim (Chicago: Oriental Institute of the University of Chicago, 1964).
(7) Dickie, *Magic and Magicians in the Greco-Roman World*, 179.
(8) Winter, *Roman Wives, Roman Widows*, 152.
(9) Jochens, *Women in Old Norse Society*, 107.
(10) M. E. Moseley, D. J. Nash, P. R. Williams, S. D. DeFrance, A. Miranda, and M. Ruales, "Burning Down the Brewery: Establishing and Evacuating an Ancient Imperial Colony at Cerro Baul, Peru," *Proceedings of the National Academy of Sciences* 102, no. 48 (November 29, 2005): 17264–71.
(11) Unger, *Beer in the Middle Ages and the Renaissance*, 225.
(12) Prioreschi, *A History of Medicine: Medieval Medicine*, 168.
(13) Will of Stephen de Barnade, 1306, TNA, Catalogue Reference E 40/2362.
(14) Bennett, *Ale, Beer, and Brewsters in England*, 18.
(15) Brewery Lawsuit 1493–1500, Court of Chancery: Six Clerks Office: Early Proceedings, Richard II to Philip and Mary, C 1/234/43, National Archives, London.
(16) Ian S. Hornsey, *A History of Beer and Brewing* (Cambridge : Royal Society of Chemistry, 2003), 333.
(17) Corpus cum Causa Petition, Chancery Rolls 1475–85, translated by Ancestral Deeds,

Tait, William. *Magdalenism: An Inquiry into the Extent, Causes, and Consequences of Prostitution in Edinburgh*. Edinburgh: P. Rickard, 1840.

Taylor, Alfred S. *On Poisons, in Relation to Medical Jurisprudence and Medicine*. Philadelphia: Lea and Blanchard, 1848.

Tynan, Katharine. *The Dear Irish Girl*. Chicago: A. C. McClurg, 1899.

Tyron, Thomas. *A New Art of Brewing Beer, Ale, and Other Sorts of Liquors*. 1690.

Unger, Richard W. *Beer in the Middle Ages and the Renaissance*. Philadelphia: University of Pennsylvania Press, 2004.

U.S. Bureau of Labor Statistics. *Monthly Labor Review* 75 (October 1952): 516.

Van de Water, Frederic Franklyn. *The Real McCoy*. Garden City NY: Doubleday, Doran, 1931.

Varhola, Michael O., and Michael O. Varhola. *Life in Civil War America*. 2nd ed. Cincinnati: Family Tree, 2011.

Villard, Oswald G. *John Brown, 1800–1859: A Biography after Fifty Years*. New York: Houghton MiHin, 1910.

Washington, George, John Clement Fitzpatrick, David Maydole Matteson, and U.S. George Washington Bicentennial Commission. *The Writings of George Washington from the Original Manuscript Sources, 1745–1799; Prepared under the Direction of the United States George Washington Bicentennial Commission and Published by Authority of Congress*. 39 vols. Vol. 11. Westport CT: Greenwood, 1970.

Wiley, Bell I. *The Life of Johnny Reb, the Common Soldier of the Confederacy*. Indianapolis: Bobbs-Merrill, 1943.

Williams, Albert. *Prohibition and Woman Suffrage: Speech of Hon. Albert Williams, of Ionia, Michigan, made at Charlotte, Mich., October 9th, 1874*. Lansing, October 9, 1874.

Winter, Bruce W. *Roman Wives, Roman Widows: The Appearance of New Women and the Pauline Communities*. Cambridge: Wm. B. Eerdmans, 2003.

Yetman, Norman R. *Voices from Slavery: 100 Authentic Slave Narratives*. Mineola NY: Dover, 2000.

Root, Grace C. *Women and Repeal: The Story of the Women's Organization for National Prohibition Reform*. New York: Harper, 1934.

Sagert, Kelly Boyer. *Flappers: A Guide to An American Subculture*. Santa Barbara: Greenwood, 2010.

Sandby, George. *Mesmerism and Its Opponents; with a Narrative of Cases*. 2nd ed. London, 1848.

Sanger, William W. *The History of Prostitution: Its Extent, Causes, and Effects throughout the World*. New York: American Medical Press, 1895.

Schapsmeier, Edward L., and Frederick H. Schapsmeier. *Political Parties and Civic Action Groups. The Greenwood Encyclopedia of American Institutions*. Westport CT: Greenwood, 1981.

Schreiner, Oswald. *History of the Art of Distillation and of Distilling Apparatus*. Vol. 6. Edited by Edward Kremers. Milwaukee: Pharmaceutical Review, 1901.

Scotland Exchequer. *Accounts of the Lord High Treasurer, 1473–1498*. Edited by Thomas Dickson. Vol. 1. Edinburgh: Authority of the Lords Commissioners of Her Majesty's Treasury, under the Direction of the Lord Clerk Register of Scotland by HM General Register House, 1877.

Select Committee on Irish Grand Jury Presentations. *Reports, Also Accounts and Papers, Relating to Ireland*. Vol. 9. London: House of Commons, 1816.

Shirley, Glenn. *Belle Starr and Her Times: The Literature, the Facts, and the Legends*. Norman: University of Oklahoma Press, 1982.

Shteir, Rachel. *Striptease: The Untold History of the Girlie Show*. New York: Oxford University Press, 2004.

Singer, Charles Joseph, and Trevor I. Williams. *A History of Technology*. 8 vols. Oxford: Clarendon, 1954–58.

Smith, Nathan R. *Medical and Surgical Memoirs*. Baltimore: W. A. Francis, 1831.

Snedon, Carrie Chew. "The Hatchet Crusade." In *Nation, Use and Need of the Life*, 413.

Sparks, Jared, Francis Bowen, and George Partridge Sange. *The American Almanac and Repository of Useful Knowledge*. Vol. 18. Boston: Charles Bowen; Collins and Hannay, 1847.

Spiller, Brian. *Cardhu: The World of Malt Whisky*. John Walker & Sons, 1985.

Stanton, Elizabeth Cady, Susan B. Anthony, and Matilda Joslyn Gage, eds. *History of Woman Suffrage*. 3 vols. Rochester ny: Susan B. Anthony, 1887.

"The Stomachic Usquebaugh," *Whitehall Evening Post*, February 8, 1750, 2.

Tait, William. "On Reform of the Excise of Department." *Tait's Edinburgh Magazine* 4 (1837).

Roberts, and Green, 1863.

Manning, Aidan. *Donegal Poitín: A History*. Published by author, 2003.

Marchant, W. T. *In Praise of Ale: With Some Curious Particulars Concerning Ale-Wives and Brewers, Drinking Clubs, and Customs*. London: George Redway, 1888.

Markham, Gervase, and Michael R. Best. *The English Housewife*. Kingston: McGill-Queen's University Press, 1986.

Martin, A. Lynn. *Alcohol, Sex, and Gender in Late Medieval and Early Modern Europe*. Houndmills, Basingstoke, Hampshire: Palgrave, 2001.

Martin, Cy. *Whiskey and Wild Women: An Amusing Account of the Saloons and Bawds of the Old West*. New York: Hart, 1974.

McDougall, John, and Gavin D. Smith. *Wort, Worms & Washbacks: Memoirs from the Stillhouse*. Glasgow: Angels' Share, 1999.

McIntosh, Marjorie Keniston. *Working Women in English Society, 1300–1620*. Cambridge: Cambridge University Press, 2005.

Meacham, Sarah Hand. *Every Home a Distillery: Alcohol, Gender, and Technology in the Colonial Chesapeake*. Baltimore: Johns Hopkins University Press, 2009.

Murdock, Catherine Gilbert. *Domesticating Drink: Women, Men, and Alcohol in America, 1870–1940*. Baltimore: Johns Hopkins University Press, 2002.

Muspratt, Sheridan. *Chemistry, Theoretical, Practical, and Analytical: As Applied and Relating*. Vol. 1. Glasgow: William Mackenzie, 1859.

Nation, Carry Amelia. *The Use and Need of the Life of Carry A. Nation*. Topeka: F. M. Steves & Sons, 1908.

Okrent, Daniel. *Last Call: The Rise and Fall of Prohibition*. New York: Scribner, 2010.

Patai, Raphael. *The Jewish Alchemists: A History and Source Book*. Princeton: Princeton University Press, 1994.

Patterson, Martha. *The American New Woman Revisited: A Reader, 1894–1930*. New Brunswick: Rutgers University Press, 2008.

Pember, Phoebe Yates. *A Southern Woman's Story*. New York: G. W. Carleton, 1879.

Penney, *Five Hundred Employments Adapted to Women: With the Average Rate of Pay in Each*. Philadelphia: John Potter, 1868. 148.

Prioreschi, Plinio. *A History of Medicine: Medieval Medicine*. Lewiston NY: Edwin Mellen, 2003.

Rayner-Canham, Marelene F., and Geoffrey Rayner-Canham. *Women in Chemistry: Their Changing Roles from Alchemical Times to the Mid-Twentieth Century*. Washington DC: American Chemical Society and Chemical Heritage Foundation, 1998.

plishment of the American Revolution; and of the Constitution of Government for the United States, to the Final Ratification Thereof. In Six Series. 9 vols. Vol. 1. Washington, 1848.
Gils, Marcel van, and Hans Offringa. *Legend of Laphroaig*. Odijk, Netherlands: Still, 2007.
Goodwin, Doris Kearns. *The Fitzgeralds and the Kennedys*. New York: Simon and Schuster, 1987.
Gordon, Elizabeth Putnam. *Women Torch-Bearers: The Story of the Woman's Christian Temperance Union*. Evanston IL: National Woman's Christian Temperance Union Publishing House, 1924.
Gould, Lewis. *American First Ladies: Their Lives and Their Legacy*. New York: Routledge, 2001.
Grant, Elizabeth. *Memoirs of a Highland Lady: The Autobiography of Elizabeth Grant, 1797–1830*. New York: Longmans, Green, 1899.
Guthrie, Leonard. "Lady Sedley's Receipt Book, 1686, and Other Seventeenth-Century Receipt Books." *Proceedings of the Royal Society of Medicine* 6 (1913): 150–73.
Harper, Ida Husted. *The Life and Work of Susan B. Anthony: Including Public Addresses, Her Own Letters and Many from Her Contemporaries during Fifty Years*. 2 vols. Indianapolis: Bowen-Merrill, 1899.
Hohman, John George. "To Make Good Eye Water." In *The Long Lost Friend, or Faithful & Christian Instructions*. Harrisburg, PA, 1850.
Holmyard, Eric John. *Alchemy*. New York: Dover, 1990.
Huish, Robert. *The Female's Friend, and General Domestic Adviser*. London: George Virtue, 1837.
Indiana. *Annual Report of the Officers of State of the State of Indiana*. Indianapolis, 1848.
Jochens, Jenny. *Women in Old Norse Society*. Ithaca: Cornell University Press, 1995.
Kladstrup, Don, and Petie Kladstrup. *Wine and War: The French, the Nazis, and the Battle for France's Greatest Treasure*. New York: Broadway Books, 2001.
Kremers, Edward, and George Urdang. *Kremers and Urdang's History of Pharmacy*. 4th ed. Revised by Glenn Sonnedecker. Philadelphia: Lippincott, 1976.
Leick, Gwendolyn. *Sex and Eroticism in Mesopotamian Literature*. London: Routledge, 1994.
Lythgoe, Gertrude, and Robert McKenna. *The Bahama Queen: The Autobiography of Gertrude "Cleo" Lythgoe, Prohibition's Daring Beauty*. Mystic CT: Flat Hammock, 2007.
M'Laren, Duncan. *The Rise and Progress of Whisky Drinking in Scotland*. Glasgow: Scottish Temperance League, 1858.
Macfarlane, Alan. *Witchcraft in Tudor and Stuart England: A Regional and Comparative Study*. New York: Harper and Row, 1970.
Maguire, John Francis. *Father Mathew: A Biography*. London: Longman, Green, Longman,

Edited by Calvin Colton. New York: A. S. Barnes, 1857.

Cléirigh, Mícheál Ó. *Annals of the Kingdom of Ireland by the Four Masters from the Earliest Period to the Year 1616*. Dublin: Hodges, Smith, and Co., Grafton-Street, 1856.

Clubb, Henry Stephen. *The Maine Liquor Law: Its Origin, History, and Results*. New York: Fowler and Wells, 1856.

Cobble, Dorothy Sue. *Dishing It Out: Waitresses and Their Unions in the Twentieth Century*. Urbana: University of Illinois Press, 1991.

Comrie, John D. *History of Scottish Medicine*. London: Welcome Historical Medical Museum, 1860.

Corren, H. S. A *History of Brewing*. North Pomfret VT: David and Charles, 1975.

Couling, Samuel. *History of the Temperance Movement in Great Britain and Ireland; from the Earliest Date to the Present Time*. London: W. Tweedie, 1862.

Coyne, William P. *Ireland: Industrial and Agricultural*. Dublin: Brown and Nolan, 1902.

Current, Richard Nelson. *Wisconsin: A History*. New York: W. W. Norton, 1977.

Cusack, Mary Francis. *Illustrated History of Ireland: From the Earliest Period*. London: Longmans, Green, 1868.

David, Sir James. *Extracts from the Records of the Burgh of Edinburgh*. Edinburgh: Scottish Burgh Records Society, 1557–71.

Department of the Treasury Alcohol & Tobacco Tax & Trade Bureau. *The Beverage Alcohol Manual: A Practical Guide*. Washington, DC: Government Printing Office, 2007.

Dickie, Matthew W. *Magic and Magicians in the Greco-Roman World*. London: Routledge, 2001.

Diner, Hasia R. *Erin's Daughters in America: Irish Immigrant Women in the Nineteenth Century*. Baltimore: Johns Hopkins University Press, 1983.

Evans, Ruth, Sarah Salih, and Anke Bernau. *Medieval Virginities*. Toronto: University of Toronto Press, 2003.

Ewell, James. *The Medical Companion*. 3rd ed. Philadelphia: Printed for the author by Anderson and Mechan, 1816.

"Extracts from His Various Speeches at Dublin." *Journal of the American Temperance Union* 4, no. 7 (July 1840): 110–11.

Forbes, Robert James. *A Short History of the Art of Distillation; from the Beginnings up to the Death of Cellier Blumenthal*. 2nd rev. ed. Leiden: Brill, 1970.

Force, Peter. *American Archives: Consisting of a Collection of Authentick Records, State Papers, Debates, and Letters and Other Notices of Publick Affairs, the Whole Forming a Documentary History of the Origin and Progress of the North American Colonies; of the Causes and Accom-*

文　献

Apotheker, Jan, and Livia Simon Sarkadi. *European Women in Chemistry*. Weinheim, Germany: Wiley-VCH, 2011.

Arnesen, Eric. *Encyclopedia of U.S. Labor and Working-Class History*. 3 vols New York: Routledge, 2007.

Barnard, Alfred. *The Whisky Distilleries of the United Kingdom*. 1887; reprint, New York: A. M. Kelley, 1969.

Bear, James A., Jr., and Lucia C. Stanton, eds. *Jefferson's Memorandum Books: Accounts, with Legal Records and Miscellany, 1767–1826*. 2 vols. Princeton NJ: Princeton University Press, 1997.

Bennett, Judith M. *Ale, Beer, and Brewsters in England: Women's Work in a Changing World, 1300–1600*. New York: Oxford University Press, 1996.

Bickerdyke, John. *The Curiosities of Ale & Beer: An Entertaining History*. London: Field and Tuer, 1886.

Bielenberg, Andy. *Locke's Distillery: A History*. Dublin: Lilliput Press, 1993.

Bodin, Jean. *On the Demon-Mania of Witches*. Translated by Randy A. Scott. Toronto: Centre for Reformation and Renaissance Studies, 1995.

Brown, Everett Somerville. *Ratification of the Twenty-First Amendment to the Constitution of the United States: State Convention Records and Laws*. Clark NJ: Lawbook Exchange, 2003.

Burns, Robert. *The Works of Robert Burns; with His Life*. 8 vols. Edited by Allan Cunningham. London: Cochrane and McCrone, 1834.

Burns, William E. *Witch Hunts in Europe and America: An Encyclopedia*. Westport CT: Greenwood Press, 2003.

Burrell, Barbara C. *Women and Political Participation: A Reference Handbook*. Santa Barbara CA: ABC-CLIO, 2004.

Carleton, William. *The Emigrants of Ahadarra. In vol. 2 of The Works of William Carleton*. New York: Collier, 1881.

Chambers, William, and Robert Chambers. *Chambers's Miscellany of Instructive & Entertaining Tracts*. New and rev. ed. 10 vols. London: W. and R. Chambers, 1872.

Clay, Henry. *The Works of Henry Clay, Comprising His Life, Correspondence, and Speeches*. Vol. 3.

著者・訳者紹介

〈著者略歴〉

フレッド・ミニック（Fred Minnick）

1978年生まれのアメリカ人作家・ウイスキー評論家。従軍ジャーナリストを経て『ニューヨーク・タイムズ』『USAトゥデイ』などの一般紙、および『ウイスキー・マガジン』『ウイスキー・アドヴォケイト』『ソムリエ・ジャーナル』『バーボン・レヴュー』などの酒の専門誌に記事を寄稿。2013年に出版の『ウイスキー・ウーマン』が複数の賞を受賞する。バーボンを主に、酒の歴史に関する著書多数。『ウォールストリート・ジャーナル』紙の書評でベストセラー入りも果たす。現在は執筆活動とともに、全米各地のカクテル・コンクールやイヴェントなどで司会や審査員、講演も務める。

［主な著書］

Bourbon Curious（Zenith Press, 2015）
Bourbon: The Rise, Fall, and Rebirth of an American Whiskey（Voyageur Press, 2016）
Rum Curious（Voyageur Press, 2017）
Mead: The Libations, Legends, and Lore of History's Oldest Drink（Running Press, 2018）

〈訳者略歴〉

浜本隆三（はまもと　りゅうぞう）

1979年生まれ。同志社大学大学院アメリカ研究科（現グローバル・スタディーズ研究科）博士後期課程単位取得満期退学。徳島文理大学講師、福井県立大学講師を経て、甲南大学文学部専任講師。専門は19世紀アメリカの文学と文化。

［主な著書・訳書］

『アメリカの排外主義――トランプ時代の源流を探る』（平凡社新書、2019年）
『クー・クラックス・クラン――白人至上主義結社KKKの正体』（平凡社新書、2016年）
バーナビー・コンラッド三世著『アブサンの文化史――禁断の酒の二百年』（単訳書、白水社、2016年）
ヴィクトリア・ヴァントック著『ジェット・セックス――スチュワーデスの歴史とアメリカ的「女性らしさ」の形成』（共訳書、明石書店、2019年）。

藤原崇（ふじわら　たかし）

1980年生まれ。同志社大学大学院文学研究科博士後期課程満期退学。同志社大学嘱託講師を経て、摂南大学外国語学部専任講師。専門は英語学。

ウイスキー・ウーマン
——バーボン、スコッチ、アイリッシュ・ウイスキーと女性たちの知られざる歴史

2021年8月20日　初版第1刷発行

著　者　フレッド・ミニック
訳　者　浜本隆三
　　　　藤原崇
発行者　大江道雅
発行所　株式会社明石書店
〒101-0021 東京都千代田区外神田6-9-5
電　話　03（5818）1171
FAX　03（5818）1174
振　替　00100-7-24505
http://www.akashi.co.jp
装丁　明石書店デザイン室
印刷・製本　モリモト印刷株式会社

ISBN978-4-7503-5242-8
（定価はカバーに表示してあります）

Printed in Japan